光明城

LUMINOCITY

看见我们的未来

Studies of Architecture & Culture

Volume 11

南京大学
建筑与城市
规划学院

南京大学
人文社会科学
高级研究院

主办

第11辑

胡　恒　编著

图像思考

The Epistemic Image

建筑文化研究

同济大学出版社·上海
TONGJI UNIVERSITY PRESS · SHANGHAI

卷首语 Preface

胡　恒　Hu Heng

本辑的主题为“图像思考”。顾名思义，这里收录的文章都以图像作为研究对象，古今中外皆有，大体上中、外各占一半。

我在设定这一主题时，为“图像思考”确立了两层含义。一是研究某些特定的建筑图像，思考其中的“奥秘”；二是通过各种关于图像的操作来探讨某些建筑的主题，比如分析图、模拟绘画等。第一层含义是我在研究几幅皮拉内西（Piranesi）的地图与文艺复兴的绘画作品时的体悟。我发现，西方建筑学的发展轨迹中有几个关键的节点，比如文艺复兴、18 世纪中期、20 世纪初期等，它们对整个建筑学的演变产生了至关重要的影响。在建筑物（建筑作品）之外，这些节点还包括一些著作、图像。图像通常为地图、建筑相关绘画等。前者形式较为确定，后者多为建筑设计相关图像（比如设计图、草图等），亦有建筑室内壁画或独立画作（比如油画、水彩写生等）。对于研究者来说，这些图像比之文字著作更有感性吸引力，换言之，更有“职业性”。

关于这些图像的研究文献有很多，但并不平衡。比如关于 18 世纪意大利人皮拉内西的《战神广场平面图》（*Plan of the Campo Marzio*）的研究汗牛充栋，但是其另外一幅《古今罗马与战神广场平面图》（*Plan of Ancient and Modern Rome and the Campo Marzio*）的有关研究就极少，而后者的重要性实际上并不逊色多少。造成这种不平衡的原因，引人深思，同时给予了后来的研究者以新的介入机会。比如，对于《战神广场平面图》，既然有了那么多的研究角度、方式、立论，那么，是否存在还未涉足过的角度与路径？也即，我们是否能对一个经典的研究对象开创全新的研究形态？再比如对于《古今罗马与战神广场平面图》，既然研究者寥寥，那么这里是否存在着某种未开垦的场地？这个处于众多研究者盲点的材料是否有深入研究的价值？这两方面的可能性都是存在的。因为对于一幅 18 世纪的意大利建筑图像，研究是否会有新颖之处，相关的知识背景固然重要，但更重要的在于对视觉形式的感知能力。这一艺术敏感度对于图像研究是首要的，尤其是对于那种具有某种艺术创新野心的作品。皮拉内西这两幅罗马地图，既是科学的、建筑学的、考古学的，也包含着皮氏的艺术观与更深层的野心——在同类型中创作出前无古人的传世杰作。所以，面对这种对象，在科学、建筑学、历史学、考古学之外，我们还需思考揣摩皮氏的观念定位与最终目的。无论是艺术感知、美学体验，还是对观念定位与心理状态的认知，所有研究者不分国家、文化背景，都在一个平台上，都处于同一条起跑线前。

本辑收录的关于 16 世纪中期瓦萨里（Giorgio Vasari）的《围

困佛罗伦萨》（*The Siege of Florence*）画作的研究就是一例。这幅壁画是佛罗伦萨韦基奥宫（Palazzo Vecchio）里的一幅装饰画，描绘了 1529 年发生在佛罗伦萨的一场著名战争。这幅画一般被当作佛罗伦萨文艺复兴史的一块切片。它由瓦萨里的团队绘制，所以在艺术层面也有一定建树。不过因为文艺复兴绘画艺术过于繁盛，这幅画在艺术史上的位置并不彰显，所以它大部分时间都被当作类似于写真照片一样的事件记录档案。如何从建筑的角度来研究这幅画，就成为摆在笔者面前的第一道难题。

研究角度设定为米开朗琪罗（Michelangelo）的军事建筑设计与这幅战争画的关系。米开朗琪罗的军事建筑设计留下一套平面图，但是绝大部分都没建成过，没有实物留存。由于米氏在诸如教堂、府邸等类型的建筑设计上成就过于瞩目，所以军事部分并不为人所重视，当然其中也有只留平面图而无实物的原因。诸如阿尔甘（Argan）之类的研究者大多是对该批平面图产生的历史背景作一梳理，并没有发掘其对于建筑学的前瞻性的试验意义。笔者发现，这批平面图的研究可以与瓦萨里的《围困佛罗伦萨》相结合。以米氏的军事建筑设计作为切入口，瓦萨里的这幅画作就会逐步显现出其多层意义。

首先，这幅画作将米氏军事建筑设计的历史背景与现实城市状况进行了极其写实、精确的视觉化处理，尤其是那场堪称佛罗伦萨文艺复兴史转折点的战争的场景与相当于三分之一部文艺复兴建筑史的佛罗伦萨“市容”。其次，米氏建筑设计在这场战争中产生的颠覆性作用得以直观地呈现。米氏的军事建筑设计都产生于这一历史事件，它们的针对性极强。这些设计大致分为两部分。一部分是留在那批精致的平面图上的一系列完整的堡垒设计。它们在战争之前就已设计完成，理念超越常规，极具试验性，其中绝大多数没有建造，有局部完成的也没有留存下来。另一部分是因应战争而进行的实地工程。这部分有墙体改造、临时完成的简易射击平台、某大型要塞的加固改造。除了大型要塞之外，米氏的相关工作全部都没有物质痕迹留存下来。特别是那些实地的工程片段，它们虽然没有什么显示度（在建筑史中并无多少印迹），但仍显出米氏的不凡创见。幸运的是，这些消失的工作在《围困佛罗伦萨》画中都有记录。补上这一拼图，不仅可以增进我们对米氏建筑成就的认识，也能完善文艺复兴建筑史的版图——军事建筑这一块有诸多建筑大师介入，从伯鲁乃列斯基到帕拉第奥，从建筑物到方案图再到古代典籍的插图，几乎构成文艺复兴建筑史的一个重要脉络。第三，这幅画微妙地暗含着米氏与美第奇家族（Medici）的复杂关系，以及他与弟子瓦萨里的师承关系。这一部分的剖析建立在对《围困佛罗伦萨》画面本身的形式分析之上。这也是此项研究最有趣的地方。瓦萨里将米开朗琪罗、佛罗伦萨围城战、美第奇家族之间的三角关系奇妙地布置在画面之上，并且更为深层地将自己对米氏的崇拜之情也嵌入其中。这些画外的叙事结构、情感结构与画面的形式结构严密且毫不显眼地重叠于一处，最终形成画面独特的感染力。研究需要将这些被严密叠合的层面分解开，将“时代精神”、天才的创造力、画家的个人心理之间的相互作用逐一剖析出来。在这些分解工作完成之后，《围困佛罗伦萨》研究的必要性就有了答案。

这项研究展现出图像分析在针对古典画作时所能达到的意义挖掘潜力，历史分析、建筑分析、图示分析如何能交叉作用，相互刺激，引导出深层的意义表述。在面对中国古代建筑图像时，图像分析有着平行但与前者不同的研究路径。从《一半西园》一文，可见明代吴彬的园林画《秋千》隐含着另一种图像分析的方式。

对中国古代园林画的研究并不容易，比如吴彬的《秋千》一画。此画是吴彬的册页套图《岁华纪胜图》中的一幅，内容是明代南京的某处大型园林。这套册页的研究者们（比如高居翰）都没有意识到《秋千》一画对于揭示明代南京园林美学实践的高度和成就的作用，大多对之“视而不见”。《一半西园》将文本分析与图像分析整合起来，展现出西园的园林空间美学如何被吴彬纳入自己的绘画美学的营造之中。换言之，《秋千》一画的价值正在于它将西园的空间美学与画面的空间美学进行了完美结合。《一半西园》采用以图像为主轴的三步分析法：第一步，对图像画作本身进行元素提取、构图解析、画外空间的推想；第二步，将图像画作转化为建筑学范畴的平面图、功能分析图、场地分析图；第三步，回到历史场景，寻找其他的表现该空间的内在美学的视点、视角，模拟这些潜在的视角，以绘画的方式再现该空间的特殊意象，实现空间美学的三度图像化。

第一步是画面内容研究与初步的元素解析。这是历史信息与画面信息的比对工作。第二步是图像分析的一次转换，将《秋千》这幅轴测画法的图像转化为建筑平面图，再提取各类园林造景元素进行分类，结合相关的历史文献，对图像中没有画到的其他园林部分进行推导还原。这里的图像转换是基于建筑学的空间解析方式，尤其是古代的界画轴测图向现代建筑的平面图的转化，具有某种独特的顺畅感。当然，这里的平面图在常规的建筑或城市平面图之外还有其他操作方式，如采用古代水墨画的一些手法进行再造。这是一种比较独特的“古色古香”的中式平面图，既保持了建筑平面图中的尺度比例的精确性，又能将空间元素的中国古代意蕴在图面上表现出来。比如园林中的元素如太湖石、各种花树、屋舍、池水，用顶视平面表现的话，会有许多可变化创新之处。在《一半西园》平面图转化的过程中，我们会发现西园的空间营造中隐藏着某种极端的几何空间的趣味。这一前瞻性的美学趣味在当时整个南京的园林造景中都绝无仅有。而在由局部平面向全部园景平面的深入推导中，潜藏的部分会被挖掘出来，被忽略的部分会被彰显出来。

第三步是对画外的园林部分进行风景模拟再现，以多视角的场景还原图，来抽离出该园林的空间特点及美学创见。正如我们所见，关于明代南京名园的图像极其稀少，如果有画作留存，也基本上都是一园一画而已。区区一幅画，无论多么细致，对园林景观的再现必然有限。所以，在推导出园林整体空间构架后，再寻找多样视角来再现园林景观就显得很重要了。并且对于某些园林来说，除了补充园内的视角之外，还需要园外视角，这就必须从更大区域范围内寻找可能存在的观园位置。在《一半西园》中，通过对其他相关画作的研究，可以还原出西园周边的地理环境布局。我们会发现，附近存在一些高视点，比如著名的古凤凰台遗址等，是古时重要的赏景地点。这些视角不可复制，是该园的专有“福利”，以其作为视点来模拟观看西园的景象正是第三步的主要工作。相对于第二步的水墨平面图，这部分的图像重绘更有难度。一则园林空间的还原不止园内，园外的环境同样需要进行充分的还原建构；二则图像的表达必须依循古代园林画的表现方式，水墨意象的表现是其中关键。以“古意”图景来再现多视点下的观园体验，是《一半西园》中不可缺少的一环。

简单地说，这三个图像分析步骤是一种从画到图，再回归到画的研究逻辑。它是根据《秋千》一画来做的专有构思，最终目的是重塑隐藏于西园中的完整的美学系统，以直观、视觉的方式确定古代南京园林空间美学的高度成就与不可替代性。

《一半西园》对历史图像研究模式的全面重设，亦是为了改变相关研究现状的趋同、表浅及乏味，同时纠正某些国外学者的基本错误。当然，一画一（分析）法仍然是图像研究的基础。同样是吴彬的《岁华纪胜图》中的《结夏》，研究这幅画中的东园就难以沿用《一半西园》的三步图像分析法。它需要在问题设定、概念导向、方法建构上都有新的构思。这三项上，《东园“玩”水》与《一半西园》都迥然有异。

首先是问题设定。《一半西园》的问题设定是：吴彬在《秋千》中传达出的几何美学趣味在园林空间上的表现，对于整个西园意味着什么？西园的空间形态在著名的“六朝松石”之外还有多少特异之处？《东园“玩”水》的问题设定则是：《结夏》中展现的多种水体是否隐含着东园的某种特殊的使用方式？这些不同性质的水体是否形成了东园里某种独一无二的形态结构、功能结构，甚至美学结构？

其次是概念导向。《一半西园》的概念导向是“一半”。它既是吴彬的对角线构图美学的表征，也是园景半在画内半在画外的内容取舍，还是园内造景风格的区别——画内是几何属性的空间，画外则是多种变化的自然形态的景点。另外，“一半”还有画面中有一半为园外空间的特殊考量，这含蓄地暗示出西园的外部环境对该园的赏鉴有着不可忽视的作用。《东园“玩”水》的概念导向是“玩水”。水的三种不同形态，是《结夏》中的描绘重点，它们构成的一台巨大的“空调机器”，使园子有着使用的最佳状态。这一点将历史上对东园的寻常认知全然颠覆。而那些基于文徵明的《东园图》与历史文献而来的“主流”认知其实也并非虚假，只不过是对东园的一个历史阶段的属性的描述。所以，以“玩水”为线索，我们会发现，东园存在两个不同的历史阶段，两种使用园子的方式：一种是文人雅集式的重风雅轻景物，一种是土豪式的以冰山瀑布消暑为一快。前者广为流传且为人津津乐道，后者则几乎被历史“遗忘”。

在研究方法上，《东园“玩”水》的图像分析分为两步。第一步是对《结夏》进行主题分析及重构。将《结夏》中的水性元素抽取出来，解析它们与景物、屋舍形成的关系，再与夏季的园内人物活动相对应，构拟出这些水体所形成的无形的气候调节效能。在一幅风花雪月的园林画中抽取、重构出一架巨大的、“科学”的、隐蔽的“空调机器”，就是该项研究在图像分析方面的第一部分的主要工作。第二步是将《结夏》与文徵明的《东园图》进行比较研究。在将两幅画作都转化为平面图之后，我们会发现，这两幅画面貌迥异，但转化而成的平面图却惊人地相似。究其原因，正在于两幅画所画的时间不同，它们代表着东园在两个不同历史时期的泾渭分明的使用方式。这一部分的研究是图像分析与文本分析的结合。首先对比两幅完全不一样的画作，从转化成的平面图中找到园林空间组织的相似之处——原本都同属一个东园，再从空间形式的“同一”回推两幅绘画为何面貌迥异。第一阶段的图像分析与结构抽离重组的结果与此时的问题发生联动，提供了答案——两幅画分别对应着园子的两个历史阶段、两位园主、两种使用方式。将《东园图》的广为人知与《结夏》的乏人知晓对应起来，就可见后者相关研究的缺席造成对东园认知的严重疏漏。

《秋千》与《结夏》都属吴彬的《岁华纪胜图》册页套图，画法类似，对象也都属明代南京著名的“十六名园”，但其中却隐含着不一样的图像分析方式。设计独有的图像分析方式，是展开图像研究的关键环节，也是最有趣的一部分。以全新的图解方式来分析历史图像的多层意义，就是我在前文所说的设立“图像思考”主题的第二层含义。

无论是文艺复兴时期的《围困佛罗伦萨》，还是同属 16 世纪的明代的《秋千》与《结夏》，关于图像的研究都离不开图形解析、内容归纳、文本对照、心理探询等几个层面的工作。在我看来，每一幅画的分析路径都有着无限的可能，而这些无限可能都起源于一个开端，那就是研究者对该画作的认知。这一认知无关历史知识，它产生于研究者对画卷的美学理解，以及与画者的精神共鸣。这两点都跨越了时间、空间、文化传统的限制。换句话说，即使是 21 世纪的中国人，如果在这两点上有所感悟，那么也能对 16 世纪意大利佛罗伦萨的“准”一流画家的某幅心血之作说上几句。

2022 年 3 月 9 日

目　录

图像思考

1

Play with Water in Dongyuan Garden:

Waterfall, Lakes, Iceberg in Wu Bin's *Retreat of Summer*

Hu Heng

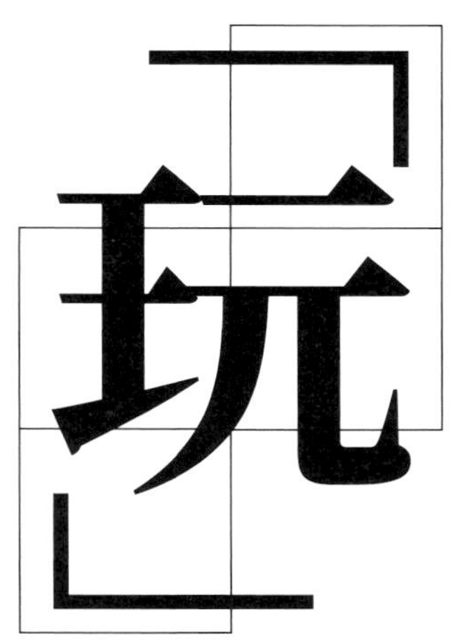

——吴彬《结夏》图中的瀑布、双池与冰山

胡　恒

引　子

1600 年左右，明代大画家吴彬曾为南京十二岁时的风貌绘制过一套“写真”册页《岁华纪胜图》，笔法精美，细致动人。其中《结夏》《秋千》《赏雪》三幅取自园林。尽管都是局部，但还是看得出来，《结夏》→1 中的场景最为恢宏，无疑是某豪门巨富的内府宅园。[1]

1 《结夏》，（明）吴彬

与《秋千》《赏雪》不同，《结夏》的主角是水——前两者是人的活动与山石布景——它占据画幅的三分之二，建筑、人群、山石、花木穿插其间，都为配角。而与那些以水为主题的园林画（比如吴彬的《勺园祓禊图》或张宏的《止园图》）也不同，这里的水体不单纯是观景对象。它们花样繁多，大湖、小池、冰山、瀑布、曲溪，有动有静，形态各异。这些水体的功能一致，都为园主人的“结夏”[2] 工具。这理应是明代南京某大型私家园林在盛夏时节才启动的一套避暑机制：多种水体既发挥视觉之美，同时又交互作用，产生立体的降温效果。当然，更重要的是，两者结合起来，形成该园独特的空间形态——据我推测，它极有可能是明代金陵“第一名园”——东园。其数百年来的谜之面貌从水的诸般“玩法”中浮现出来。

一、《结夏》《诸园记》与东园

《结夏》的画法中规中矩。从 45°轴测鸟瞰截取出一块空间，显然是园

〔1〕 状奇怪非人间：吴彬的绘画世界 [M]. 台北：台北故宫博物院，2012.《岁华纪胜图》为纸本册页，共计 12 幅，描绘了一年十二岁时的胜景，现藏于台北故宫博物院。根据多位研究者推断，该图册描绘的是明代南京的风土景象，其中三幅与园林有关。由于明代南京园林的历史图像资料几乎空白，所以这三幅园林画十分重要。但它们与明代南京名园之间的具体关系、归属、空间特点，除笔者外，尚无人加以深度分析。参见：胡恒．正反瞻园——吴彬的《岁华纪胜图》与明代南京园林 [J]．建筑学报，2016（9）：51-56．

〔2〕 结夏本是一项来自古印度的佛事活动，僧尼在六七月间需遵守的一种安居制度。到了明代，它逐渐世俗化为普通的避暑消夏行为。《结夏》中没有修行的禅意，它记录的是当时金陵上流阶层的日常生活。

中某处精华。较高的视点与严格的界画手法，将框内景物排布得井然有序。画幅中部是一块斜向的平台，把画面一分为二。平台居中的是一座两层的楼阁，边上点缀着游廊、大树、太湖石。平台左边是一片湖水，看不到边界。平台的右侧依然是湖水。湖的尽头（画面的右上角）是山的山脚，瀑布从山顶泻下。平台上有很多人，但主宾只有 6 位，都为男性，或坐在楼阁二层主厅里闲谈，或往湖心踱去， 或在画舫上看棋。其他 40 余人应该都是女眷及女性丫鬟佣仆，分布在楼阁上下、月台、回廊、折桥、画舫各处，或随侍主人左右，或在其他地方忙活。

画中园林空间浩大，场景奢华。在明代南京，能有此富贵豪气且擅长造园的以魏国公徐氏一族居首。[3] 1589 年，文坛领袖王世贞在《游金陵诸园记》（简称《诸园记》）中逐一点评南京“十六名园”，东园排在首位。文中有关东园的有 500 余字。[4] 对应来看，我们会发现，王氏的文字与吴彬的图像很是贴合。→2

王世贞把东园的空间序列分成三个部分。第一部分是从入口到“心远堂”，以及堂后的小池与相对的“小蓬山”。这部分的主要元素是一堂、一池、一山。

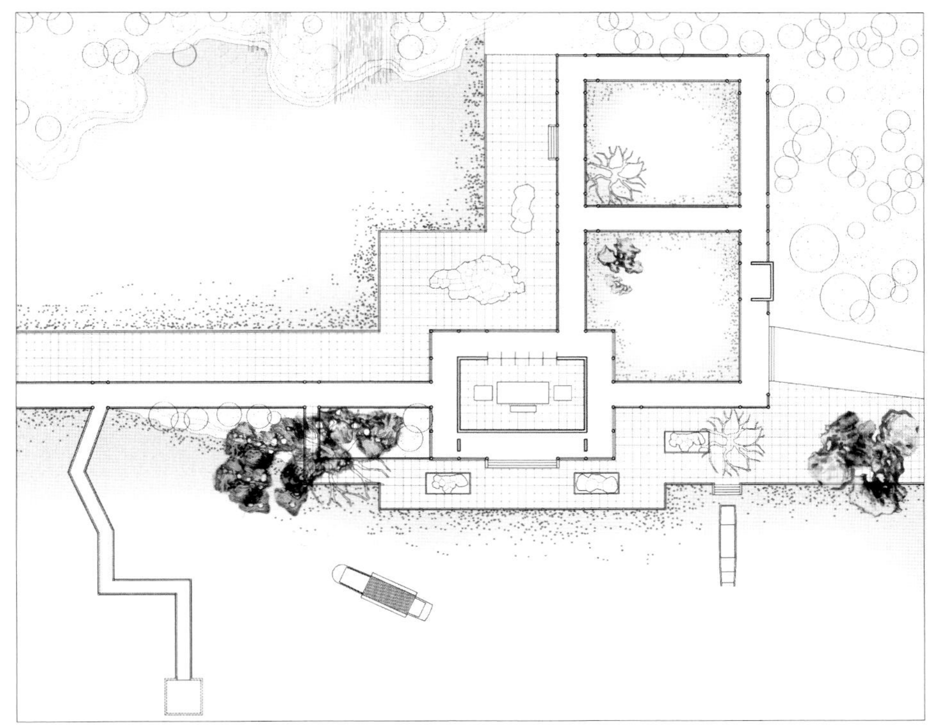

2 《结夏》平面复原图，林陈绘制

〔3〕 魏国公徐氏家族是明代南京第一豪族。1508 年，第六任魏国公徐俌的少子徐天赐开始修建太傅园（即东园），拉开明代南京造园史的帷幕。100 多年间，数以百计的大小园林出现在城内各地，繁盛一时。其中以徐氏园林最为醒目，无论规模还是艺术成就都远胜其他。

〔4〕 王世贞．游金陵诸园记 [M]// 陈从周，蒋启霆．园综．上海：同济大学出版社，2004：180．以下所引王氏的语句均来自该文。

堂与池相邻，都不甚大：“轩敞而不甚高”，“堂后枕小池”。小蓬山也尺度有限，“有峰峦洞壑亭榭之属，具体而微”。在《结夏》里，王氏的文字基本上对应了画幅右边的三分之一。这一块以一个单层回廊式敞轩为主——或许是“心远堂”。它围合成一个小小的方池。后面接着一片湖水，水的另一端是块山脚——或许是“小蓬山”，山上有瀑布泻下。凭此一点，就几可断定画中即是东园。因为在相关历史文献中，唯独东园有瀑布的记载。→3〔5〕

3 《结夏》中的「心远堂」与「小蓬山」

〔5〕 参见史文娟的博士论文《明末清初南京园林研究——关于实录、品赏与意匠的文本解读》附录二“王世贞相关诗词辑录（1588—1589）”。王世贞《咏徐园瀑布流觞处》有：“得尔真成炼石才，突从平地起崔嵬。流觞恰自兰亭出，瀑布如分雁荡来。”《结夏》中的瀑布也是分两股泻下，与诗中“如分雁荡来”完全一致。

第二部分是以“一鉴堂”为核心的空间组团。一个由两棵柏树交叉而成的“柏门”，堂前一个“大池”，池中有一座折桥与湖心亭。这是园内的重点区域，元素的空间尺度与类型都丰富许多。一鉴堂比心远堂大上一倍，“中三楹，可布十席，余两楹以憩从者”。大池面积难以估计。[6] 这部分画面与文字对应得很密切。其中部就是一个二层楼阁和阁前的大池。楼阁高阔华丽，显然是园内主要建筑，或许就是“一鉴堂”。王世贞对水中桥亭着墨甚详：“出左楹，丹桥迤逦，凡五六折，上皆平整，于小饮宜。桥尽有亭翼然，甚整洁，宛宛水中央”，这在画里几乎完整再现。一座红色栏杆的桥从楼阁左边的月台处，折了五次延伸到水中，只是尽端已在画外，不知是否“有亭翼然”？几个丫鬟抱着琴、夹着靠枕往湖中走去，端头应该是一个平台或亭子。《诸园记》中记载的大池并不少，

4 左为「一鉴堂」与「柏门」，右为大池与画舫

但湖中有丹桥（还正好是五折）仅此一处，这算是对《结夏》的东园归属的另一佐证。→4

第三部分是大池在另外三方的景物布置。水中小亭子的背面岸上是若干“老树”，树丛后是城墙。“右水尽，得石砌危楼，缥缈翠飞云霄”。左首是一条溪水，“画舫载酒，由左为溪达于横塘则穷”。这三方的状况，在《结夏》里几乎都出了画框，但仍有一些信息对得上。池中有大小两支画舫，仿佛准备载酒游“溪”。楼阁右边月台上是一块巨大的太湖石，一半伸到水中，画面（下端）到此为止。此处应该有一个较高的视点。王世贞写到的“石砌

〔6〕 按王氏所说，东园“衡袤几半里”，也就是接近 8.3 万平方米，在明代金陵诸园之中面积最大。万竹园面积将近 9 万平方米，原本最大，不过后来分成了三个园子。东园中大池的面积虽然没有记载，但是，由小池既可垂钓，又与山相对推测，大池面积在 1~3 万平方米，相当可观。

5

5 左为「一鉴堂」二层处，中为丹桥上，右为画舫中

6 「消暑装置」功能示意图，林陈绘制

7 「消暑装置」的空气流动分析，林陈绘制

危楼”，与画面取景点的位置、高度正相吻合。

而王世贞的园内游览路线，在《结夏》中也有呼应。“席于‘一鉴’，改于亭，泛于溪，前后二游同之”。两次游园，一鉴堂、水中亭、画舫，都是三个重要地点。相对应地，画中男宾、丫鬟聚集的地方也正是楼阁二层处、丹桥上、画舫中。→5

二、 瀑布、双池与冰山

文、图各项对比之下，基本可确定《结夏》所画的就是东园。那么，画中端坐于一鉴堂上的园主人就应该是第六任魏国公徐俌的孙子徐缵勋（六锦衣[7]）。画面记录下来的就是这位六锦衣公子在园子里招待客人消暑取乐的场景。

炎炎夏日，纳凉是第一要务。东园的“消暑装置”由三种水构成：流动的水、宽阔的水、融化的水。这是一套大型的立体空间装置。其中核心元素是瀑布、大小双池、冰山。→6~8 首先是瀑布从山顶倾泻而下，撞击在小池的湖面上，激起浪花，搅动空气，产生风的流动。接着，风吹到月台上，让放置在月台上的巨大冰山加速融化。冰山的作用本来就是使附近的区域温度下降，而瀑布带来的风一方面使其融解加快，另一方面将产生的冷空气吹进冰山边的一鉴堂处。最后，一鉴堂另一侧是大池，湖面宽阔本来就易波动生风。这样，瀑布、冰山带来的凉风与大池自带的绵绵微风相遇，形成一个空气流动循环。冰山居中制造的连续冷空气就此回旋于一鉴堂附近。如果其二层主厅开敞通透，那么它应该就是园内最凉爽的地方。《结夏》中主宾在一鉴堂二层悠哉谈笑，显然很享受此处的凉意。

三种水体组构成一台巨大的“消暑装置”。它们环环相扣，连续作用，产生空气运动与温度变化：凉风习习，不绝而来。在制冷之外，这台装置还有其他感官上的降温作用。瀑布从山顶泻下，垂直的雾气，淙淙的水声，令人心旷神怡。一鉴堂后的一座巨大冰山（还有一座在心远堂的回廊边）更是

〔7〕“六锦衣”名中的“六”是因徐缵勋是其父第六子。

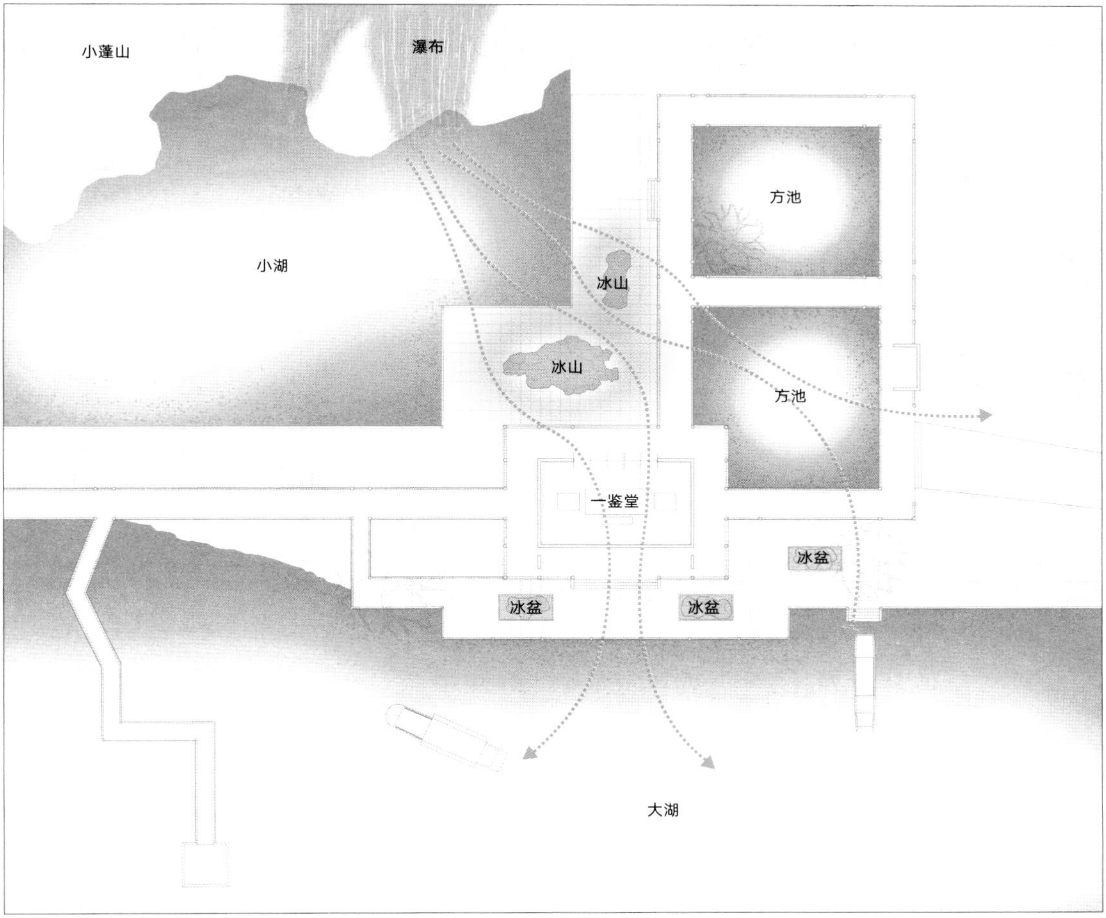

6

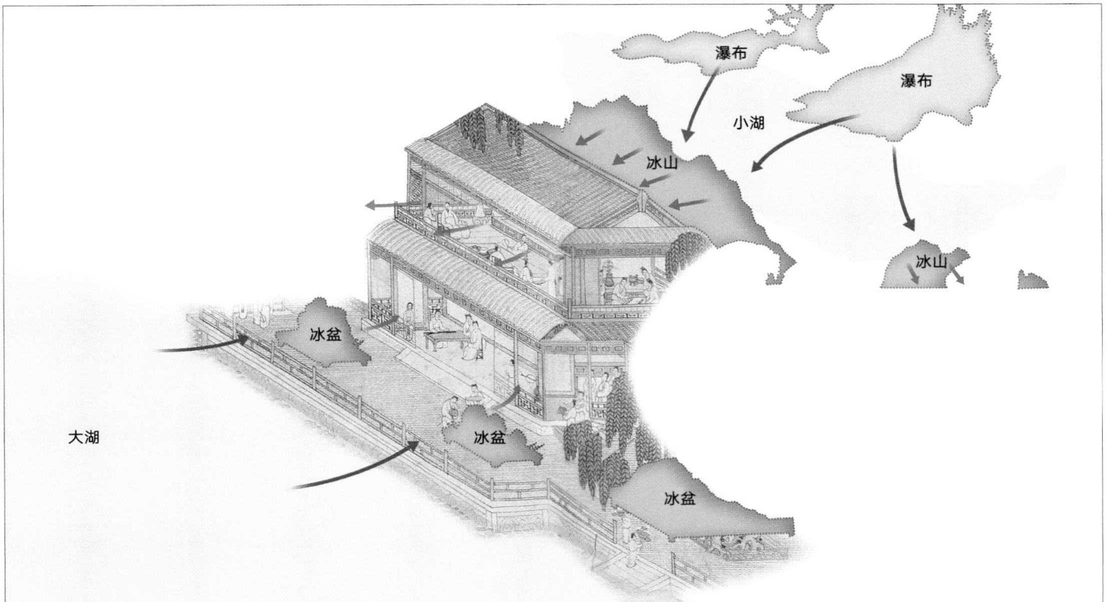

小蓬山
瀑布
方池
小湖
冰山
冰山
方池
一鉴堂
冰盆
冰盆
冰盆
大湖

7

瀑布
瀑布
小湖
冰山
冰山
冰盆
冰盆
冰盆
大湖

8 《结夏》中的瀑布与冰山

壮观，渐融渐化的形态和着清凉的气息扑面而来。这是反季节的非常之物，视觉制冷的效果远胜过瀑布。大池这边则是传统的纳凉手段，数公顷的平坦湖面，水波浩淼，见之心静热消。到湖心亭饮茶听琴，坐画舫游溪对弈，那就是在一鉴堂闲坐后的“亲水”余兴节目了。

画面中，在“消暑装置”的水体主结构之外，还有若干补充细节。一鉴堂上下各处以及月台左右，都放置着大小不一的冰盆。→9 这些“冰点”分散在各个地方，既增加制冷的层次，又能将采集制备的瓜果汤饮加以冰镇，吃喝间增强消暑效果。体感、视觉、声音、气味、味道，五感合一。“消暑装置”就此大功告成。

9 冰盆

不过，这个装置的启动运转，可不是普通人家可以想象的。其耗费巨大，非豪门巨富莫能负担。该装置的两个核心要素是瀑布与冰山。古代园林瀑布有两种做法：一种是用竹管收集屋面瓦上的雨水，再隐秘地接到假山的石头缝间，让雨水合流，从石缝里泻出；另一种是在假山（或真山）顶上挖池蓄水，“客至去闸，水从高空直注”[8]，形成瀑布景观。前一种重在布局精巧，但只在雨中才有视听效果。后一种不受时间、季节限制，只要有需要，就可

〔8〕 文震亨，屠隆著．长物志　考槃余事 [M]. 杭州：浙江人民美术出版社，2011：53．

放水观瀑。东园即是如此。这一瀑布的耗费远胜于第一种——要维持观赏效果，它所需要的蓄水量（以及人力物力）可想而知。

冰山更是只有王族贵胄才能"玩"得起。明代有"颁冰制度"。[9]一般来说，皇室在冬天储冰于地窖，到了夏天再取出来赏赐给王公大臣，也允许百姓买卖。南京的富户人家夏日用天然冰消暑，实属寻常。不过要做到堆起两座巨大冰山，只为二三宾客纳凉半日这种程度的，恐怕全城只有最显赫的魏国公徐氏一族才有此实力。

如此看来，这台巨大的"消暑装置"安放在十六名园中"最大而雄爽"（王世贞语）的东园，最为合适。几项关键的驱动元素，也只在东园才有记载，或有条件具备。这也让我们有了一个疑问：《结夏》是否在暗示，酷暑夏日才是东园最适合赏玩的时节？它的空间特点是否只有在"结夏"时才会显示真身？或者，那些史上著名的雅集并没有把东园的真味给"玩"出来？

三、《东园图》与《结夏》

后人对东园的认知一般来自文徵明的《东园图》，→10 [10] 以及两篇卷后的跋文。1527 年正月，文坛"金陵三俊"之一的陈沂即将离开南京，若干好友在东园为其饯行。次年陈沂写了一篇《太府（傅）园游记》追述这一雅事。1527 年文氏正好离京南下，作为陈沂多年好友，他也许参与了这次东园盛会。1530 年，文徵明作画以兹纪念。

东园的雅集一度非常频繁，"秋月春花，燕游屡屡"（王廷相语）。雅集的内容多以陈沂所说的"执笔授几，濡毫风流，谈笑慷慨"为主。这是文人聚会的常例项目。景物描写也以陈沂为典型，"叠有峰嶂，通有川泽，有灵岩怪石环列前后，茂丛崇柯，奇花异卉，蓊郁纷郁，径道窅渺，虚亭邃阁，华楹藻栋，文窗绣槛，区宇不一，金屏绮榻，樽爵彝鼎，壶矢棋局之具，随河意适"。[11] 文中园子的造景元素介绍得很齐全，但空间性格却不明朗。

其他知名雅集的诗文也大抵如此。比如在 1544 年、1554 年，恰逢时任园主人徐天赐（魏国公徐俌少子，徐缵勋之父，号"东园子"）的六十、七十大寿，各路亲友名流齐聚东园，其中有许穀、吴承恩、何良傅等文坛大家。许、吴等人都有长文祝寿。对于园景，他们多是"山池亭馆，高下掩映，

[9] 参见：刘馥贤. 吴彬《岁华纪胜图》册之研究 [D]. 台北：台湾师范大学，2007.

[10] 明代金陵十六名园现已知的唯一明代图像资料就是文徵明这幅《东园图》，绢本设色，纵 30.2 厘米，横 126.4 厘米，现藏于北京故宫博物院。文徵明晚年的《徐东园》诗中写到"我别东园三十年"，按时间推算，文氏参与东园雅集的时间大概在 1527—1529 年。《东园图》绘制于 1530 年，应该是在具备游园经历之后的作品。该手卷虽然笔法粗糙，显非文氏真迹，但就画面格局经营来看，可能是后人对文氏画卷的摹本。

[11] 见文徵明的《东园图》手卷后陈沂的跋文。其他诗文（比如湛若水的跋文）大同小异，多以赞誉园主人的品德为主，园景描绘为次。

望之若蓬莱”，“小山桂树，重开招隐之乡；流水桃花，别有藏真之境”，“山开绣嶂，启洞天金谷”〔12〕之类的意象性描述，文学色彩更甚陈沂，似乎在其他徐氏名园身上一样适用。

文字虚幻飘忽，《东园图》则是平淡无奇。画卷中有四个建筑空间，两个有人，两个空着。右侧厅堂里几位文士、官员在“执笔授几，濡毫风流”，水中小亭子里两位宾客面前是“棋局之具”。空着的二层楼阁处是“金屏绮榻，樽爵彝鼎”。画中的活动与陈沂的文字基本吻合。→11 而画面在空间再现上的空泛，也与陈氏游记相一致，且更为严重。画面右边部分是入园的一组元素：小溪、石桥、迤逦小道、树林、敞轩，顺次排过来。画面左边部分是园内中心：一个半大不小的湖，若干房子、桥、太湖石、竹林、树林围在湖边。场景平凡寡淡，看不出来陈沂“叠有峰嶂，通有川泽……径道窅渺，虚亭邃阁”的华丽格局，与吴承恩“藏真之境……洞天金谷”

10 《东园图》，（明）文徵明

11 《东园图》局部

12 《东园图》中的湖水附近景观

10

11

〔12〕参见：蔡铁鹰笺注．吴承恩集 [M]．北京：中国社会科学出版社，2014：100，144．

的禅意仙境也相去甚远。→12

文字的“小说风”，画面的“大众脸”，使得东园笼罩在一片烟雾之中，其空间特点难以分辨。相比之下，吴彬的《结夏》与王世贞的《诸园记》的写真路线，精确肯定，豪门气派一目了然。一个“大众脸”，一个“高大上”，画风如此两样。那么，《东园图》与《结夏》里的，还是同一东园么？

四、两代东园

确实是同一东园。只不过它们分属两个时段，两位园主，两种“玩”法。东园在 1508 年由徐天赐始建，苦心经营一生。其子徐缵勋在其去世后接手。到了 1620 年前后，东园逐渐废弛。如果说《东园图》（以及陈沂之文）代表着徐天赐时代的东园，那么，《结夏》（以及王世贞之文）则代表了六锦

東園圖

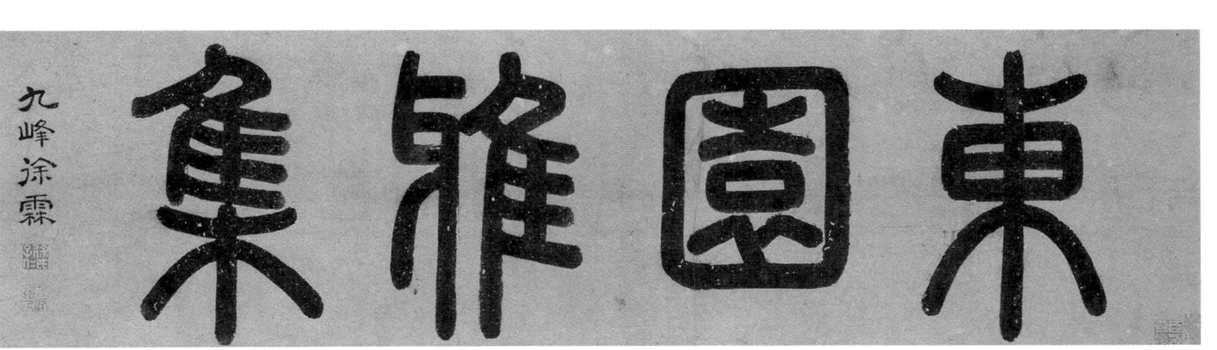

12

衣公子时代的东园。

徐天赐的东园是开放的："故凡燕者、酬者、赏者、饯者、游咏者，大夫士之贤必时至焉，群吏走卒舆马之众必时集焉。万人同心，庶性同乐"（湛若水语）。园主号"东园子"，自比战国四公子中的魏国信陵君，东园就是其招揽天下宾客的地方。这时东园的"玩法"比较文气。因为徐天赐"能文章"，所以雅集多以"兰亭畅叙""西园雅集"为目标。雅集中，赏景不是重点，诗文唱酬才是常务，而一切最后都指向对园主社会声望的塑造。徐天赐曾将唱酬诗文编辑成《东园诗集》，请当时金陵诗坛领袖顾璘作序。那些诗文都是以赞誉园主德行为首，次之是雅集盛况，最后才是风景烘托。这也就难怪陈沂、吴承恩、湛若水等人文章的浮虚，以及《东园图》的寡淡。因为那时的东园，"玩"的不是造园之术，而是"天下贤公子"的古风雅望。

六锦衣公子徐缵勋似乎没有其父的那些情怀。他对东园的使用另有路数。徐天赐去世后，文人酬和、燕游屡屡的盛况也一去不返。不过，六锦衣并没有让园子废弛，他依然在认真打理园景，甚至加以"新构"。1588 年，王世贞三月间两度东园游，一次白天看花，一次晚间赏月，颇为尽兴，盛赞不已，给出"最大而雄爽……壮丽为诸园冠"的评语。可见就景观营造来说，东园在那时达到巅峰。

13

"玩"，回到本真状态，如何去掉道德负担，纯粹地享受园林给人带来的感官快乐，这是六锦衣关注的问题。宾客变得单纯起来。陈沂的那次雅集，与会的从二品官员到七品再到布衣，各形各色，而且布衣的比例超过了官员。到了王世贞游园，主客、陪客满眼皆是尚书、侍郎，官职最小的也是四品。开放式园林变为华府内院，非高位者莫能进入。在《东园图》中，主客 7 位，官民皆有，僮仆只 4 人，大家下棋看画，研讨艺术。而在《结夏》中，主客仅 6 位，女眷仆婢却有 40 多人。主宾袒腹而坐，逍遥漫步，众女随时环侍左右，一派前朝华林苑、西园的宫苑风范。→13在静态风景的打磨之外，园主还进一步提升娱乐的层次。比如盛夏之时启动立体的制冷装置，开闸观瀑，垒冰山于堂前，让宾客感受异样的凉爽。王世贞在三月间的一次游园中曾见过瀑布，六月的一次游园看到"冰壶"，是否有冰山尚不得知，但可见六锦衣公子的待客之道，要比其父豪迈很多。雅集时代的唱酬诗文中，这类“烧钱”的娱乐项目从未出现。

两种玩法，表现出园子的两种属性。前者是徐天赐获取个人声望的手段，一个带有符号企图的社交场所。后者则是六锦衣公子私人的寻欢之地。同样是水，前者只是在湖心亭中下棋，沿溪边散步。后者则是冰山、瀑布、冰盆各种人为奇观和反季节之物交替上场，一掷千金只为瞬间之快。由此可见，《东园图》里园子形貌寡淡，那是因为园主更在意自我的贤德虚名。而在《结夏》中，园子真身一览无余，则是因为园主坚定地遵循快乐原则。这正符合园林的本质：五感合一，身体优先。

结语：“玩”水，东园之幸

就园子本身来说，这无疑是幸事。从徐天赐到六锦衣，园林的形而下维度被推上前台，其空间美学不再被道德绑架，这一美学的官能属性，也被坦然接纳。所以，从《东园图》到《结夏》，园子清晰起来。其空间特征也随之浮出水面。我们发现，水才是纵横 8 万多平方米的东园空间结构的核心元素。“流水桃花”“五湖鸟鱼”“东园流水西园树”之类的泛泛而谈，在王世贞与吴彬手里一一落实——一鉴堂前的大池，心远堂后的小池与小蓬山，大池中的折桥及湖心亭，画舫与小溪，以及半入水中的太湖石“玉玲珑”，回廊中的小方池，水无处不在，将所有造景元素、游园要点串联起来。到了《结夏》，水的结构功能再次升级。瀑布与冰山这两个瞬间存在的“水质”空间元素，将分离的水联系为一体，它们相互作用，形成一台超级制冷装置。它制造出一个独特的空气带、能量场，与普通世界及正常时节隔离开。原本较为平凡的园林空间也发生突变，具有了某种新的整体感。东园与其他园子（甚至雅集时代的自己）的差异就此出现。徐天赐六十、七十大寿是在盛夏举行，但相关诗文毫无季节（空间）特征。[13]

就历史来说，这一变化更是幸运。如果没有六锦衣公子赤裸裸的“炫富”，

〔13〕徐天赐时代的东园重名声而轻物性有其内在缘由。东园产业本属魏国公嫡子一脉。第六任魏国公徐俌长子去世尚早，长孙徐鹏举年幼，所以徐俌次子徐天赐代兄照应其侄。东园就此被徐天赐“霸占”，一用不还。“东园子”其实名分不实，颇为理亏。这也说明了为何徐天赐时代在赞颂德行上如此卖力，在公共福利上如此投入，在表达园林之美上又是如此含糊。这正是为了填补、掩盖其东园的天生道德缺陷。所以，徐天赐经营的贤德之名虽然虚伪（造园过程还有强拆周边学府要地而遭生员非议的丑闻），但它是一种必要的手段，维系着东园存在的脆弱平衡。六锦衣公子回归园林本体，同时也关闭了其公共福祉的关键功能。此举破坏了东园的存在基础：被掩盖的原始创伤开始报复性地回归。正如我们所见，东园在达到美学最高峰（1589—1600）后便诡异地消失。与它一并废弛的还有徐天赐名下的另一名园——西园。按顾起元在 1620 年的《金陵诸园记》记载，其时徐氏十大名园中只此二园废弛。而在徐天赐时代，东、西二园名重一时，力压诸园。反之，徐鹏举打造的魏公西圃（瞻园）却欣欣向荣，取而代之成为金陵新一代的“诸园冠”。参见：顾起元．客座赘语 [M]．南京：南京出版社，2009：138．

我们对东园的认知可能会迷失在其“大众脸”及“小说风”之中——吴承恩描述的东园就像是《西游记》里的场景。这意味着我们对金陵第一园的真身茫然依旧。我们不会知道东园在官能方向走得如此之远，不知道王世贞的“最大而雄爽”定论指的是豪门东园，而非雅集东园。更幸运的是，王世贞与吴彬这两位写实派正赶上园子的第二个极盛期。尤其是吴彬，他在《结夏》的一个稿本《月令图·结夏》中曾将冰山略去（可能是因为渐融的冰山的质感难以表达，其他地方与《结夏》几乎一模一样）。→14 15 [14] 或许他转念一想，要表现这个消暑场景，还真不能缺少冰山，所以在正稿绘制时将其补上。这大概是东园最幸运的一刻，其拼图最后也是最重要的一块终于到位。有了它，东园才真正浮出“水”面。而明代南京园林史总算有了一个像样的开端。

14 《月令图·结夏》，（明）吴彬

15 《月令图·结夏》局部，未画冰山

15

〔14〕参见：俞宗建．吴彬画集 [M]．杭州：中国美术学院出版社，2015：124 - 125．《结夏》中的冰山可能是中国绘画史上仅存的一例。

2

Half of Xiyuan Garden:

Wu Bin's *Qiuqian* and Nanjing Gardens in Ming Dynasty

Hu Heng+Li Lanjun

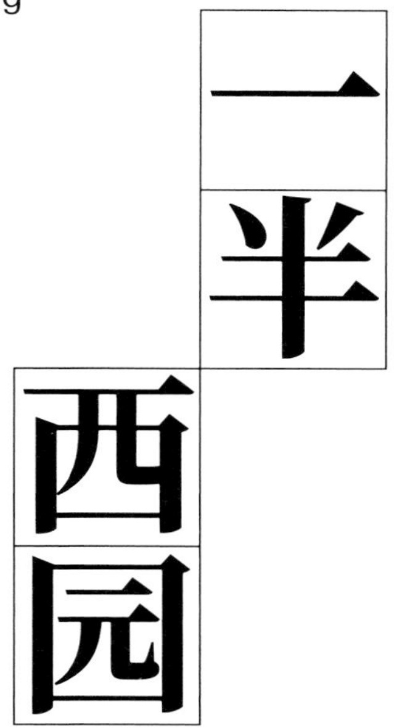

——吴彬的《秋千》与明代南京园林

胡　恒＋李斓珺

引 子

自 16 世纪初开始，南京造园之风日盛，名园迭出，素有“金陵十六名园”之称。其中，东、西二园声名最著。它们都为金陵徐氏一族的别业园，一个位于城东，一个在城西南，规模既相当，景物风貌也是各擅其长。1589 年王世贞在《游金陵诸园记》（简称《诸园记》）中写道：“既而获染指名园若中山王诸邸，所见大小凡十，若最大而雄爽者有六锦衣之东园，清远者有四锦衣之西园。”[1]《诸园记》是关于明代金陵名园的第一篇正式且完整的游记。以王世贞的文坛地位及写实文风，其亲身游园体验之后的“总结”自是令人信服。尤其 16 世纪八九十年代正值“十六名园”的鼎盛时期，《诸园记》更有盖章定论之意。

大约 20 年后，金陵诸园迅速凋零（东、西二园首当其冲），或废弛或易主，盛况不再。虽然王世贞等名家大儒为二园留有不少文字写景状物，但相关历史图像却是稀缺。东园仅有一张署名文徵明但真伪存疑的《东园图》手卷留世。西园没有主题画作，不过黄克晦、胡玉昆、郭存仁等人的几幅关于凤凰台、杏村的册页与之略有关联。本文将从图像的角度，结合历史文献对西园进行解析，建构从画到图，再回到画的推演逻辑，一展金陵第二名园之“清远”本体。

一、册页、《秋千》与西园

黄克晦、胡玉昆、郭存仁的那几幅册页都为鸟瞰风景，画名“凤台”（或“凤台秋月”）、“梅坞”（或“杏村问酒”），收在《金陵胜景图》《金陵八景图》等图册中。西园由于地处凤凰台、杏村这两大著名“景点”左近，才有机缘偶被纳于画中。当然，零星笔触以及几处树梢屋角，对西园面貌的展示着实有限。反倒是明末朱之蕃的版画集《金陵图咏》中的《杏村问酒》一图给予西园不小篇幅，其中著名的“六朝松石”相当醒目，但松石之外的园景乏善可陈，只是一个空荡荡的大院子。

笔者发现，在明代画家吴彬的一套册页《岁华纪胜图》（简称为《岁华图》）中，有三幅相关于“金陵十六名园”。该册页现藏于台北故宫博物院，共十二开，分别对应一年中的十二月份，推测完成于 1600—1610 年间。吴彬以界画手法描绘了明代南京十二岁时的节庆活动，笔触细腻写实，场景还原度极高。其中的《赏雪》《结夏》《秋千》三幅画作，不难看出取材自园林。三幅画都未如常见的园林画那样或囊括全景（如《东园图》）或深描景

〔1〕 王世贞．游金陵诸园记 [M]// 陈从周，蒋启霆．园综：新版（上册）．上海：同济大学出版社，2011：136 - 138．下文中王世贞的文字都引自此处。

点（如《拙政园图》），而是抽取园林中的片段精华，与相关岁时所对应的人群活动结合起来，构建出画面。虽未能一展园林全貌，但我们仍可从画中感受到风光摇曳、贵气逼人，所绘者无疑是当时豪门巨富的内府宅园。据笔者考证，《结夏》对应的是东园（明末），《赏雪》对应的是魏公西圃（明末，今瞻园）[2]，而《秋千》对应的则是西园（明末）。→1

按照《岁华图》图册的排列顺序，《秋千》的主题节气是早春二月至阳春三月的某一时令。《岁华图》有一“姊妹”图册名为《月令图》，所绘内容、构图与《岁华图》几乎完全相同。只是《月令图》的笔触、配景均较为粗糙，离成品《岁华图》尚有距离，画作的装裱顺序也不相同，应为《岁华图》的稿本。在时令顺序方面，台北故宫博物院在编排这套册页时，将《秋千》定为对应二月的第二幅；

1 《秋千》，（明）吴彬

〔2〕 参见笔者的两篇相关文章：《正反瞻园——吴彬的〈岁华纪胜图〉与明代南京园林》，载《建筑学报》，2016 年第 9 期；《东园“玩”水——吴彬〈结夏〉图中的瀑布、双池与冰山》，载《世界建筑》，2016 年第 11 期。

但《月令图》中的《秋千》一般被列为第三幅，→2 与《钦定石渠宝笈三编》中的排序相同：“其三，露桃风柳，高阁平栏，絮院秋千，兰皋骑射。”[3] 周密在《武林旧事》中曾有一段“放春”时节私家园林中游戏之景的描述：“蒋苑使有小圃，不满二亩，而花木匼匝，亭榭奇巧。春时悉以所有书画、玩器、冠花、器弄之物罗列满前……且立标竿射垜，及秋千、梭门、斗鸡、蹴踘诸戏事，以娱游客。”[4] 虽然周密所述的是南宋临安之事，但从唐至明，节气相关的游玩项目并无太多变化。对比来看，周密所述的园景与《秋千》相似之处甚多，如秋千、斗鸡（几位女子抱着体型不小的锦鸡）等等，只是标竿、射垜在画中成了园外活动。

《秋千》采用惯常的界画取景方式，即约 30°轴测鸟瞰，不过构图颇具新意。与《赏雪》《结夏》画面内容皆属园内的常规做法

2 《月令图·秋千》，（明）吴彬

3 《秋千》局部之杏林习射

2

3

迥然不同，《秋千》以一道直线院墙为分界线，将画幅几乎对角线般地斜向一分为二，园内、园外各占一半（后者面积稍多一点）。园内为楼阁屋舍、

〔3〕 石渠宝笈三编（二十五）[M]．北京：北京出版社，2004．

〔4〕 周密．武林旧事 [M]．郑州：中州古籍出版社，2019：121．

松柏、巨石、方池、游廊等造园要素，几个女子在空地的秋千处嬉戏，园外靠院墙的是一大片水体，似河似湖，远处岸上则是丛丛花树、若干屋舍，树林间有数人在骑射取乐。→3

将画幅一半分予园外，在园林画中实属非常之举，可见吴彬力求突破常规桎梏的“野心”。不过想来这也是吴彬的苦思经营所得。其一，墙外水体面积浩大，几乎占去整个画幅的三分之一，视野广阔，与墙内的景物葱茏产生出强烈的对比，虚实疏密一目了然。画面显出的抽象几何感在同类画作中甚是罕见——吴彬似乎乐于此道，他在《结夏》中也有类似的斜向几何构图，以及大块色块的对比。另外，这面分割空间的院墙并不显眼，它被园内的几株古树遮住大半。所以，乍一看，墙外风光似乎也是园景的一部分，画中那片水体如同园内的一方大池（像《结夏》里的东园那样），园内外恍恍乎融为一体，院墙悄然“消失”了。实际上，西园内本有面积不小的大湖“小沧浪”，但吴彬未着点墨，而把园外的野生水体纳入画幅，且占据画面中腹大片要地。这一置换颇具匠心，且效果不凡。

其二，园外的水体与林中骑射并非只是画面布局或为了衬托园内秋千架上的风光旖旎，而是埋下西园在城市中的位置的伏笔。我们也是通过对这些园外风土元素的解析，才能确定《秋千》左半部分是为明末西园。

二、园外杏林

《秋千》的园外远景有一片杏林。灿烂的杏花旁有两位年轻仕子在驰马射箭，稍远处有两人站在地上对着一面靶垛亦在引弓习射。→4 杏林习射是明代南京的一项传统游戏项目。在明末朱之蕃的《杏村问酒》、清初樊圻的《牧童遥指杏花村》及王蓍的《杏花村》中，无论是大片杏花，还是射箭游戏，

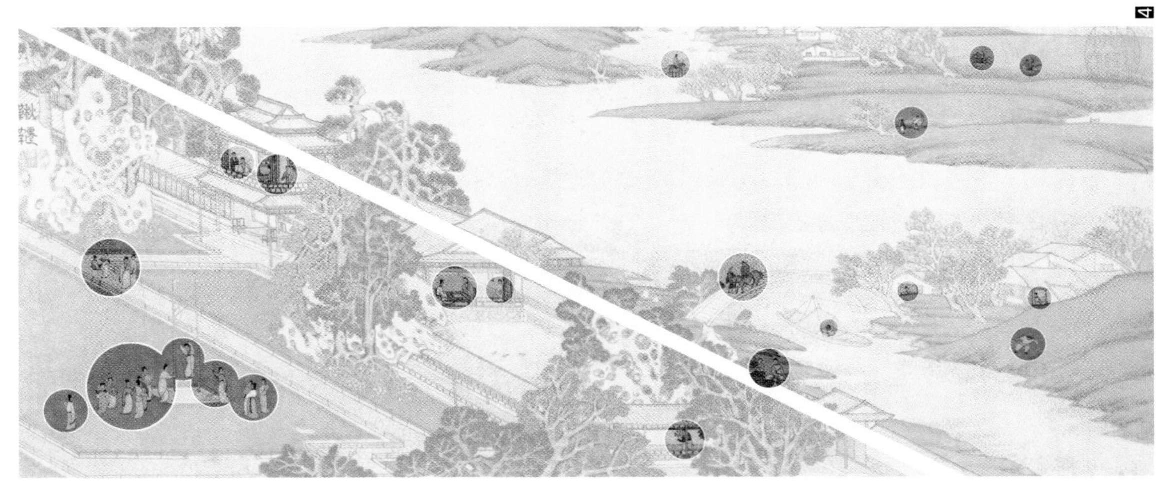

4 《秋千》中的院墙与人物分布

这些场景与《秋千》都一一贴合。尤其是《秋千》中有两位骑士在杏树下以回头望月之势做“射柳”比赛的场景，虽然未被朱之蕃、樊圻等人纳入画中，但有重要的地点指向。明代骁骑营设立于花盝岗上，杏林北边紧邻骁骑仓，周边园林的主人，魏国公家族世袭的锦衣卫都是武官职位，清明时节至西园踏青游赏，一众人等必会至杏林附近纵马玩乐一番。而明末版画中，多用骑马射箭、击鼓鸣锣的射柳场景，来指示与杏花村相邻的骁骑仓，也说明当时射柳、军营、暮春时节、杏林，是时人共知的组合意象。

较之“杏林习射”（尤其是骑射）这一贵族子弟的游戏活动，“杏林问酒”与“牧童遥指杏花村”（杜牧句）中的杏花村更广为人知，且源远流长。从宋到元，南京的杏花村就时常出现在文人墨客的笔端。比如杨万里的《登凤凰台》有“乌衣西面杏花开”之句，证明宋初即有杏林存在于南京城南，大约位于乌衣巷西面。《景定建康志》中记载，在宋景定时，南京城内有杏林，且毗邻屯军之地。[5]在元代，杏林依然存在，位置与前代一样，都是虽在城内，但近乎郊野之地。

明代中期以后，杏林（以及杏花村）逐渐成为城中时令的春游胜地。明正德《江宁县志》记载，位于南京城内西南角的杏花村，距离凤凰台不远，村里家家户户种植杏树，其间杂种竹子，蔚然成林。[6]成化年间，成国公朱仪（南京守备）巡视城防，时常经过杏林。他还曾在春天专门驾车前去赏花，随之引动风尚。[7]万历三十三年（1605），南京大理寺正曹学佺曾作诗：“君家住近瓦官寺，金陵城中最僻地。向来名作杏花村，花开始有游人至。此时结伴过君家，岁岁年年成故事。”[8]可见杏林从城内的“最僻地”到“年年成故事”的转变。

自宋到明末，对杏林、杏花村的位置描述基本上都是“城西南隅”。据朱之蕃《金陵四十景图考》的“杏村问酒”条目记载，杏林在上下浮桥之间，西侧迫近城墙，另一侧紧邻凤凰台。周晖《续金陵琐事》一书中提及杏花村的范围大小，长、宽约为五百米。这片区域内密密匝匝地布满了大小不一、边界崎岖的宅园，巷道幽深，既多野趣又有曲径通幽，颇受明中后期的文人青睐。明末大儒顾起元的家宅遁园亦在杏村之内。吴彬与顾起元交好且比邻而居，自是对杏林状况十分熟悉，这亦增加了《秋千》的说服力。

〔5〕《景定建康志》记录了当时南京城的两处军寨，其一在城南门外虎头山，另一处在城里杏花村。参见：周应合．景定建康志 [M]．南京：南京出版社，2009：587．

〔6〕清代余宾硕在《金陵览古》中追述了明代杏花村极盛时期的美景，以及到清代的凋零：“又按，骁骑卫仓在杏花村中，往时春风和畅，杏花烂发，都人携肴核盘游其间，如在锦云之内。今不到三十年耳，已绝无所谓杏花，而况数百年千年以上，犹可得而考耶？”见：陈沂．金陵世纪 [M]．南京：南京出版社，2009：289．

〔7〕“杏花村在京城西南隅，与凤凰台相近，村中人家多植杏，树间竹成林。成化间，成国庄简公时司留钥，因视城经此，爱之，尝值杏花开，命驾一赏。是后游者，每春群集，遂成故事。”见：南京文献第六号：正德江宁县志（下） 青谿诗话 [M]．南京市通志馆印行，民国三十六年六月（1947）：356．

〔8〕曹学佺．曹大理集：卷三 [M]．明万历刻本．

杏花村北边毗邻骁骑仓，向南与瓦官寺相接。杏花村内可以远远听到骁骑仓内马匹的嘶鸣。余宾硕《瓦官寺》一诗中有“杏花村接小长干，古寺苍茫字瓦官”[9]二句，说明杏花村位置且与“小长干”相接。而小长干最早见于《景定建康志》，大概就是内秦淮河西边一段往南的民宅区。总体来说，杏林的位置应在凤凰台、骁骑仓、城墙之间。[10]范围则从明中期开始逐步扩大，清初时，“杏花村方幅一里内，山园据其十九，虽奥旷异规，大小殊趣，皆可游也”[11]。

在《秋千》的稿本《月令图·秋千》中，杏林深处有几间屋舍，一面酒幡挑出，显然指向的是“杏林问酒”之意。只是不知为何，这面酒幡在正稿《岁华图》的《秋千》中被去掉了。

《秋千》画幅中部是一片由宽渐窄的水体，其中一部分沿园前小道横向流过，远方宽阔处有两三支流穿杏林而去。某支流处有一简易的低矮木桥。桥上有一人骑着毛驴慢悠悠地往杏花村而来。[12]靠近园门的河道较窄，有一石拱桥，桥上有一位红衣骑士携一僮仆。桥下行有小船，前方一人在拉纤引导靠岸。→5 由于杏林到凤凰台、西园这一区域地处“最僻地”，在明代地图上标示都颇为简略（也许是附近有军营驻地的缘故），没有水系类的文字及符号，所以无从知晓此处河溪湖塘的分布。但城南在诸般

5 《秋千》园外局部，上为骑毛驴的书生过木桥前往杏花村，下为石桥下纤夫拉小船靠岸

〔9〕 陈沂．金陵世纪 [M]．南京：南京出版社，2009：290．

〔10〕近代地图中，杏花村的位置区别不大，但其边界从未被明确。结合对明清杏花村规模的描述与近代地图标注可以推测，北至萧公庙、南至集庆路一带，为古杏林及杏花村所在地。

〔11〕周晖．金陵琐事　续金陵琐事　二续金陵琐事 [M]．南京：南京出版社，2020：273．

〔12〕清代王友亮在《杏花村》一诗中写道：“红杏梢头扬酒旗，……孤村着个骑驴客，可似当年杜牧之。”似乎就是在描述《秋千》的这幅场景。杜牧的名句“借问酒家何处有，牧童遥指杏花村”名气太大，后人在为南京的杏花村赋诗时经常会用这一典故。吴彬在绘制《秋千》时，大概也会有意在某个不起眼的配景处把这个意象放进来。参见：曾极，苏泂，王友亮，等．金陵百咏 金陵杂兴 金陵杂咏 金陵百咏外一种 [M]．南京：南京出版社，2007：154-155．

文献中一向有“山水之窟”之誉，[13]并且清代中期西园附近有地名为“三步两桥”（或三铺两桥）——这与《秋千》中的尺幅之地就有一石、一木两座桥倒是颇为吻合——或许存在过较为复杂的地表水系。→6

朱之蕃的《杏林问酒》中没有水体，但在画面布局几乎不变的清初高岑的《金陵四十景图》的《杏花村》一幅中，有小溪横于西园之前。→7 而同时期的樊圻的《牧童遥指杏花村》与朱、高的视角一致，场景也相同，但杏林与西园之间有若干水道交叉蔓延，倒是与《秋千》颇为相合。→8 就画面而言，在所有相关杏花村的“金陵胜景图”中，《牧童遥指杏花村》与《秋千》最为接近，除园外的地理要素之外，园内的“松石”形态更是同出一辙。似乎《牧童遥指杏花村》就是《秋千》视角北移至下浮桥附近再转向南所得。→9

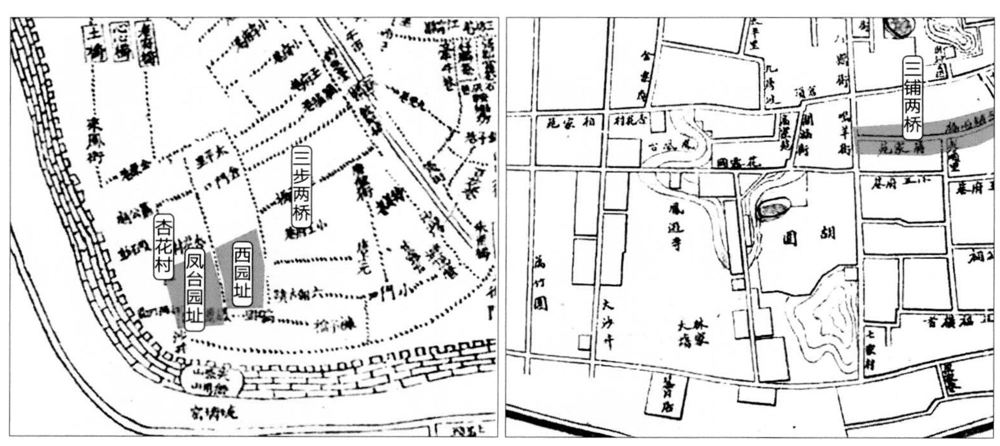

6 左为清咸丰年江宁省城图（局部）中的三步两桥，右为清陆师学堂新测金陵省城图全图中的三铺两桥

7 左为《杏村问酒》，（明）朱之蕃；右为《杏花村》，（清）高岑

〔13〕“金陵为山水之窟，其西南隅尤佳”，见：陈作霖．金陵琐志九种 [M]．南京：南京出版社，2007：50．

8 《牧童遥指杏花村》，（清）樊圻

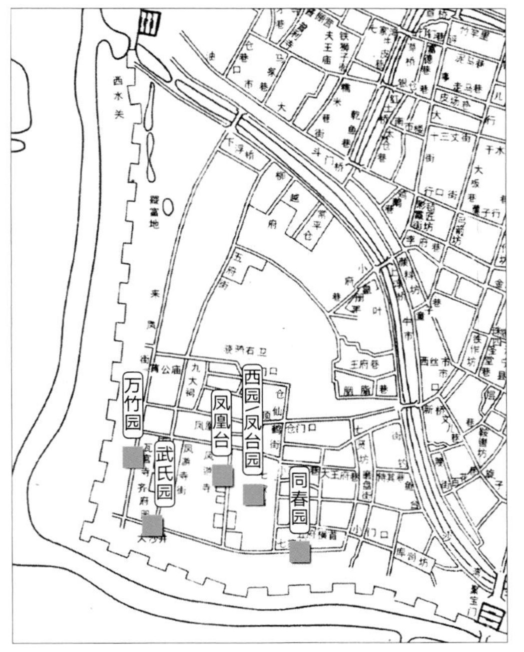

9 明代南京城西区位的园林布置图

三、《秋千》中的西园：四锦衣时期

吴彬完成《岁华图》大约在 1600—1610 年，彼时西园主人为徐天赐四子四锦衣徐继勋一系。徐天赐为第六代魏国公徐俌的幼子。“十六名园”中的东、西二园都由其一手打造而出。东园后来由其六子徐缵勋（六锦衣）继承，西园则被徐天赐一分为二，西侧授予次子，名为凤台园，东侧授予四子徐继勋（四锦衣），仍称西园。当时，徐天赐次子拥有大功坊的傍宅北园，四锦衣拥有丽宅东园，因此凤台园和西园都为别业园。1554 年，徐天赐七十大寿（在东园做寿）。以此推断，西园分拆为其二子继承大约在 1560 年前后。

一直到万历年间（约 1610—1620），西园都为四锦衣一系所经营。《秋千》中的西园就在其“晚期”。王世贞的《诸园记》写于 1588—1589 年，与《秋千》时隔 10 年左右，两者的对象大体一致，理应可以相互印证。《秋千》中的园景虽然只占图幅左边一半，所纳园子的面积也不甚广大，但信息丰富。其左下方画外空间的“缺口”显然不小，似乎吴彬有意留下“一半西园”予后人补全。

10 《秋千》园内的建筑、游廊、步道

11 魏公南园与杏林位置关系

屋舍与步道

按空间元素的组织，这块斜向三角形区域内的景物可以分为两部分。其一是建筑部分。一条长廊几乎贴着院墙从左往右直伸过来，端头是一个二层楼阁，其尺度不算很大，颇为精巧，应为王世贞所说的“凤游堂”。楼阁右端有一个敞轩，两者之间有一截短廊相连。敞轩右侧就是一个长方形的水池。水池与院墙之间有一条窄长过道，另两边则有游廊环绕。右手游廊边上就是园门。长廊、楼阁、敞轩、回廊、方池顺次排开，沿着院墙形成一个规则的空间带。

其二是庭院部分，建筑组群之外的区域皆是庭院。凤游堂前月台处的视角最为开阔。左右两侧种有几株古松，松下放置着几块尺度巨大的假山石。庭院右侧有一个秋千架，在画面前端的最显眼处。

与秋千架同样显眼的是线形步道对庭院的几何划分。庭院为大片草坪，纵横四条步道看似随机却又恰到好处地把草坪分为大小不一的几块。步道铺以冰裂纹的石板，两侧有朱红色的矮栏杆。有几处松石景点被框了起来，不可入内走近触碰。没有松石的草坪面积较大，围栏有开口，可进入玩耍。秋千就放置在画中面积最大的一块草坪上。这种用步道、围栏对大面积草坪庭院进行正交式的几何划分，在“十六名园”的相关材料中很少见。它出现在《秋千》中，主要目的自然是对名贵的松石景点的保护。由此出现的强烈几何感的空间效果，应该是意外所得。这对画面的对角线构图亦有强化。→10

笔者曾误认为《秋千》所绘的是王世贞笔下的魏公南园。《诸园记》中，魏公南园“纵颇薄衡甚长”，乍看之下，与《秋千》中的狭长建筑群颇为相似。文中描述，进入园门后，二十余米外便是一座三开间的堂，堂四周有游廊环绕。游廊后衔接一座高楼。而堂的南边是开敞的台阶，前部有流水汇聚成池。又因“三方皆叠石”，指向这处池塘有明显的四界范围，笔者认为该池很可能是一处方池。这就与《秋千》画面右侧方池的情状较为吻合。

不过，通过对城市空间定位与平面布局的解析，可以排除魏公南园与《秋千》关联的可能。首先，魏公南园在“赐第之对街稍西南”，即瞻园对街偏西南的位置，仍在大功坊内，距离位于明城墙西南隅的杏花村直线距离约 1.4 千米，秦淮河恰好在两者的正中间。这与《秋千》中庭院不远处隔水即为杏林的空间表述不符。而且从秦淮河对南京城市空间的重要程度看，笔者认为吴彬几乎没有将这两个空间进行变形压缩关联起来的理由。→11

其次，《秋千》所描绘的园子东西方向扁长而南北方向较狭窄，与王世

10

11

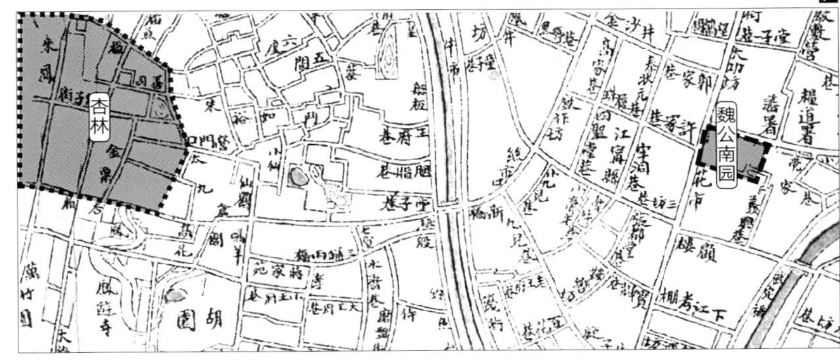

贞对南园的描述固然相符，但《秋千》中的方池位于画中“堂”的西面或东面，且被四方游廊环绕，中间不存在宽阔的台阶（“广除”），这又与王世贞的描述相矛盾。由此两点，笔者判断《秋千》与魏公南园无关。

不过，由此可见，园子的建筑布置多少都会有些许相似之处。毕竟其类型大抵都是楼阁、敞轩、游廊、回廊，建造规格、形态也差别不大。如果单从文字叙述来看，很容易出现误判。但是，一旦将园子放在城市空间关系中加以比对分析，各种混淆就会被澄清。

“六朝松石”

《诸园记》与《秋千》中的西园有着一个共同的核心元素，那就是大名鼎鼎的“六朝松石”。这是《秋千》所绘即为西园的另一重要佐证。

《秋千》中被步道与围栏重点保护起来的古松/假山石有两组，分别在二层楼阁前端平台的左右两侧。第三组松石在方池靠右的一角。三组松石等距离分布在画面的对角线附近。它们体量巨大，几乎占据园景画面的三分之一。几株古松较为相似，但是树下的三块假山石却各有仪态，极为亮眼。细加分析的话，不难看出，这三组松石就是吴彬画中的要点所在。→12

松石组合一向为园中造景的首选题材。高大贵重的假山石矗于堂前，再配以苍劲古松与清雅花卉，既显山林深邃的洞天意象，又见苍古高洁之园主品格。金陵十六名园都有分量十足、路数多样的树石风景，但只有西园独享“六朝松石”的传奇。从明到清，文人的相关记叙不胜枚举。[14] 而在描摹杏花村一带地理风貌的文人画、版画之中，几乎可以说凡画杏林者必有“六朝松石”出镜。西园、杏林、“六朝松石”三者已然连成一个区域性的小型符号系统。

不出意外，在《诸园记》的西园相关段落中，王世贞以四分之一的文字描写了这几组古松石：“前为月台，有奇峰古树之属，右方栝子松，高可三丈，径十之一。相传宋仁宗手植以赐陶道士者，且四百年矣，婆娑掩映可爱。下覆二古石，曰‘紫烟’，最高垂三仞，色苍白，乔太宰识为平泉甲品。曰‘鸡冠’，宋梅挚与诸贤刻诗，当其时已赏贵之。曰‘铭石’，有建康留守马光祖铭。二石痹于‘紫烟’，色理亦不称。”王世贞笔下的“紫烟”，是古松下最高的石头，颜色灰中发白，整体高度近“三仞”，约合二至三层楼阁的高度。[15] 这与《秋千》中的凤游堂以及堂前右侧（画的左侧）的松下白色

〔14〕明代孙应岳在《金陵选胜》的西园一节中的文字基本照录陈沂《金陵世纪》关于西园所述，但增加了关于松石的描述：“六朝松石，千古色苍，盘虬参汉，云根霜骨，藓篆露钩，真神物也，城中此景，可甲金陵。”另外他还在关于紫云石一节有详述：“（紫云）在西园六朝松下。石色素，质坚而润，广可四尺，高七尺余，厚八九寸，顶平大而稍圆，上有八分书紫云二字，有名人题镌，半漫漶不可识。即未必六朝，亦数百年以前物也。或讶其少透漏峭削之趣，余谓正惟不透漏峭削，挺立至今。厚重少文，将无类是耶？成传为张乖厓醉石。”见：陈沂．金陵世纪 [M]．南京：南京出版社，2009：149，157．

〔15〕一仞指 7 尺或 8 尺。明代对尺和仞的度量说法不一。为便于理解，本文内笔者对于“尺”的长度，取嘉靖牙尺长度，约合 33 厘米；对于“仞”，取 8 尺。由此推测三仞约合现今 8 米。

太湖石相仿。画中三块巨石，唯有这一块描绘得最为完整——其他两块或多或少被古松遮住一些，可见吴彬的重视。这块巨石形态特异，看似分为上下两部分：下部像个“基座”，骨架“透漏峭削”，底下仿佛有两个支脚张开撑在地上，形成一道弧状的拱，“基座”上表面下凹了一个坑；上部的石头形态较完整，有很多孔洞，它的下端是圆凸状，正好嵌入到“基座”表皮的内凹处。分开来看的话，上下两个石头的主体“骨架”都有明显的流动曲线，且底部与地面为点状接触，颇有“云烟”婉转回环、盘旋空中之意，“紫烟”（亦名“紫云”）之名实至名归。

而另一块古石“鸡冠”，更与《秋千》中凤游堂前左侧的一组松石组合相似。这块古石的体量与“紫烟”差不多，只是它不像“紫烟”那样向上竖起，而是“斜趴”在地上。虽然石前有两棵古松挡住一小半（吴彬的用意显然是为了凸显“紫烟”的全貌），但仍能清楚地看到石头上部呈“鸡冠”状——一根根长条石块斜向伸出，就像鸡冠的锯齿边缘。第三块太湖石放置在方池的一角，体量小于“鸡冠”，高度不及“紫烟”。不过石身孔洞极多，空灵剔透，形貌下细上粗，前部高昂，如同自地底长出，颇为不俗，或许就是王世贞所说的“铭石”。→13

12 《秋千》中的松石

13 从左往右为《秋千》中「紫烟」「鸡冠」「铭石」

1664年，王士禛在《六朝松石记》中写道："松俯三石：一曰紫烟，突兀孤峙如丈人峰，有白岩乔公正德间题诗；东西两小石拱揖伛偻，虎蹲而鹄举。"[16]这段话对西园名石形态的描写比《诸园记》更为细致，与《秋千》很接近。"紫烟突兀孤峙如丈人峰"大概指的就是画中"紫烟"下部的两个支撑。"东西两小石拱揖伛偻，虎蹲而鹄举"应该就是画中一低伏一高仰的"鸡冠"与"铭石"，只是石头尺寸有所差异，似乎小了不少。

吴彬的三幅园林画中，湖石都是描绘重点。《赏雪》中的横向排开、线条凌厉的石头"屏风"，《结夏》中伸入湖水的体态圆润的太湖石，或是形成空间分隔的界面，或是与湖水合成趣味景点，它们的形态与造景功能各不相同。→14《秋千》中三块名石的区别在于，它们是六朝遗物，都有先贤题名，自带古玩属性且全城独有，所以它们就像珍宝一样，与古松一起被围栏严格保护起来，周围空出大片平地，只可远观，不能近前"亵玩"。

值得注意的是，从明末到清中期的绘画中，"六朝松石"几乎都是"铭石"的模样，更为著名的"紫烟""鸡冠"却未见诸画面。《六朝松石记》之后逐渐出现对西园名石的失望之语，或泛泛而论，或提及六朝松而不论古石。

14 左上为《赏雪》巨石，左下为《结夏》太湖石，右为「紫烟」局部

14

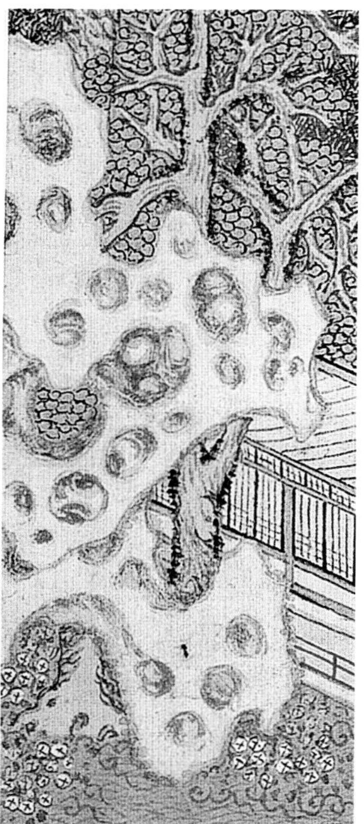

〔16〕王士禛．渔洋精华录集释［M］．上海：上海古籍出版社，1999：421．

15 从左往右为朱之蕃所绘的《杏村问酒》局部、樊圻所绘的《牧童遥指杏花村》、樊圻所绘的《山水册页》局部

16 《秋千》局部

其中原因或许是，明末之后，西园易主凋零，诸如“紫烟”这样的传奇名石必然会成为各方有心人争夺的目标，亦有可能被拆分为几块取走，渐渐流失，残留下来的部分自然无法与盛期时相比。[17] 本来排名最末的“铭石”反而暂时幸免于难，在朱之蕃、高岑、樊圻等人的画中被留影记录。→15 而“六朝松石”的真身（尤其“紫烟”“鸡冠”）或许只存在于吴彬的《秋千》之中了。

秋　千

《秋千》中园内共有三组人群。一组在凤游堂二层，二人高居其中，对坐闲谈，三名僮仆环绕左右。主座之人面对画面，下颌微须，袍服华美，背后一名小僮贴身随侍，显然是园中主人。另一组在傍水的轩中，两人对弈，一名僮仆在轩角垂手站立。这两组都为男性，四位中年男子（或许是族中亲友）衣着宽松自在，在园中闲坐手谈，春风拂面，悠然适意。凤游堂首层没有人，正中放着一方八仙桌。桌面空着，桌侧放着三把宽大方正的木椅。二楼五人围着一个较小的方桌，把房间几乎撑满。与《结夏》中的东园一鉴堂二层十余人身处其间尚且绰绰有余的“雄爽”相比，凤游堂的规模确实小巧，王世贞在《诸园记》中对此也着墨一二。→16

与《秋千》类似，王世贞畅游西园也是在暮春，而暮春时节气温转暖，花事正盛，王世贞留下了“所遇花时所得，会心倍于东园”的感叹。只是按王世贞所述，园中“奇

[17] 清代金鳌在其《金陵待征录》中记述道：“（西园）然中山之遗泽久湮，即吴氏之余欢亦坠，其六朝松石有温公题目，……小盆供玩，道士携归，亦无确证。”见：吴应萁，金鳌．留都见闻录　金陵待征录 [M]．南京：南京出版社，2009：84.

卉异果”大多集中在园子南端，在《秋千》框定的范畴（西园北端部分）之外。画中花卉只有古松下有几丛。不过，吴彬在方池一侧的游廊中画有一个侍女，小心翼翼地手捧白色花瓶往凤游堂走来，瓶中插有几支鲜艳的红花，可能刚从花圃采摘而来，意指此时正是赏花时节。

在园外大门附近有两拨人正赶来聚会。园门外的石拱桥上，一位绯衣骑者带一僮仆正往园子而来，右前方亦有一青衣骑者带着僮仆行至园门边。两位骑者都较年轻，身着官家袍服，公服（团领衫，胸口无“补子”）、束带、乌纱帽一应俱全。按明代官服品级来看，绯衣者是一至四品官员，青衣者是五至七品官员。两个僮仆都背着弓与箭袋，很明显两人是在骑射结束后，赶回西园的途中——看来这一骑射游戏似乎是官家主办的正式活动。

《秋千》园内所绘的应当是四锦衣一族清明时节“西园雅集”开始前的场景。凤游堂的一层已布好案台，侍女正手持花果，前来布置宴席。楼阁、敞轩中的男子们等候外出春狩竞技的公子们归来，方才开始当日的宴会。闲谈或对弈，都是在打发这段空余时间。→17

第三组全为女性。画面近景有一个秋千架，十余名女眷围绕着游戏取乐。一位女子站在秋千上，地面上一女子推她晃荡起来。在《月令图·秋千》中，吴彬画上了秋千在地面上的投影，大概是想表达风中摇曳的感觉。围观者有三位女子手持团扇，应该是族中小姐。两名女子怀抱锦鸡、零食盒子站在团扇女子身后，当是丫鬟。不远处的步道上几位女子往这里走来，其中两名怀抱锦鸡，似是准备过来开始一场“斗鸡”游戏。

“秋千”（以及“斗鸡”）是《秋千》中的主题画面，人数也在三组中最多。清明戏秋千，是明代流行的时令游戏。自春秋始，到唐代正式盛行且形成寒食、清明戏秋千的习俗。唐玄宗时，秋千被称作“半仙之戏”。〔18〕元代清明的秋千风俗较前朝更盛，尤其“达官贵人，豪华第宅，悉以此为除祓散怀之乐事”。〔19〕

到了明代，秋千之戏依然是热门的闺阁游戏，且参与者多是年轻未婚女子或少妇。与前朝不同的是，秋千之戏常常出现于世情小说之中，成为恋爱故事的题材。《剪灯余话》《初刻拍案惊奇》都有因园林秋千会而结缘的爱情故事——话本插图中时有秋千架上衣角飞舞，墙外书生驻马凝视之的场景。可见，明代的秋千之戏不再囿于单纯的闺中之戏，还增加了“相亲”功能。每年秋千游戏之时，就是贵族青年男女相遇相恋的大好时机。结合《秋千》来看，园内秋千架上少女们的“雅戏”与园外青年的骑射竞技，多少有点年轻男女各自展现身形之美，吸引对方关注，进而谱写春日恋曲的意味。→18

〔18〕“天宝宫中，至寒食节，竞竖秋千……为半仙之戏。”见：王仁裕．开元天宝遗事［M］．上海：上海古籍出版社，2012：20．

〔19〕熊梦祥笔下的元代大都：“清明寒食，宫庭于是节最为富丽。起立彩索秋千架，自有戏蹴秋千之服。金绣衣襦，香囊结带，双双对蹴。绮筵杂进，珍馔甲于常筵。中贵之家，其乐不减于宫闼。达官贵人，豪华第宅，悉以此为除祓散怀之乐事。然有无各称其家道也。”见：熊梦祥．析津志辑佚［M］．北京：北京古籍出版社，1983：202．

17 从左往右为《秋千》中的敞轩、园外归人、捧花侍女

18 左为《秋千》局部，右为《初刻拍案惊奇》中的「秋千」插图

换个角度来看，这就是西园内外不同人群、不同类型的游玩活动结合得最为紧密的时令节气。中年人观松石，少女们荡秋千，青年男子于附近春狩骑射。然后三者聚于凤游堂赏花、饮酒、“谈恋爱”。吴彬此番的“一半”构图，园外风光经营之用心，其意大概就在于此。

四、《秋千》外的西园：四锦衣时期

园门与方池

王世贞在《诸园记》西园部分开首即道：“园在郡城南稍西，去聚宝门二里而近。”西园与东园同为徐氏一族的别业园。不同的是，东园离魏国公府所在的大功坊不远，紧邻秦淮河、旧院、鹫峰寺等繁华之地。其入口就在市井街巷之中。进入园门之后，有一块由小溪、杂树林组成的荒野式的“过渡空间”，穿过后才能抵达园内中心。相反，西园才真正身处城内“最僻处”。花盝岗一带本就是野趣多而人迹少。如果从大功坊到西园，那么出府门向南，穿过闹市区，由镇淮桥或饮虹桥跨过秦淮河，再穿过“三铺两桥”处的店铺河房，面前就是一条天然的河道，蜿蜒尽头便是杏林。过桥转弯，不远便到西园。可以想见，一路行来，越陌度阡，人迹减稀，忽见一面围墙横亘于旷野，

其后就是西园所在。无需像东园那样虚设一片野地营造世外桃源意象，推门即可直入主题。→19

19

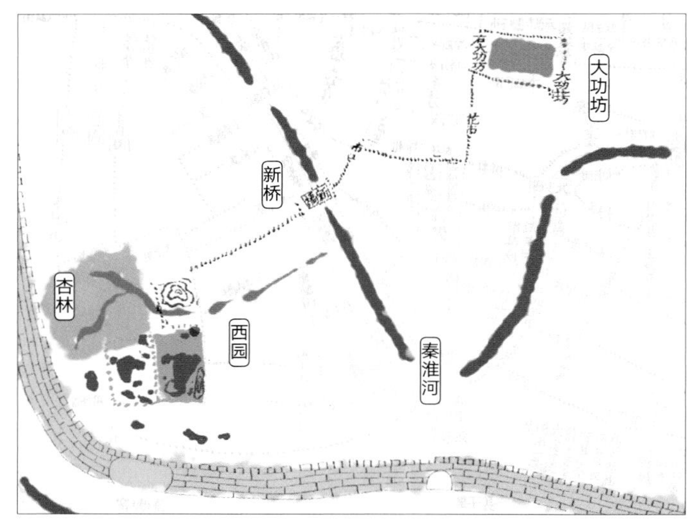

19 大功坊至西园的流线图

《秋千》院墙右端尽头有一小小的园门。几位春狩结束的公子正往此处过来，显然这就是园子的正门。穿过园门往里走，左侧是庭院，右侧有一游廊，是方池周边回廊的一部分。游廊右侧是一堵白墙，进门后顺着游廊往前走的时候，看不到方池与假山。白墙的作用就在于屏蔽进入园内人的注意力，以免被引向墙后的方池、假山。加上笔直的、不同于园内其他材质的铺地，暗示身处游廊就必须向前走。游廊环绕方池，所以拐过几个弯，就来到敞轩。往左就是凤游堂，往右就会看到方池。画中两名男子于敞轩倚栏对弈，其中一名俯瞰身侧池水若有所思。方池的水面面积较大，似与凤游堂首层相当。池壁由打磨光滑的黄石堆砌而成。池中蓄水看似颇深，浮萍漂散在池子外围，若干红胸秋沙鸭（头背部羽毛呈翠绿或碧绿色）在池中嬉戏。方池东侧尽端便是头部高昂的“铭石”，一棵不高但枝叶平展的槐树占据池畔一角。池子

20

20 方池与园门

北侧有一条小径贴着院墙，可以从敞轩走到“铭石”附近；南侧有牵牛花、灌木夹杂于方池和游廊之间。→20

这个设计相当奇妙。将《秋千》转化为平面图的话，我们会发现，方池其实紧挨着园门。但是入园之后需要在游廊里走上一会儿，弯上几折，踏入敞轩，才能意外地发现它的存在。并且，即使看到它，我们也很难想象它（以及假山石）与园门如此之近。而对于在敞轩对弈的人来说，方池是一个封闭的内向空间，一圈白墙四方围起，安然澄静，远端有“铭石”可以遥观。这是西园内最为特异的一个“白盒子空间”，且只供敞轩独享。→21

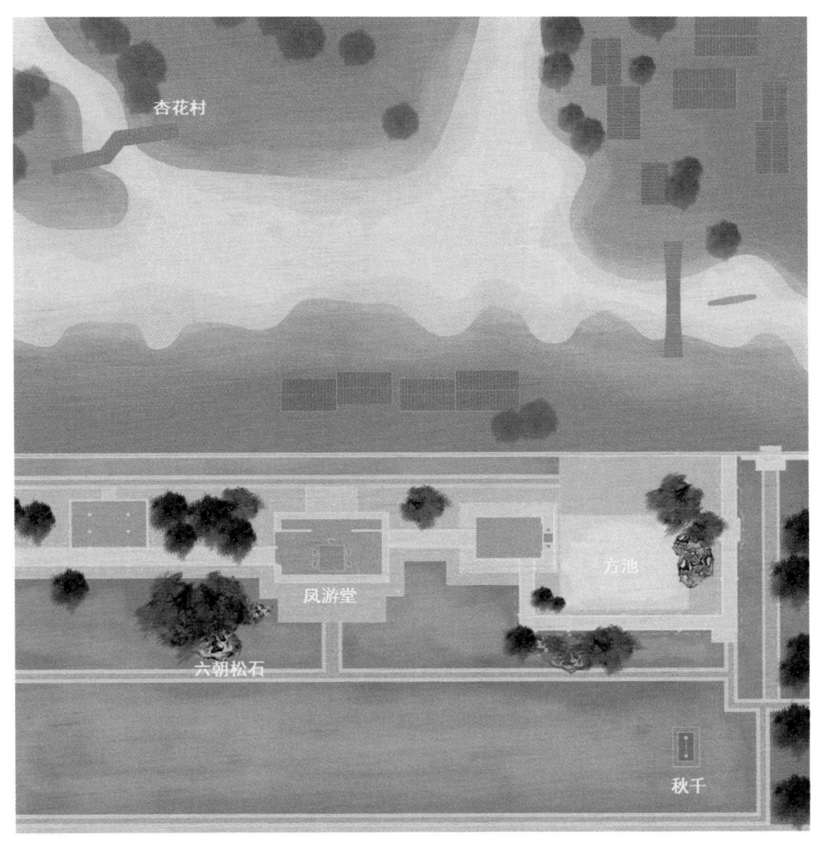

《秋千》的左半边与《诸园记》的西园部分前面几段基本吻合。开篇的“入园，为折径以入，凡三门，始为凤游堂。堂差小于东（园）之心远堂，广庭倍之。前为月台，有奇峰古树之属”就是画中的建筑群一块。王世贞写到的“心远堂”可能是记忆失误，这里应该是“一鉴堂”（因为心远堂为一层的敞轩，一鉴堂与凤游堂都为二层楼阁，亦同样是园中的核心建筑）。随后一段关于“六朝松石”的描写与画中亦一一对应，前文已有论述。

从《诸园记》中可知，《秋千》部分在整个西园中占比并不大，但它无

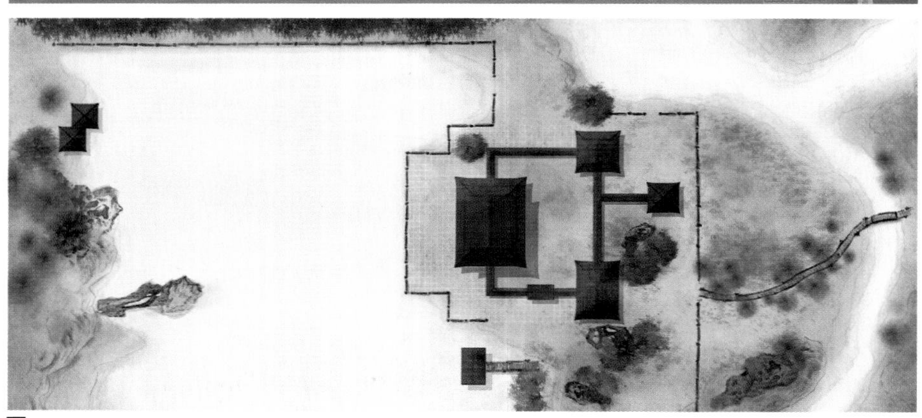

22 上为西园平面图局部，下为由《东园图》转制的东园平面图

23 西园、东园的假山布局对比

疑是园景的精华所在。将《秋千》转化为平面图后与《结夏》相对比，我们会发现，东、西二园风格差异明显。→22 其一是景点分布。东园的主要屋舍、湖石、水阁、亭台都在大小双池周遭，尤其是数万平方米的大池上还有两支画舫、小船游弋；西园的重点则在园子前端的“广庭”上，且庭院被几何感强烈的正交步道划分开，着实少见。其二是核心楼阁的景观。东园的一鉴堂在大小双池中间，二层前后所见都是湖水；西园的凤游堂前面是大片平整庭院，“六朝松石”即在眼前，后面则是园墙。其三是湖石的处置方式。东园的巨型太湖石放在湖边，有一半伸进水中；西园的“六朝松石”被当作大型“盆景”，背靠屋

舍楼阁，面对“广庭”。总体来说，东园以大小两个自然水体为核心，由此展开元素布置，西园则是营造一块直线型几何空间区域，以“供养”历史文物“六朝松石”。前者重在望水，后者重在观石。→23

虽然名石瞩目，王世贞还是本着求实的态度将西园其他部分也记述了下来。将这部分文字衔接到《秋千》左下端未尽之处，我们可以推衍得到西园的全貌。仔细来看，那些被吴彬割舍的园景亦有不少“亮点”。

画外半园

在入口的建筑群与“六朝松石”之外，王世贞的笔墨几乎都集中在两块自然水体上。它们占据西园的大半空间，且都在画外。以《秋千》为基准，视点往左下移动，便为较小的“芙蕖沼”。这一池潭大约九百平方米，水颇深，质清澈，“可鉴毛发”。芙蕖沼上端有一株古榆树，不高，垂枝可以碰到水面。古榆树后面有一个“掔秀阁”，它在凤游堂的左侧，两者之间有一个花圃。芙蕖沼下端“垒洞庭、宣州、锦州、武康杂石为山，峰峦、洞穴、亭馆之属，小于东园而高过之”。王世贞在描述西园时有数次提及东园，似乎偶有心动便比较一番。芙蕖沼对应的应该是东园小蓬山下的小池。在吴彬的《结夏》中，小池的主要功能是承接山顶流下的瀑布。虽然画中水边只是简单地铺些平台，但王世贞记有“峰峦洞壑亭榭之属，具体而微者”，理应做了不少营构工作。芙蕖沼同样花了些心思，在整个岸线都做了文章。

池潭北岸布置得较有弹性，主角就是“状若渴猊”的老槐树。掔秀阁、花圃离之渐远，并不干扰其岸线的自然形态。池潭南岸则大动干戈，湖石、武康石等多种石头在岸边堆叠成山形。武康石的方正朴实，结合湖石多变的形态，形成“峰峦”。它与“洞穴、亭馆之属”一同倒影于水面之上，潭深幽幽，意味无尽（此处倒是适合赏月）。这部分岸线全由人工打造，可以一展造园家的叠石技艺。王世贞认为，相比东园小池岸线的“峰峦”，芙蕖沼南岸的尺度略小，但“高过之”。可见，这片高高的“峰峦”还是掔秀阁上赏池观水的远景屏障。“峰峦”—深潭—老槐树—掔秀阁—花圃，形成一块独立的洞天福地。

西园的主要水体是小沧浪，“大可十余亩”（6000~10 000 平方米），在庭院下端。如果把《秋千》的视点往下移，应该很快就会看到湖水。它在芙蕖沼的右边，中间一片竹林将两者隔开。王世贞所言寥寥，但信息量却不少，“匝以垂柳，衣以藻萍，倏鱼跳波，天鸡弄凤，皆佳境也。”

小沧浪的面积只有东园大池的一半左右，但别具一格。东园大池的岸线处理比较常规：岸边大多砌筑了滨水的平台，太湖石半靠湖畔，折桥伸入水中。小沧浪则沿湖边一圈柳树，风土之貌天然养成。“十六名园”中别业园有大湖者并不少见，比如万竹园与莫愁湖。但如王世贞所说的“匝以垂柳”者（柳树比较平民化），只有西园的小沧浪。可见园主人并不想破坏原有的水岸形态，而是要保留其原汁原味的野趣氛围。沿岸不设楼台亭阁，不架木桥，意味着既不能在岸边高阁处俯瞰遥观，又无法踏上平台、折桥凌空漫步水面，在湖心亭感受清风拂面。沿岸一圈柳树，多少都会起到空间围合、视线屏障的作用。若要观湖，只能高一脚低一脚地穿梭于柳树之间。所见无非就是绿藻浮萍、挑波之鱼、戏水野鸟。王世贞的“皆佳境也”，应该就是指小沧浪纯然的乡野之气。值得注意的是，芙蕖沼与小沧浪的岸线处理虽然大相径庭，一则穷尽人工雕琢之能事，一则放手任其野生，但结果却是一样，两者都是自成一体的“园中园”。

24 四锦衣时期西园平面复原图

将王世贞的文字补进《秋千》，画外（大）半园逐渐显现。整个西园大抵分为三个空间区。其一是《秋千》中的松石屋舍区；其二是芙蕖沼区；其三是小沧浪区。三个区域虽然彼此相连，但无论景观风格还是边界设置，都泾渭分明，各自独立成篇。→24

三块主体空间区之外，王世贞还提到两个小型的景点，都离《秋千》画面较远，且都有高起的土坡。一个在园子的西北角，凤游堂右侧有一块竹林，林中有一个小山坡，坡上有一个小亭子——“（凤游）堂之背，修竹数千挺，来鹤亭踞之”。另一个在园子的东南角。小沧浪的最南边，靠东也有一个土坡，有点高，上面有一平台，可以俯瞰小沧浪的水景。这是小沧浪周边的唯一高视点。不知是否园主刻意为之，这个高台是一个光秃秃的土山包，顶上没有做亭子，附近也不种植物，形态相当抽象，王世贞甚至认为它颇有肃杀之意——“南岸为台，可望远，高树罗植，畏景不来”。这个高台在园子的最末端，并不显眼，与西园的“六朝松石”“以花胜”的雅名颇有冲突，是园子里的一个异样“景点”。

根据《诸园记》中所记游览路径上明确描写的建筑、景观要素位置进行排布，可以得到园林空间序列。而在空间序列的基础上叠加《秋千》中的园林空间要素，我们可以推断西园主要景观的分布和王世贞的游览路径。

方位辨析

将《诸园记》中王世贞的流线与《秋千》对比，我们会发现有几处方位上的矛盾，但总体一致。

其一，《诸园记》中写六朝松石在凤游堂右。在《秋千》画面中，凤游堂坐北向南开门（此为厅堂常见朝向）。此处视角还原为，王世贞由东侧游廊进入凤游堂内，望向南侧月台、庭院时，松石在右前方；而“戏秋千处”在凤游堂“左”。《诸园记》中写掔秀阁、芙蕖沼在凤游堂“左”——“从凤游堂而左，有历数屏，为夭桃、丛桂、海棠、李、杏，数十百株。又左曰掔秀阁，特为整丽”。乍看之下，此处与《秋千》出现矛盾，其实不然。笔者推测，在前往掔秀阁之前，王世贞绕到了凤游堂后的位置，视角发生了转

变。因此在凤游堂内完整的游览体验是：入堂，观堂前庭院；到“六朝松石”下，遥见石上铭文；返回凤游堂内，或叙话或诗文题咏松石；绕至堂背游廊，见到竹林和高处的来鹤亭。来鹤亭虽在凤游堂“后”，但此处应当是泛指位置关系而不是在正后方。笔者推测，一是结合地形高程，全园向西北角自然地势逐步抬升，来鹤亭高踞竹林上方，是借自然地势；二是居高临下的亭子大多踞于所处空间范围的一角，作为视线和游线收束之处。此时的左右关系，是王世贞面向西而言的。来鹤亭既在凤游堂后，也在凤游堂“右”。王世贞游览罣秀阁和花圃在凤游堂左，应是指在凤游堂的西南方向。这样来看，《诸园记》与《秋千》并无冲突。

其二，《诸园记》中写小沧浪在芙蕖沼“右”。判断小沧浪与芙蕖沼的位置关系，需基于对“罣秀阁—芙蕖沼—假山峰峦”位置

25 四锦衣时期西园平面复原图叠加王世贞的游园路径

关系的确认。这组景观显然是从北至南的走向。结合《诸园记》的叙述和地形、水系情况，小沧浪必然在芙蕖沼的东侧。反推可知，王世贞进行位置描述时应当面朝北。极有可能的状况是，王世贞由擘秀阁出，绕芙蕖沼行至南岸杂石假山中，兜转攀爬、切身丈量之后，得出此处假山中山径、洞穴等均小于东园某处的结论。此时头向右偏，透过竹林，可以看到小沧浪西北岸线的些许柳影波光。

综上推断，笔者整理出一张信息更为完整的空间示意图，且叠加上王世贞的游园流线。这条动线基本上可以代表四锦衣时期西园的主要游览路径：入园之后穿过方池外侧的游廊，数折后到达凤游堂，观“六朝松石”，接着绕至凤游堂后的来鹤亭及竹林，向南穿过花丛到擘秀阁，俯瞰芙蕖沼，再沿潭边往北，环绕小沧浪一周，回到凤游堂前的“广庭”。→25

遗漏之境

从《诸园记》中可以看出，王世贞游园后印象深刻的有两项。一是“六朝松石”，二是花事。尤其是后者，王世贞认为比松石更值得回味，“余一游西园，遇花时所得，会心倍于东园，盖尤耿耿云”。《诸园记》中记载的赏花之地有二：一个是凤游堂与擘秀阁之间的花圃，规模较小，有桃、桂、海棠等；另一个在小沧浪南端，规模较大，类似盆景园，其位置偏僻，颇为奇特。

按王世贞所言，这个盆景园是在湖中的一个小岛上（“四面水环之”），有三间“华屋”，“奇卉名果”若干，“如频婆、杨梅、桃、李异种，白蒲桃，尚繁茂，足饾饤；其兰、菊可盆而植者，则无几矣”。不过笔者推断，它可能是湖西南岸往水中伸出的一块平地。因为假如在一块野生的湖中小岛上建起三间“华屋”，打理一片复杂的花圃，实在过于勉强，游览难度也不小。如果王世贞是乘船去湖心岛赏花，必然会在游记中记上一笔。

不过，这一盆景园虽然算是小沧浪岸线的一部分，但与其整体的乡野风格着实不太相称。谁能想到，这片柳树围起的野生湖的尽端，还有一小块被精心打理的奇花异草密集其中的盆景园。如果不是王世贞对赏花之事情有独钟，他大概会一笔带过（关于小沧浪也就一句话）。因为此处离主体楼阁、广庭、“六朝松石”太远，并且也无直接关联，一不小心就会被遗漏。

同样容易被漏掉的还有东南角的土台。它离盆景园不远，但风格凌厉，草木不生，似乎是个慷慨悲歌之地，与其他园景也是格格不入——王世贞对它的出现颇感纳闷。西北角的竹林与来鹤亭，是个更加容易被略过的景点。它与园子主体的关系淡薄，其存在感依托于北边的凤台、凤游堂后侧的阮籍故居等更为宏大深远的历史地理信息。换言之，它虽然在园内，其“神”已飘出园外。

实际上，就园中造景来说，这些小型景点都有可圈可点之处，但易被遗漏，原因在于它们具有某种类似的“独立性”：自成一体，且互不相关。这是西园内大小“景区”的共性。比如，凤游堂前的“广庭”是用正交几何的划分方式开辟出了一方现代感十足的“广场”，稳重端严；芙蕖沼的微缩洞天、深潭印月，穷尽变化之能事，是欣赏夜景的最佳去处；小沧浪则是个封闭式野生湖，似乎西园在与不在都与其无关。再加上来鹤亭的遥思古人，盆景园的瑶池仙境，附近土台上的风萧水寒……粗算一下，园中至少有七八个中心，若干种风格，且冲突甚于和谐，排斥性多于互补短长。→26

局部的“独立性”过于强烈，使得诸景点之间缺乏整体的联动，这无疑有违常规的造园之道。比如东园就是一个一体化的空间系统，蓬山、双池、屋舍楼阁、湖石、树木被有机地编织在一起。结果就是，一旦诸如来鹤亭之类的某些景点风格不为游者中意，就会被匆

26 小沧浪南岸向北看推测景观

匆略过，弃诸一旁。这在东园不太可能出现。

可以说，这种局部的“独立性”就是西园的主导属性。正如我们所见，从明到清初，关于西园的提炼总结莫衷一是。除了“六朝松石”之外，还有“东园流水西园树”（当指六朝松），“以山林胜”（可能指的是涵盖凤台的时期），“芳亭华馆，层见叠出”（建筑多），“风牵绕树千株柳”（小沧

27 在高台处看小沧浪推测景观

浪）。[20] 至于王世贞著名的标签“清远者”，“清”应该指的是潭深、“水清莹可鉴毛发”的芙蕖沼；而“远”大概指的是登上那个空旷的土台四下遥观的意象→27。这两“大”景点从未见诸其他文献，更不用说只有他才赞不绝口的盆景园。

这些“总结”都是诸家名士游园心得。以我们复原的西园平面图来看，它们各有所属，且甚少交叉。无论后人依循哪一句“总结”倒推西园全貌，都会有挂一漏万的危险。其实，即使如王世贞这般事无巨细皆留文的史家之笔，都会有所遗漏。比如，我们只有从吴彬的《秋千》中才能得知，供养“六朝松石”的广庭具有如此超常的几何感，而入口门边还藏着一个尺度并不算小的方池。这个更为几何式的封闭白色方盒子空间与“广庭”遥相呼应，共同构成园内最“异端”的景观——两者在所有的文献中都被遗漏。

结语

在明代的西园史中，《诸园记》与《秋千》都在末段。尤其是《秋千》之后数年，西园就转手至城中巨贾，从此进入剧烈动荡期，频繁易主。虽然没有像东园、金盘李园那样迅速湮废，但园子格局景物变动自是在所难免，像前文所述的几块名石就被各方觊觎、瓜分，逐渐流失。所以，后来的来访者意味阑珊，兴致索然，也就不奇怪了。

实际上，王世贞游完西园后，已然略有惆怅之意。不过，王世贞不是对所见的园景失望，而是因为与他游园前的想象有所落差。“考周公瑕所撰旧

〔20〕明代陈沂所说“芳亭华馆，层见叠出”，见：陈沂．金陵世纪 [M]．南京：南京出版社，2009：70．明代周晖所述“西园坦迤接华林，窈窕经丘树色深”，见：周晖．金陵琐事　续金陵琐事　二续金陵琐事 [M]．南京：南京出版社，2020：273．清代陈文述所说“东园流水西园树，遗址当年尚有无”，见：陈文述．秣陵集 [M]．南京：南京出版社，2009：243．清代周宝偀所述“风牵绕树千株柳，帘卷当窗几叠山”，见：周宝偀．金陵览胜诗集考 [M]．南京：南京出版社，2021：76．

志，堂、阁、亭、馆、池、沼，以百十计。呼园父问之，十不能存二三，名亦屡更易，岂为锦衣之后人不能岁时增葺就颓废耶？”王世贞去西园前已经做了功课，读过画家周天球（字公瑕）写的西园“旧志”。逛完一圈下来，发现现实中的园景比周天球所述的大为缩水。唤来老园丁一问，才知周天球所记不虚，园中旧物十仅存一，而且景点之名经常被改换。言语之间，王世贞对园主疏于打理致使园子“颓废”表示了不满。其实，这倒真不能怪责园主人怠懒。西园的特点就在于各景区风格上的“独立性”与“差异性”。每一任四锦衣都有自己的喜好，都有着意修葺整饬的重点。久而久之，某些地方逐渐“颓废”在所难免。

这样来看，《秋千》中的“一半式”取景倒是合乎园子的属性与历史状况。毕竟到了吴彬作画之时，相去王世贞的游园又过了十余载，《诸园记》中所记之景大概会再减三分——之后的明代相关文献中，芙蕖沼与来鹤亭之名就未再出现过。退一步讲，即使园子风光依旧，以各景点的“独立性”来看，无论将哪一块纳入画中，置于“六朝松石”附近，似乎都不太合适。所以，吴彬权衡之下，决定大刀阔斧砍掉园景的大半。在西园的四锦衣时代行将终结之时，把保持盛期状态的“精华”定格下来。至于砍掉的那部分，《诸园记》中其实已有细致记录。想必吴彬在琢磨“一半式”构图时也想到，《秋千》与《诸园记》合在一起，正好就是完整的西园。并且画中省出的一半空间，还可以把王世贞没有写到的园外风景放进来。那些信息除了点明西园的地理位置之外，还隐晦地延续了东、西二园的竞争关系：相比混迹于坊间的东园，西园才是真正的别业园，其游园体验有着无尽的延长线，园内园外一切风景尽在其中。

吴彬的“一半式”构图还有一个作用，那就是斜向分割线（院墙）使正交划分的“广庭”与封闭白盒子“方池”得以呈现。→28 换言之，在画中，“一半式”几何构图的美学趣味与园子隐晦的“（现代）空间操作”相遇了——两者都超越了时代。在笔者看来，使得西园真正区别于其他“同辈”名园的地方正在于此。或许，这也是吴彬在描绘《秋千》时的最终体悟。

28 《秋千》中的院墙、庭院步道与方池外墙形成的白色方盒子

3

Three Utopia Panels in Late 15th Century

Huang Zhipeng+Hu Heng

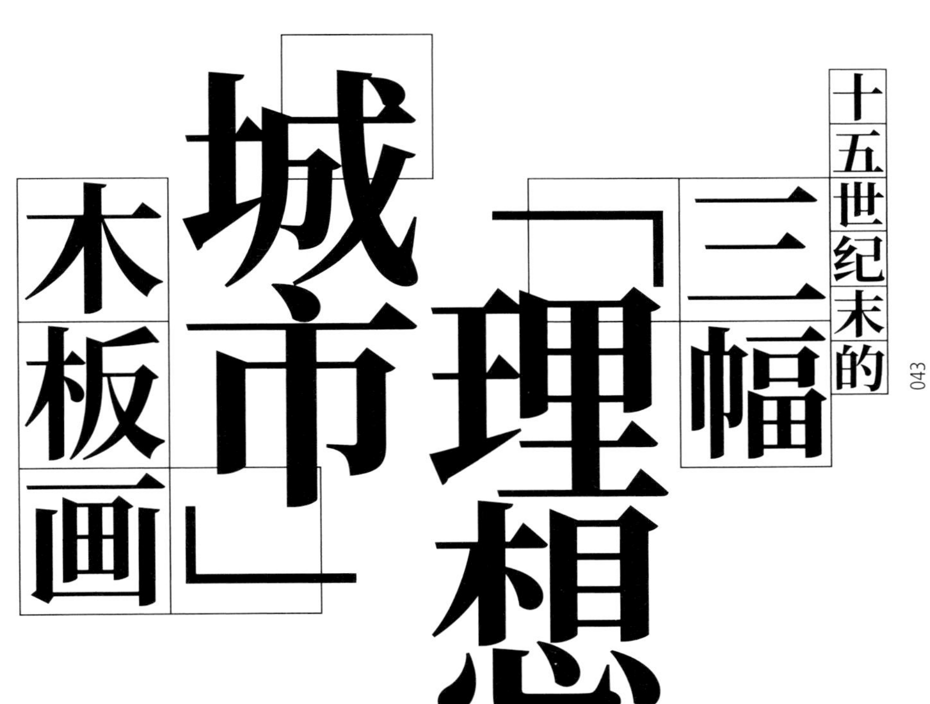

黄志鹏＋胡　恒

3

2

1

1 「理想城市」，佚名，十五世纪末，67cm×238cm

2 有喷泉和女神塑像的理想城，佚名，十五世纪末

3 建筑透视画，佚名，十五世纪末

在意大利乌尔比诺马尔凯国家美术馆（Galleria Nazionale delle Marche）、美国巴尔的摩沃尔特斯艺术画廊（Walters Art Gallery, Baltimore）和德国柏林普鲁士文化国家博物馆画廊（Staatliche Museen Preussischer Kulturbesitz Gemäldegalerie, Berlin）分别展览着一幅大尺寸的“理想城市”愿景画，它们都绘制于15世纪中后期（大约在50—70年代）的意大利，且画者不详。这三幅画表现出一个充满人文主义色彩的乌托邦城市，其神秘的建筑形象和广场布局被认为兼有“古”与“新”的双重涵义。本文分别简称它们为“乌尔比诺木板画”→1、“巴尔的摩木板画”→2和“柏林木板画”→3。[1]

一、文艺复兴初期的建筑图绘

15世纪的意大利，沉睡近千年的古罗马建筑遗迹慢慢开始为世人所知。各地的画家、雕塑家和即将成为第一批建筑师的艺术家们涌向那些散发着神秘光辉的遗迹，进行测绘、研究。佛罗伦萨的伯鲁乃列斯基（Filippo Brunelleschi）就是其中的先行者之一。

15世纪中期之前，关于建筑的绘图技术尚显粗糙。虽然在佛罗伦萨等地已经出现一些具有新气象（学习古代罗马经验）的建筑佳作，比如佛罗伦萨主教堂大穹顶、圣灵教堂、美第奇府邸等，但建筑师们几乎没有留下什么像样的专业性图纸——到15世纪末期才逐渐多起来，比如朱利亚诺·达·桑迦洛（Giuliano da Sangallo，后文称“老桑迦洛”）重绘的伯鲁乃列斯基作品的平面图。涉及建筑的图像基本上都存在于绘画（主要是壁画）中，比如马萨乔（Tommaso Masaccio）、乌切洛（Paolo Uccello）、老利皮（Fra Filippo Lippi）、安吉利科（Fra Angelico）、皮耶罗·德拉·弗朗西斯科（Piero della Francesca）的作品。不过，这些建筑配景大抵都是中世纪留下来的佛罗伦萨的片段景象。少数涉及古代元素的也仅限于老利皮、弗朗西斯科所绘的凯旋门废墟、古罗马风格的局部街景、室内场景等。这些配景都是为了营造画面的圣经主题所设，体现出画家对古代罗马的美学兴趣，但并无在专业层面进行追索的意识。

可见，在15世纪前半段，无论是建筑师还是画家（这两个群体密切相关），

[1] 三幅画细节之处主要对照英国美术史学家理查德·克劳斯莫（Richard Krautheimer）发表于1994年的文章“The Panels in Urbino, Baltimore and Berlin Reconsidered”中的描述，见：Richard Krautheimer. The Panels in Urbino, Baltimore and Berlin Reconsidered, the representation of architecture[M]// Henry A. Millon, Vittorio M. Lampugnani. The Renaissance from Brunelleschi to Michelangelo: The Representation of Architecture. New York : Rizzoli, 1997: 233-257.

对古罗马建筑遗迹的学习与转化都是片段的、以个体经验为主导的。“乌尔比诺木板画”等三幅木板画的出现，改变了这一状况。

其一，三幅木板画中的建筑描绘都基于严格精确的透视法。从室内到室外，从单体建筑到群组建筑之间的关系，都安排得秩序井然、真实可信。可以说，这是在绘画艺术中发展成熟的透视法在建筑专业表达（纯粹的建筑图）上的首次成功转化。

其二，三幅画都以建筑为主体，画面主题是前所未有的“城市广场”，行人之类的配景极少。每一个建筑都是古代罗马式的（都为古典语汇），其类型包括住宅、市政厅、神庙、剧院、角斗场、城堡、凯旋门。这些建筑围合起来形成了不同类型的广场：有将圆形神庙围在中间的；有围合成一个中心为喷泉、记功柱、雕塑的广场的；有排成两行形成一个通往海边的“滨水码头式”广场的。这些形形色色的广场都是古代世界的产物，是古罗马时代城市的标志性符号，在中世纪已经“失传”了将近千年。

其三，这些画传递着某种古老的“理想城市”人文理念。1414 年在圣高尔修道院（St. Gall）发现的古罗马建筑师维特鲁威（Vitruvius）的拉丁文著作《建筑十书》（*De Architectura*），是当时有关建筑和城市规划的唯一古代文献。30 余年后，阿尔伯蒂（Leon Battista Alberti）将维特鲁威的论述重点整合，并结合自己对人文主义的认识，写作了《论建筑》（*De re aedificatoria*）。在书中阿尔伯蒂对城市建设有大量的论述，他关注的城市不是中世纪式的，而是古典式的城市。这种城市不是中世纪那样围绕着唯一竖向的绝对权力中心（大教堂）集中 / 发散，而是水平性地展开。这种城市以一种抽象几何学的方式进行组织（柏拉图主义的图示化），充满了精神活动、商业活动、休闲活动、娱乐活动的场所，有着各种类型及规模的城市广场，所有市民都能共享这些公共活动设施（柏拉图主义的日常生活化）。阿尔伯蒂的文字与这三幅图像有着密切的呼应。

在这三幅木板画出现后，文艺复兴的建筑理论家们开始探索各种新型的“理想城市”，比如菲拉雷特（Filarite）的斯福辛达理想城市平面图（Plan of the Ideal City of Sforzinda）、弗朗西斯科·迪·乔尔乔·马蒂尼（Francesco di Giorgio Martini）的城堡平面图、塞利奥（Sebastiano Serlio）的城市化的舞台布景设计、帕拉第奥（Palldiao）对古希腊广场平面的研究等等。直到现在，“理想城市”都是建筑学的核心命题之一。

本文将对这三幅木板画的透视法、建筑语汇、空间组织等方面进行剖析，梳理它们与时代之间千丝万缕的关系，进而推断其背后的理念，以及可能的设计者与绘制者。

二、三幅“理想城市”木板画解读

古典气息的“理想城市”与广场

乌尔比诺木板画是三幅画中最为知名的一幅。画中的建筑以舒缓的节奏在水平方向展开。画面结构紧凑，明显强调建筑的体量和存在感。画面中部以集中式圆形平面庙宇的圆柱形体量凸显出中央广场。→4 广场以灰白相间的菱形、八边形图案地砖铺地。中央庙宇的外立面自上而下都用了奶油色柱廊，实体的建筑结构与插入其间的紫色牌额形成明快的对比，建筑以圆锥体屋顶作为收尾，屋顶有一个小采光亭，整个建筑体量舒缓而集中。画面左右两边布置了

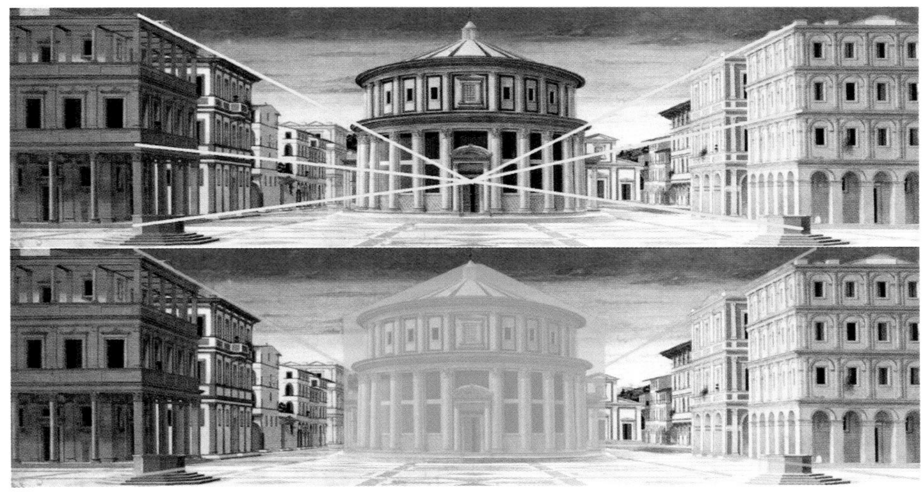

体量相当的两组宫殿，它们的位置通过透视的画法逐渐向画面中间收缩，相互融合。这些宫殿的设计各不相同，建筑色彩从灰蓝色到奶油色不一，有的建筑在白色底色上饰以棕红色，有的在灰蓝色底色上饰以白色；建筑一层的柱廊打破了沿街完整的实墙立面，使中央广场空间得以延伸；宫殿设计各有路数，天际线高低错落。广场和它周围所有的建筑都笼罩在深蓝色的天空之下，画面灵动且具活力。

木板画中广场两侧的建筑纵向连续排列，通过向广场中央收缩的一点透视画法，塑造出易于辨识的三维空间。似乎城市变成画家为表现古典建筑而搭建的舞台工具，这在当时是非常独特的表现方式。

与乌尔比诺木板画尺度亲民的广场空间不同，巴尔的摩木板画显露出一种高贵庄严的气氛。画面的核心元素不是单体建筑，而是由建筑围合成的广场空间。位于构图中央的广场把画面分为上下两部分：下半部分是下沉广场，铺地设计为内切或者外接八边形、菱形以及正方形，颜色是浓重的奶油色、

绿色、白色和灰色；广场上半部分的铺地则是纯白色。→5 围合下沉广场的左右两个平台上，两座宫殿相向而立，建筑细节表现很充分但颜色非常单一，分别为灰绿色和奶油色。古典形象的角斗场、浅灰色凯旋门和一座八边形平

5

6

面的庙宇在画面中部依次排开。八边形平面庙宇的立面绿、紫相间，是五座主体建筑中唯一有色彩变化的。打破画面暗淡色彩的是远景的建筑——透过凯旋门门洞看到的城门、从五座主要建筑夹缝中露出的远景建筑火红的屋顶和画面更深处的城墙。巴尔的摩木板画中建筑的体量和色彩似乎受控于组织它们的空间气氛，这与乌尔比诺木板画的表现方式恰恰相反。连明亮的灰蓝色天空中飘着的几朵云，都使整个画面色调显得单纯而柔和。

5 巴尔的摩木板画透视与画面结构分析

6 柏林木板画透视与画面结构分析

柏林木板画的视点在一条作为整个画面景框的长廊内，长廊前方是一个细长纵深的广场，尽头是一个海港。→6 长廊的墙、壁柱和柱子看上去很坚实，但也被柔和的棕色、黄色和灰色减弱了压迫感。铺地的设计很简单，只在前景中出现了方形和菱形的花纹。天花上倒垂的棱锥装饰透视计算十分仔细，并以渐次的光影变换呈现出真实的光照效果。广场的铺地则是简单的灰色和锈棕色网格，它不像巴尔的摩木板画那样把广场分为两个平面，而是一整个连续的广场。左右两侧的宫殿和其他建筑确定了广场边界，建筑立面被赋予不同的色彩和材质。窗户有的顶部做成半圆拱，有的做了三角形山花的窗套，画面右侧宫殿一层长廊的柱头是复合式的变体，柱身有竖向凹槽。柏林木板画无论在画面结构还是色彩上都不像乌尔比诺木板画那样活泼，也不及巴尔的摩木板画的空间庄严、开阔，但空间层次较丰富，显然画者有着更为复杂的思考。

阿尔伯蒂的“理想城市”

乌尔比诺、巴尔的摩和柏林三幅木板画分别描绘了不同的城市愿景：乌尔比诺木板画中的圆形平面大厅；巴尔的摩木板画中下沉的中心广场和外圈四根粗壮的单柱；柏林木板画中可观广场全景的长廊。建筑是三幅画的中心题材，其井然有序的布局在 15 世纪绘画中并不普遍。人文主义学者弗拉维欧・毕昂铎（Flavio Biondo）把城市中的纪念性古建筑主要分为四大类：剧院、凯旋拱门、寺庙、（让人心生敬意的）柱列和城墙。这三幅画中的公共建筑有宗教的也有世俗的。按照 15 世纪建筑理论的标准来看，它们应该是：圆形神庙或大洗礼堂（乌尔比诺木板画中心位置的圆形平面建筑）、巴西利卡式的法院或宫殿，以及颇似高等级市政部门的豪华建筑。这种建筑和广场的设计方法很早之前就已经成型。而从 15 世纪后期到 16 世纪早期这段时间里，阿尔伯蒂用人文主义的语言和他所领悟到的组合方式对它们进行了修饰和发展——所以在巴尔的摩木板画中就不是凯旋门和立有记功柱的大平台的组合。从设计的角度，阿尔伯蒂总结出 15 世纪意大利“理想”的城市布局：一个作为主礼拜堂或大教堂的“寺庙”（templum）、一座作为法院的巴西利卡、既作为办公场所又用作居住的当权者的宫殿、为商业和为平民聚会而设的宽敞广场，以及下层阶级的房屋。[2]

在细部上，三幅画中主要建筑的立面常以两个或三个建筑构件为一组进行重复排列。其元素有：方形或圆形截面的壁柱，等宽或宽窄交替出现的突出构件，连续的柱列，以及浅壁柱和盲拱的组合单元等。外廊出现在宫殿的首层或顶层，首层的做法有横梁式柱廊和柱上拱廊两种，顶层则只出现了横梁式柱廊。矩形或圆顶的窗户都有窗套，部分较高的矩形窗有花型图案装饰。屋檐顶部升起矮矮的三角形女儿墙，女儿墙侧面是承载雕塑用的方形基座（这是阿尔伯蒂的做法）。广场地面铺以大尺寸几何图案的多彩大理石。[3]三幅木板画中的宫殿看上去几乎都是阿尔伯蒂式建筑语言的再现。

而对如何设计一个城市的海港广场，阿尔伯蒂亦有阐述："对于一个海港来说，其装饰是由围绕它布置的一个用粗糙的石头砌筑的基础及一个大大方方的内部空间的柱廊，和一座显眼的、熙来攘往和壮丽辉煌的神殿所组成的；这座神殿应该坐落在一个宽阔的广场上，并且，在港口自身的入口处应该是一些诸如阿波罗神巨像一样的东西。"[4]反观这三幅画，柏林木板画中有"大大方方的内部空间的柱廊"；乌尔比诺木板画有"一座显眼的、熙来攘往和壮丽辉煌的神殿"；巴尔的摩木板画有"宽阔的广场"和"港口自身的入口处……一些诸如阿波罗神巨像一样的东西"。

这三幅木板画中几乎所有的广场、建筑、道路设计都可以在阿尔伯蒂的论著中找到对应描述，但这三幅画之间的差异又很明显。乌尔比诺、巴尔的摩和柏林三幅乌托邦木板画可谓是对阿尔伯蒂城市与建筑理论的三种不同的、相互补充的图像化再现。

诡谲元素

直到 15 世纪七八十年代，欧洲的画家都更热衷于表现建筑繁琐的装饰，而对建筑本身的比例尺度把握并不到位，对当时所崇尚的古典主义建

〔2〕 阿尔伯蒂曾以一种漫谈式的语气去描绘一个理想的城市广场，古典希腊和古罗马建筑是它的原型："你应该将神庙坐落在一个繁忙的、众所周知的，以及——如其所示——令人仰慕的地方……应该将其安置在一个宏大而高贵的广场上，周围环绕着宽阔的街道，或者更好的话，环绕一些尊贵的广场，这样它就可以在每一个方向上都能够被完美地观察到。""希腊人会将他们的广场建造成为方形；他们会用一个宽敞的双重柱廊来环绕这些广场，并用柱子和石头的梁来加以装饰……""所有的神殿都是由一个门廊……一个内殿（cella）所组成的；但是它们的不同点在于，一些神殿是圆形的，一些是矩形的，还有一些是多边形的……大自然所青睐的主要是圆形。"见：莱昂·巴蒂斯塔·阿尔伯蒂．建筑论 [M]．王贵祥，译．北京：中国建筑工业出版社，2010：190，251．
乌尔比诺、巴尔的摩木板画里都画出了阿尔伯蒂口中圆形或八边形平面的集中式庙宇，柏林木板画中虽然没有直接表现，但近景作为画框的装饰精美的柱廊应该也属于这样一座被广场所环绕的神殿。而三幅画中无一例外，都在环绕广场的建筑中出现了架空的底层柱廊。

〔3〕 "我极力赞成用音乐化和几何化的线条和形式来作为道路铺装的图案模式，这样人们的心灵从每一个侧面都可以获得激励。"见：莱昂·巴蒂斯塔·阿尔伯蒂．建筑论 [M]．210．

〔4〕 莱昂·巴蒂斯塔·阿尔伯蒂．建筑论 [M]．250．

7 《鞭笞基督》，皮耶罗·德拉·弗朗西斯科，一四五〇年至一四六〇年，58cm×81cm

8 圣母圣子与圣徒，皮耶罗·德拉·弗朗西斯科，一四七二年至一四七四年，250cm×170cm

筑理解很肤浅。像波提切利（Botticelli）和巴博里尼（Barberini）的画作都降格为供建筑学习用的“展示品”。画中像道具布景一样的建筑很吸引人，但并没有实质的内容和体量，也没有创造出真实的有深度感的空间。较为不同的是皮耶罗·德拉·弗朗西斯科的作品。《鞭笞基督》（*Flagellation*，→7）和《圣母圣子与圣徒》（或称《蒙特菲尔特罗组像》，*Pala di Montefeltro*，→8）相较同时代的其他画作，对建筑的表现要真实很多。它们的创作时间都在1473年之前。[5]

与上述画作不同，乌尔比诺、巴尔的摩和柏林木板画都没有把前景全部摆满古典主义建筑，而都不约而同地空出人行通道和广场。在乌尔比

〔5〕 Richard Krautheimer. The Panels in Urbino, Baltimore and Berlin Reconsidered, the representation of architecture [M]. New York : Rizzoli, 1997 : 233-257.

诺木板画底部两侧，道路与广场交汇的位置上设置了两口井，这使得道路与广场自然而然地连接起来。这样一方面使空间得以串联扩展，另一方面又使得整个广场富于纵深感。交叉路口和广场只是在尺寸上有所不同，其实交叉路口本身就是一个小型的广场。柏拉图曾主张在每一个交叉路口都应该有一个开阔空间。乌尔比诺木板画提供了多个以古典建筑语汇为基础的变体。画家在此处做了很多不同的尝试，并不像是在极力还原某个场景，而是在为城市建设者或者宫殿投资人提供一些符合时代新思潮的可选模板。→9

9 乌尔比诺木板画中以古典语汇为基础的多样的建筑变体

在乌尔比诺和柏林木板画中都没有出现人。巴尔的摩木板画中散布的人物则像是漂浮在纸面上。广场中间有一个圆形喷水池，水池中间是一个站在球体上的丘比特。喷泉周围四根科林斯柱子围合成下沉广场的空间。四根柱子柱身交错涂以金色和深铁灰色漆，柱子上立着四尊寓言雕塑，由下至上从左到右分别代表正义、节制、充裕和刚毅。[6] 画面中分散地画了些很小的人物形象。画面最前方是一个右手拄着拐杖、左肩扛行李箱的男人，他衣着朴素，头戴红色软帽，看上去像个旅人。喷水池左边有两个女人：穿蓝色裙子的女人正在用水罐从水池中汲水，她回头望向后面穿金黄色裙子的女人——她右手扶住头顶的蓝色水壶正向水池走来。画面中部左侧是一群衣着华贵的男士，他们自左向右而来，大多身着红色衣服，戴着红色帽子，在比较靠前的位置簇拥着一位着黑色长袍的长者。画面中部右侧零星有五个人，他们像是在交谈或是参观。在中间凯旋门的后面，一个身着蓝裙的女士带着两个小孩子在玩耍。→10 阿尔伯蒂在他的著作《论绘画》（*De pictura*）中规劝画家在描绘故事时，如果看重高贵气质的表现，那么就得减少人物的数量："因为少言寡语使王侯益发威严——只要大臣能理解他的命令便可，同样，

〔6〕 Federico Zeri. Italian Paintings in the Walter Art Gallery vol.I[M]. Baltimore: Walters Art Gallery, 1976: 143.

11 巴尔的摩木板画画面左侧宫殿未完成涂色的女儿墙

10 巴尔的摩木板画人物细节局部放大

严格控制角色的数目，图画也会显得高贵。”[7]巴尔的摩木板画中的这些人物很符合阿尔伯蒂的说法。他们应该是在画作的最后阶段才加上去的，像是画家借由他们在向我们解释周围建筑的用途。他们行走于这个巨大的空间中，身后的影子浅淡虚无，仿佛飘移着的幽灵。

乌尔比诺木板画和柏林木板画中的建筑或宏伟紧凑或舒缓严谨，而巴尔的摩木板画整幅画面透露着一种诡异的气息，仔细看来

10

11

有颇多不合理的地方。五个主要建筑除了在位置上有对称关系外，在形态、功能上仿佛都互相独立、各自演绎。角斗场和凯旋门的组合在古罗马尚属常见，但再与八边形神庙一字排开，却颇罕见。并且这种八边形神庙在文艺复兴时期的罗马基本上看不到，它的原型应该取自佛罗伦萨著名的八边形洗礼堂——外表皮的大理石几何图案的拼贴几乎如出一辙。如果说画中描绘的是古罗马的广场空间，那么这类公共建筑的组团中没有神庙或巴西利卡参与其中，也不太正常。更为怪异的是前面相对而立的两座宫殿。右前方的宫殿屋顶伸出挑檐，又有点像是稍有坡度的平屋顶；左前方的宫殿屋顶做了三角形女儿墙，但是右侧的一面竟然没有画完。在淡蓝色的天空里只用墨色勾勒出了女儿墙的轮廓和墙面，并未着色。→11

〔7〕 艾里森·科尔．意大利文艺复兴时期的宫廷艺术［M］．胡伟雄，张永俊，译．北京：中国建筑工业出版社，2009：27．

三幅木板画中视角都朝向广场。乌尔比诺木板画和巴尔的摩木板画都是从广场的开口空间看向广场和建筑，而柏林木板画是经由近景中限定画面的建筑的柱廊看向广场和画面尽端的海港。换言之，它有一个“景框”。这个“景框”被描绘得非常细腻，似乎是画面的真正重点。

比如柱廊的柱身凹槽，柱身下部三分之一的槽向外凸，上部三分之二刻画为向内凹。柱子的柱头也并非古希腊、罗马的经典柱式，是一种画家自创的复合样式。→12 还有就是柱廊的天花。曾有学者认为这一柱廊天花是为创造棱锥体的立体效果而绘制的拼色平面。然而经过仔细辨别，此处应为一种立体装饰——墨绿色与橙黄色四棱锥相间排列，在每一跨天花中以8×8 的方形阵列排布。→13 这些精致繁复的建筑做法正呼应了阿尔伯蒂的主张：“一座优美的柱廊的出现，这对于交叉路口或广场无疑是一种装饰。”[8] 相比于乌尔比诺木板画和巴尔的摩木板画，柏林木板画的场景

12 柏林木板画长廊的壁柱和单柱

13 柏林木板画长廊天花细部

算不上很宏伟，但是画面绘制得非常仔细、谨慎。作者不厌其烦地计算出柱廊天花每一个四棱锥的透视、柱身凹槽的透视，并画出建筑立面砖缝、檐下线脚等细节，表现出对柱廊空间的重视。这一重视很有前瞻性。它隐含着城市广场空间中“灰空间”（各种外廊）存在的必要性。

〔8〕 莱昂·巴蒂斯塔·阿尔伯蒂. 建筑论 [M]. 251.

透视画法

这三幅木板蛋彩画的透视画法颇有时代特色。文艺复兴之前的绘画作品大多是平面或浅浮雕效果，缺乏立体感和空间感。透视学真正作为一门学科是从 15 世纪意大利文艺复兴初期开始的。那时的艺术家们不满足于只依靠感官去认识世界，他们通过解剖、实验和数学演算等更理性的方法去观察、表现自然界和人等客观事物。伯鲁乃列斯基首度发展出一套线性透视方法——视平面与画面平行或成角度——它可以表现正确的结构比例或建筑围合空间。1435 年，阿尔伯蒂延续伯氏的道路，在《论绘画》中写作了线性透视的首篇论文。画家皮耶罗·德拉·弗朗西斯科在 1482 年写作了《论绘画中的透视》一书，把当时的透视学发展到了相当完善的水平。

乌尔比诺、巴尔的摩和柏林三幅木板画共同采用的一点透视画法使画面两侧的建筑向中间收缩，有效地突出了中央建筑或广场。→ 4~6 三幅画都曾在底图上刻画或用黑色粉笔画出主要的透视网格线，为主体建筑的轮廓线、广场铺砖的透视线提供了参考。三幅画的底图绘制方式差别很大，而且从画作残留的过程痕迹来看，它们使用的透视操作也不尽相同。三幅画的结果都与底图出入很大，显然绘者在成图过程中根据实际情况（怎么才能表达出最和谐的美感）做出了不少调整。由此可以推断，每幅画的创作和完成者应为同一个人，而不是由一人叙述指导或描绘草图，再让助手来完成最后成图。

虽然有不少研究者根据画中的"古意"与人文主义情怀来判断是阿尔伯蒂指导甚至亲自操作了这三幅木板画，但尚无实证。不过无论怎样，这些画家必是深谙阿尔伯蒂美学及历史理论，并对透视画法有着透彻的研究。

三、画者推测

乌尔比诺、巴尔的摩和柏林三幅木板画长度差别不大，都在 230~240 厘米之间，但是画面高度自 67~131 厘米不等，画面着色比例从 1:2.3 到 1:3.5 相差很大。三幅画都是由两或三块横向杨木板组成，它们看上去都像是曾经作为家具护板（spalliere，即从家具内侧立起的木板）或者是房间护壁墙嵌板来使用。柏林木板画的透视角度底部向内倾斜，很像多数嵌板画的做法。乌尔比诺和巴尔的摩木板画也有被从类似这种护板或嵌板处锯下来的痕迹。由于三幅木板画的消失点位于距画作下边缘 15~29 厘米的地方，这些木板画可能曾被安装在从地板起约 1.2~1.3 米的高度。15 世纪意大利流行一种厚约 3 英尺（1 英尺 =30.48 厘米）、长约 8 英尺的大箱柜，用来存放金银珠宝、衣物布料等贵重物品，会被作为女士的陪嫁品，是一件重要的室内陈设家具。这种大箱柜正面一般是彩画或浮雕。乌尔比诺、巴尔的摩和柏林三幅理想城市木板画很可能最初曾用于某件箱柜的正面以作主装饰。

委托人

三幅木板画的创作时间都在 1490—1500 年左右的十几年中。15 世纪意大利半岛的“国家”形态日益增加，政府统治形式也多种多样：以共和国政府的形式统治；国家由受国民爱戴的王储统治；或者由一意孤行的暴君统治。于是理想的“乌托邦规划”和建筑形式便与社会需要、政治形态、治国方略变得密不可分。

阿尔伯蒂认为自己是“人文主义顾问”，他用深奥的拉丁文写作，来探究人类活动的广泛原则和技巧，他“关注所有与建筑相关的事宜”（De re aedificatoria），并给他的读者关于哲学、宗教、农耕、育马，以及政治、绘画和雕塑等各个方面的建议。阿尔伯蒂的《论建筑》实际上并非为建筑工匠或建筑师所著，这书的目标受众是建筑和艺术赞助者。当时较年长的统治者里很少有人对人文主义有兴趣，阿尔伯蒂想培养新一代的赞助人，使他们理解并乐于推广人文主义建筑。阿尔伯蒂在费拉拉、曼图亚和乌尔比诺看到了这些新赞助人的人选：里奥奈罗（Lionello）、梅里度西奥・德・埃斯特（Meledusio d' Este）、路德维克・贡扎加（Lodovico Gonzaga）及其兄弟卡洛・贡扎加（Carlo Gonzaga）、费德里戈・达・蒙特费尔特罗（Federico da Montefeltro）。这些人都在 15 世纪 40 年代掌权（都 20 岁左右），都师从过像瓦罗纳（Guarino da Verona）或菲特勒（Vittorino da Feltre）这样的人文主义学者，进而精通人文主义概念、掌握拉丁语并拥有人文主义精神。而像阿尔伯蒂的老朋友尼古拉五世（Nicholas V）这样年长的人文主义者，也有可能会坐上教皇宝座。人文主义学者中如梅塞尔・巴蒂斯塔（Messer Battista）、菲拉雷特等，都曾设想和他们的赞助者们一同设计乌托邦城市（如“斯福辛达”）。然而城市在建设时需要大量的经费，这会给人们带来沉重的税收负担。不过这些制约因素并不能阻止建筑师、画家、人文主义王储和臣子对大尺度建筑的追逐并把它变成有待实现的东西，它是一个“愿景”。

乌尔比诺、巴尔的摩和柏林木板画很可能是为了在皇室赞助者以及人文主义追随者们面前展现一幅长久存在的人文主义建筑城市愿景而设计绘制的。即便这些赞助人觉得这种城市规划在当时并不可行，但他们会一直记得人文主义风格的新建筑和新社会的形象，在条件成熟的时候促成它们实现。

这三幅木板画从题材和功能来看是一个紧密的整体，然而它们在技术准备和完成度上各不相同。如果这三幅画是来自三个赞助人的委托，那么是不是每一个赞助人都有自己对未来人文主义建筑不同的见解？ 15 世纪后半叶在意大利尊崇人文主义的赞助者并不多，这三幅木板画更有可能是受同一位赞助者委托而绘，考虑到三幅画之间的差异，可能这位赞助者委托了三位艺术家来分别设计人文主义的城市规划愿景——这个愿景由赞助者推崇的人文主义思想家提出，或者在其建议下由赞助者本人提出。通过对 15 世纪至 16 世纪初活跃在意大利的人文主义学者、画家、建筑师及积极赞助人文主义的贵族、银行家等人的类比，本文将提出三幅画最有可能的委托者和作者。

费德里戈·达·蒙特费尔特罗——最有可能的赞助者

乌尔比诺木板画看上去是专为乌尔比诺公爵府所绘。乌尔比诺公爵费德里戈·达·蒙特费尔特罗 →14 是当时最著名的雇佣军首领。作为新式的统治者，费德里戈曾用自己的收入降低赋税，赈济穷人，开办学校和医院，储备救急粮食，在人民中很有声望。费德里戈有很高的文化和人文修养，个性自律而严谨。在对艺术的赞助上，他是当时意大利所有城邦领主中的翘楚。哲学家、艺术家、作家纷纷慕名而来，费德里戈经常以学者的姿态与他们交流。在艺术方面他倾向于“壮丽”的王侯之风。费德里戈公爵自 15 世纪 60 年代或更早的时期开始建造乌尔比诺公爵府，于 1474—1482 年间完成了最后的建筑工程和室内装饰。在公爵府会客厅和卧室等房间里装饰了一些小幅的镶嵌画，其中描绘的建筑和城市景象也颇有些人文主义色彩。→15 在 15 世

14 费德里戈·达·蒙特费尔特罗公爵和儿子圭多巴多在书房，佩德罗·伯鲁谷耶特，一四七六年至一四七七年

15 乌尔比诺公爵府夫人卧房门扇木镶嵌画，佚名，十五世纪末

纪能够比较准确掌握古典建筑语汇的画家或建筑师凤毛麟角，那些小幅装饰镶嵌画极有可能是对乌尔比诺木板画的描摹与借用。

费德里戈·达·蒙特费尔特罗公爵是乌尔比诺木板画最有可能的委托和赞助者，他甚至可能是所有这三幅木板画的赞助者。据记载，费德里戈公爵会听取他信任的建筑师的意见，最终按照自己的判断设计和装饰建筑。费德里戈与阿尔伯蒂过从甚密，阿尔伯蒂专门有一篇讲稿赞颂费德里戈生活方式很有节制。费德里戈在给兰迪诺（Landino）的短信中，也曾感谢阿尔伯蒂给自己写的献词："没有什么比我们之间的友谊更紧密、更珍贵。"

1486 年《论建筑》付梓时，作者阿尔伯蒂已经去世约 14 年了。在此之前，书稿就曾被送到佛罗伦萨实质上的统治者洛伦佐·德·美第奇（Lorenzo de' Medici）手中。除此之外还有两份珍贵的手稿：一份属于威尼斯共和国驻佛罗伦萨大使贝尔纳多·本博（Bernardo Bembo），另一份则是在 1483 年为乌尔比诺公爵费德里戈·达·蒙特费尔特罗所誊写。[9]费德里戈·达·蒙特费尔特罗公爵在自己的公爵府中修建了藏品丰富的图书馆，里面收藏了大量装帧精美的希腊文和拉丁文手抄本图书，藏书数量和精美程度已在梵蒂冈图书馆之上。可以肯定的是，在《论建筑》正式出版之前，已经有手抄版流入乌尔比诺。在那个对古典文化推崇备至的年代，效力于乌尔比诺公爵的人文学者们甚至是费德里戈公爵本人，肯定会对阿尔伯蒂这本论述视如珍宝并反复研究讨论。

在对这三幅木板画来历的研究中，只有对乌尔比诺木板画出处的推断有比较强的可信度。乌尔比诺木板画很可能来自乌尔比诺的圣齐亚拉（St. Chiara）——一个附属于修道院的教堂，这个修道院由费德里戈·达·蒙特费尔特罗公爵的女儿伊莉莎贝塔（Elisabetta）建立。这幅画很有可能是伊莉莎贝塔从父亲那里获得并带入了修道院。

皮耶罗·德拉·弗朗西斯科与乌尔比诺木板画

皮耶罗·德拉·弗朗西斯科是 15 世纪的著名画家，也是乌尔比诺公爵蒙特费尔特罗十分看重的门客。弗朗西斯科的构图是理性的、数学式的，他相信最美的东西存在于最明晰而纯净的几何结构中，他的画有出色的空间感和一种不受时空限制的宁静气息。他对建筑透视的研究是当时最先进的，其思想和作品对意大利南部影响甚深。

弗朗西斯科在乌尔比诺完成了很多重要的作品，他绘制的公爵和其夫人巴蒂斯塔·斯福尔扎（Battista Sforza）的侧面半身像被视为夫妇二人的代表性形象。他在宗教题材的画作背景中，常常描绘古代建筑，无论是建筑的室内场景还是外部废墟片段，都表现得相当精细准确。比阿尔伯蒂小 11 岁

〔9〕 莱昂·巴蒂斯塔·阿尔伯蒂．建筑论 [M]．导言 21．

的弗朗西斯科是阿尔伯蒂圈子中的重要人物，作为引领时代的艺术家，他们彼此相熟，并通过一些共同的朋友（比如说费德里戈公爵）得知对方的品行和对一些专业问题的深入看法。有很多人认为乌尔比诺木板画是由阿尔伯蒂亲手所绘。诚然，三幅木板画中都极大地体现了阿尔伯蒂的建筑精神，尤其是完成度高、表现内容精准丰富的乌尔比诺木板画。但以弗朗西斯科的个人绘画风格、领先时代的透视法技巧、对人文主义的了解以及活跃地域和年代来看，他才是乌尔比诺木板画最有可能的作者。

卡奈瓦莱与巴尔的摩木板画

卡奈瓦莱（Fra Carnevale，又名 Fra Bartolommeo 或 Bartolomeo Corradini）出生于乌尔比诺并卒于此。他不仅是位著名的画家，也作为建筑师和工程师效力于乌尔比诺公爵。据记载，卡奈瓦莱曾于 1445 年在佛罗伦萨与加尔莫多会修士菲利普·利皮（Fra Filippo Lippi）共事，回到乌尔比诺之后负责监督乌尔比诺圣多米尼克修道院教堂的建设和装饰，这个教堂是最早的文艺复兴式建筑之一。卡奈瓦莱的建筑幻想画中对透视的数学计算为人称道，虽然其中不乏失真之处，但在当时已算难得。

从卡奈瓦莱的绘画作品中可以看出他热衷建筑场景的创作，他对建筑透视的描绘使得画面富有纵深感，主体人物有了明确的活动空间，画家要表达的故事也变得立体可信→16。虽然卡奈瓦莱并没有将城市和建筑作为主体而单独绘制的作品，但其有些画作中的建筑与街景占据画幅的比例相当大，人物活动反而像是其中的点缀。在众多艺术家中，他最有可能是巴尔的摩木板画的作者。

16

16 《圣母诞生》，弗拉·卡奈瓦莱，一四六七年

巴尔的摩木板画虽然有很先进的城市和建筑设计思想，但在画面完成度上存在很多明显的问题。有学者考证这三幅木板画最有可能完成于 1490 年左右，而卡奈瓦莱 1484 年卒于乌尔比诺。如果巴尔的摩木板画确为卡奈瓦

莱作品，那它应该是卡奈瓦莱暮年所作。也许此时的卡奈瓦莱已身体衰微，没能够亲手完成这幅特别的蛋彩画。巴尔的摩木板画整体颜色（无论是与另外两幅木板画相比，还是与卡奈瓦莱其他的蛋彩画相比）都有些太过浅淡。蛋彩画的着色过程是由浅及深、先明后暗，巴尔的摩木板画停在尚未完成的阶段，恰恰成为走到生命尽头的卡奈瓦莱无力完成它的佐证，因为这与技术方面实在无关。而后续并没有画家再去“完成”这幅画，也许出于对创造了这一超越时代的乌托邦城市画作原作者卡奈瓦莱的尊重。而这又使得卡奈瓦莱原本的设计意图得以保存。

弗朗西斯科·迪·乔尔乔·马蒂尼与柏林木板画

弗朗西斯科·迪·乔尔乔·马蒂尼是意大利锡耶纳学派的画家、建筑师和工程师。1470—1480 年他在乌尔比诺效力于蒙特费尔特罗公爵，设计了一系列的防御工事，还有浮雕、奖牌、镶嵌装饰以及各种武器。

17 《耶稣诞生》，马蒂尼，一四八五年至一四九〇年

18 马蒂尼《论民用和军用建筑》原稿，一四七〇年

1464—1472 年卢恰诺·劳拉纳（Luciano Laurana）担任乌尔比诺公爵府的总建筑师，1472 年劳拉纳离开乌尔比诺去了那不勒斯，自此之后马蒂尼接任总建筑师的职位，直至 1482 年公爵去世。马蒂尼也是一个热衷于理想城市的建筑师，1470—1480 年间他在乌尔比诺公爵府完成了《论民用和军用建筑》（*Trattato di architettura civile e militare*）一书，在这部著作中他谈到了理想城市的规划。[10] 马蒂尼明显受到维特鲁威和菲拉雷特的影响，把军事建筑的一些设计思想与城内的建筑设计结合起来。

马蒂尼在其宗教绘画作品中非常乐于描绘作为故事背景的建筑室内或室外空间。这些建筑都有精致的檐口和线脚，室内穹窿的井字形天花也有着严格的透视渐变关系。在其版画作品中，他从传统方法中脱离出来，使用了理想的、对称的、广阔但空虚的城市空间来表现透视感。马蒂尼也热衷于自己设计柱式，他在不同的画作中对柱头和柱身都有自己有趣的设计——这些柱式并不是古希腊古罗马的经典样式，有的柱头被简化到只剩几层线脚，有的则被设计成多个层次和纹饰。→17 这与柏林木板画柱廊中的柱子的“变异”形态在理念上是一致的。据记载，马蒂尼除了作为费德里戈公爵的军事顾问之外，也参与了很多乌尔比诺公爵府室内装饰画的设计。通过现存的很多马蒂尼的绘画和笔记，可见他思维缜密，作品风格严谨，绘画细节考究。→18 以马蒂尼的绘画风格和建筑设计中的个人倾向来看，柏林木板画很可能出自他之手。

结语：其他细节

三幅木板画中还有许多耐人寻味的细节。比如乌尔比诺木板画中隐于画面中心圆形神殿右后侧的一座教堂，虽然只露出大半个立面，但还是很容易辨认出它就是建筑师老桑迦洛设计的圣玛利亚·德莱·卡瑟利教堂（Santa

〔10〕马蒂尼认为城市的选址不同，相应地城市的街道布局也应该不同：“如果一个城市建造在山上，街道应该螺旋式上升；如果城市位于一个平原上，最好采用棋盘式的格局；倘若建筑师可自由地设计，那么就采用放射状的方案。”

Maria delle Carceri）——在文艺复兴初期几乎没有类似的立面设计。而位于画面中心的二层圆形神殿，虽然在当时的罗马和佛罗伦萨都没有类似古迹留存，但其平面形制非常接近伯鲁乃列斯基晚年设计的安杰利圣玛利亚教堂（Santa Maria delle Angeli）。显然画者对早期佛罗伦萨建筑圈的状况相当熟悉。

巴尔的摩木板画描绘的是罗马古代的广场景象。虽然广场周边的建筑类型与形态相比古代实际状况有所出入，但对“角斗场—凯旋门—神庙”组合的强调还是反映出画家掌握着相当的历史知识。画中将凯旋门放在画面中心很有想象力。画面形成一个视线聚焦的中心点，视线可以穿透凯旋门的门洞，在远处形成若干距离的空间层叠。不过这个凯旋门本身的描绘却有“错误”之处。比如其三门洞的形态，可以推断它取自罗马大角斗场旁边著名的君士坦丁凯旋门。但无论是哪座罗马凯旋门，在古代其顶部一般都是沿水平方向放置几个战士的雕塑——只不过到文艺复兴时期这些雕塑都遗失了。如巴尔的摩木板画中凯旋门的顶部按照开间做了三个不同形状的“屋顶”（双坡、曲线），颇显异样，大概是画家根据自己的想象敷衍而成。

柏林木板画中的重点是前景的柱廊内部空间，远景是海港处停靠的几艘大船。我们容易忽略的是港口左侧的一座城堡。其圆形的塔楼与雉堞很像那不勒斯的阿方索国王新堡（Castle Nuovo）。看得出来，画家虽然是想描绘源于古代的海港广场，但是仍然在很多细节处理上参考了现实中的建筑。

这些细节能够进一步明确画作的时间区间，也表现出画家在早期人文主义思想的熏陶下所能想象、拼合出的古代场景的极限。在一点透视法的组织下，在“意识形态”上多少有些冲突的元素也能相处甚安，甚至不乏趣味——比如在巴尔的摩木板画中广场四周四根金光闪闪的科林斯巨柱顶上矗立着四位手持武器、裙角飘飘的“希腊”女武神，八道眼神的交汇处亦即广场中心的喷泉托盘中，却站着一位胖嘟嘟的、背生双翅的小天使。

4

The Formation of Peruzzi's Drawing Concept

Wang Xiyun+Hu Heng

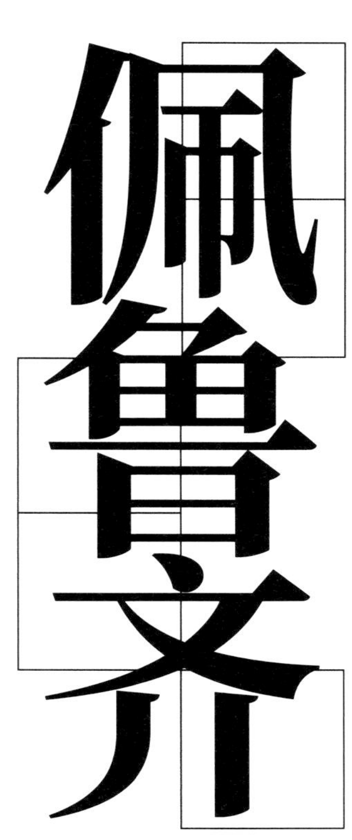

佩鲁齐绘图理念的形成

王熙昀+胡　恒

文艺复兴时期的建筑绘图技术是以透视学的发展为轴心，围绕建筑设计表现展开的一系列实验。这些实验具有一定的偶然性，但前后传承，且相互影响。它们使建筑绘图摆脱了中世纪粗糙、感性且极不精确的表达方式，进化到我们所熟知的现代设计的图绘范畴之中。总体来说，绘图技术的成熟意味着建筑学科基础的成型，对建筑设计亦有重大影响。相比后世，这个时期的绘图技术虽然仍有时代的局限性，但是建筑师们的自觉改进意识却成风气，蔚为大观。他们群策群力，为绘图技术的发展贡献出自己的力量。出身于锡耶纳（Siena）的巴尔达萨雷·佩鲁齐（Baldassarre Peruzzi，1481—1536）正是其中的重要一环。

绘图的理念化是这个时期建筑师绘图实验的显要特征。他们一方面在透视法上追索理论根源，另一方面又将探索所得运用到设计活动之中，形成自我的表达方式。因为个人兴趣使然，这些建筑师的理论追索大相径庭。有的人沉迷于数学、几何学的抽象科学研究，有的人属意挖掘人体的秘密；有的人倾向于重构古代典籍中的久远知识，有的人则更希望直接从历史废墟中体察透视法的实践真知。他们大多没有完整的理论体系论述，在设计实践中的运用也是点到为止，鲜有落地成果。在理论追索与设计实践两端，他们留下的常常不过是些许图纸、笔记。即便如此，我们还是能够从草图残片、只言片语中看到这些建筑师强烈的、具有个人化印记的“理论诉求”，以及相互之间隐藏的“竞争”心态。这些形成了一种独特的时代氛围。

一、佩鲁齐的绘图内容

佩鲁齐的“旅行笔记本”与古迹测绘

“真正的发现者（der wahre Entdecker）并不是偶然发现某地的人，而是那些用心探索追寻、最后终于找到的人。只有这样的人才能与之前也曾如此努力探寻过的先驱之思想与追寻产生联系，他所撰写的报告才具有承先启后的意义。”[1] 雅各布·布克哈特（Jacob Burkhardt）在其《意大利文艺复兴时期的文化》（*The Civilization of the Renaissance in Italy*）关于旅行者的一章中的这段话正是当时意大利建筑师们的真实写照，或许就是在暗示佛罗伦萨建筑师伯鲁乃列斯基。旅行常被当作建筑师职业生涯的开端，因为这是对某一门古老学问的追寻，还意味着他与古人的关系也在旅行中才能得以确立。而后者在某种程度上决定了他的志向与自我定位。

随着金屋（the Golden House） 等古代遗迹的挖掘和维特鲁威的《建筑十书》的传播，向古罗马学习的热潮兴起，建筑师们不约而同地都转向古

〔1〕 雅各布·布克哈特．意大利文艺复兴时期的文化 [M]．花亦芬，译．台北：联经出版社，2018：345．

罗马文化——过去伟大的象征。从伯鲁乃列斯基开始，几代建筑师都将罗马古城遗迹作为圣地朝拜并进行测绘、记录，如寻求珍宝奇迹者一般从遗迹中学习关于罗马建筑的一切。建筑师的“罗马意识”由此产生并随学习及实践的深入在发展变化，成为建筑师们普遍的思想底色。

佩鲁齐于1510年代晚期完成了一系列古代遗迹的草图，如今被装订成册收藏在乌菲齐美术馆（Uffizi Galleries）中，人们将这个包含36页图纸的册子命名为“旅行笔记本”（taccuino dei viaggi）。其中记录了罗马城内以及北侧的菲伦托（Ferento）、博马尔佐（Bomarzo）、托蒂（Todi）和南面的阿尔代亚（Ardea）、加埃塔（Gaeta）、佛尔米亚（Formia）和泰拉奇那（Terracina）等城市的古代遗迹。笔记本中呈现出较为一致的图绘风格和对古迹的建构特征的兴趣，代表了佩鲁齐此后数十年生涯的研究类型。[2] 很明显，佩鲁齐的关注集中在古代建筑材料、建筑细部和设计原则等方面。

对建筑细部的兴趣

“旅行笔记本”中的许多绘图都在展示柱上楣构和柱子、柱头等要素，以及标注了开槽尺寸的柱身断面。其中一页上，佩鲁齐标注所绘建筑要素来自曾竖立在万神庙附近的卡米利亚诺凯旋门（Arco di Camigliano），→1 现已被认定为伊西丝圣堂（Sanctuary of Isis）。页面上部的图细致描绘了柱上楣构及其繁复的线脚。除了立面，佩鲁齐还绘制了柱上楣构的断面图，即右上角的饰带局部小图和右下部的透视图，附带了更为完整的尺寸，其中提供的尺寸标注使用古代罗马的度量单位 piede，并被佩鲁齐进一步细分为 digiti 和 grani，精度达到了毫米级。[3] 并且，佩鲁齐“规范地”使用标注“A”

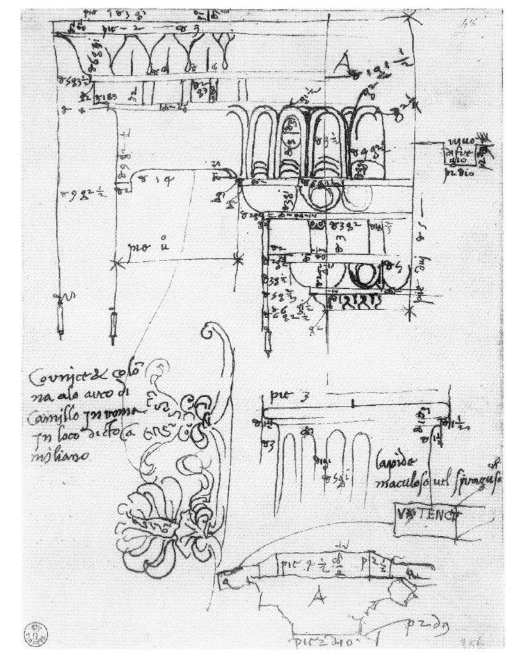

1 佩鲁齐，罗马卡米利亚诺拱门

〔2〕 Ann C. Huppert. Becoming an Architect in Renaissance Italy: Art, Science, and the Career of Baldassarre Peruzzi [M]. New Haven: Yale University Press，2015：60.

〔3〕 罗马 piede 的长度等于 0.296m，因此比英尺略短（1 英尺 =0.3048m），通常细分为十六个 digiti，每个 digiti 等于四个 grani，使得一个 grani 约等于 4.626mm。

将页面顶端的正投影视图和下方的剖透视联系了起来，使其细部研究更加系统可读。

佩鲁齐的大量此类研究不仅表现出对建筑细部的巨大兴趣，同时展示了成熟、系统的制图技术——将分别绘制的建筑细部进行清晰的标注以将多个独立研究联系起来→2。在乌菲齐的藏图“A401r”“A422r”上，他通过一系列标注将其对泰拉奇那市中心的罗马广场西端的阿波罗神庙（Temple of Apollo）（现为圣切萨里亚诺主教堂，the cathedral of San Cesariano）侧立面的两项精细研究联系起来，以“A”和“☆”标注出刻槽的柱体底部、柱础和勒脚的轮廓线。而在“A401v”上又绘制了佩鲁齐在壁柱之间发现的装饰饰带这一细部元素，且明确表达出大理石材质的上檐口，并称赞叶纹装饰的美丽。

2 佩鲁齐，泰拉齐纳阿波罗神庙北立面研究（从左往右依次为A401r、A422r、A401v）

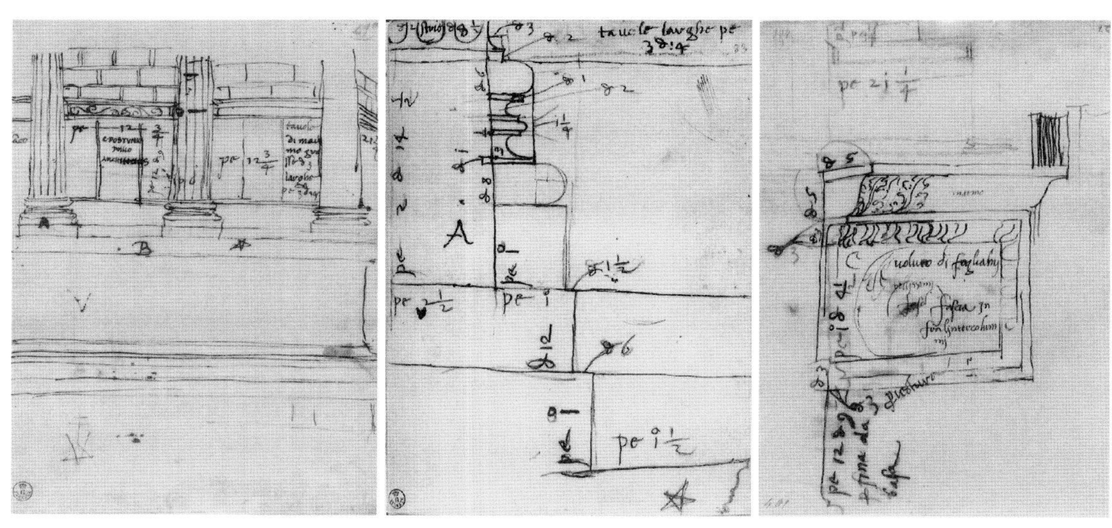

对古代材料的观察

笔记本中对材料的标注证实了佩鲁齐对古代建筑物的材料品质的敏感，反映出他所受“15世纪大师们”的影响。[4]这最初应源自弗朗西斯科·迪·乔尔乔·马蒂尼的教导，以及随后在罗马受到老桑迦洛的启发。就立面研究而言，像马蒂尼记录下的克劳迪奥神庙（Temple of Caludius）→3外部粗糙的、刀劈斧凿的肌理只是作为大概的记录，并无相关标注；而老桑迦洛表现的关于所谓巴尔比墓穴（Crypta Balbi）→4两层拱廊的立面图则更精心细致地描绘了石材与灰泥饰面的砖之间的对比。尽管朱利亚诺图中也有若干标注，但佩鲁齐在材料及相关尺寸记录方面更为系统。

〔4〕 1400—1499年这一时期的意大利文化和艺术活动统称为Quattrocento，意为“四百”。Quattrocento mentors习惯上指的是“15世纪大师们”。

3 马蒂尼，罗马克劳迪乌斯神庙

4 老桑迦洛，罗马巴尔比墓穴

5 佩鲁齐，泰拉齐纳阿波罗神庙后西侧（左）、北侧（右）立面研究（A400r、A401r）

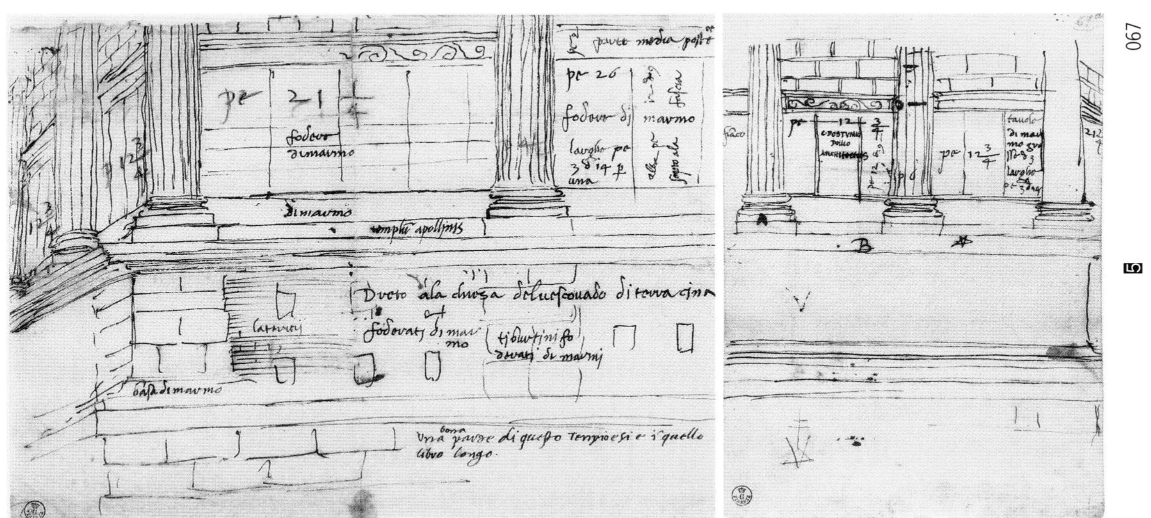

佩鲁齐对古代材料的广泛、密切观察尤其体现在其两张仿外廊式神庙（阿波罗神庙）的立面研究上。为了建造大教堂，中世纪的建造者们常常会使用神庙内殿的外墙，保留其部分大理石围护结构和外部壁柱。所以古代遗存在文艺复兴时仍然能够在大教堂的西端（后部）和北侧看到。在佩鲁齐关于教堂后部的绘图→5（左）中——古代神庙耸立于高高的墩台之上——他注意到墩台的细部，并一一标注了其大理石、砖材和石灰华（travertine）等材料。对材料的兴趣延伸到了上部的墙体：佩鲁齐标示出刻槽的柱子间的墙体

是被大理石封装起来的，并画出了水平划分内殿墙体的叶纹饰带、饰带下方墙体封装饰面的分缝，以及其上的琢石刻痕。在阿波罗神庙的北立面上，他不仅标识了材料，同样也标注了封装板层的厚度和宽度——“大理石面板厚度 d3，宽度 3d4”（tavole di marmo grasse d 3 larghe pe 3 d 4）→5。此类“材料研究”还出现在笔记本中的一组对广场附近的小型神庙的描绘中→6，佩鲁齐认定其柱子的大理石与他在梵蒂冈所观察到的柱子可相互比拟——“与罗

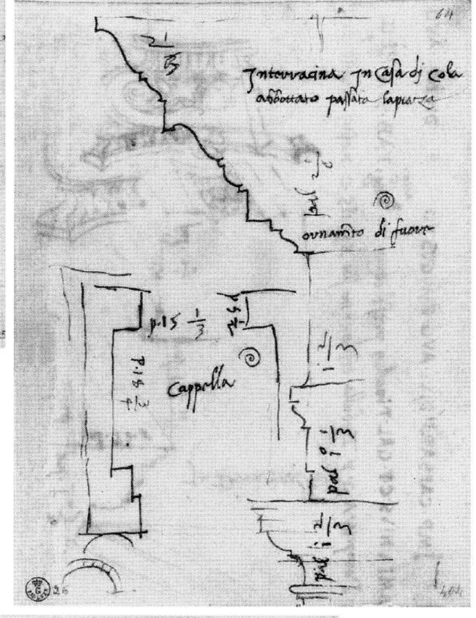

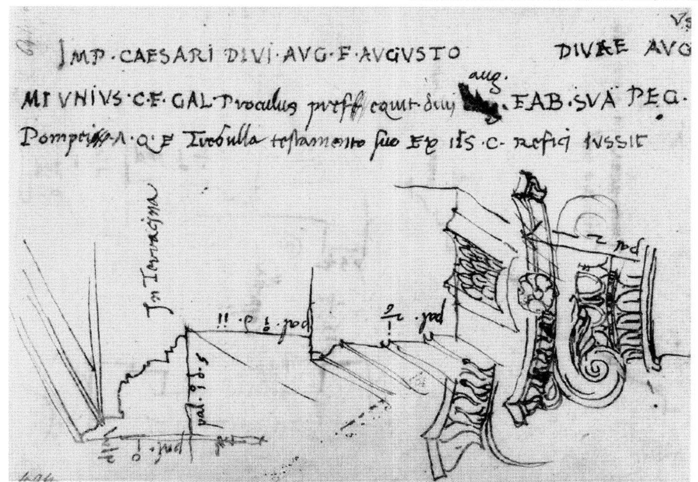

6 佩鲁齐，泰拉奇那小神庙遗迹测绘图（含清晰铭文）

马的圣彼得教堂门边的柱子有模糊的相似性”（mistio similo ale colon[n]e aca[n]to ala porta di S[an]cto pietro in Roma）。此外，他也记录了阿波罗神庙建筑师名字的铭文：C. POSTUMIO C. F. POLLO ARCHITECTUS。有学者推断，建筑师名字与《建筑十书》作者马可·维特鲁威·伯利奥（Marcus Vitruvius Pollio）名字的相似性，引发了佩鲁齐特殊的兴趣。[5] 佩鲁齐在图 6 左图中清晰地抄写了荣誉碑文，虽然稍有误差，但考古发掘证实了该神庙的这一结构原件的存在。→7

7 泰拉奇那小神庙荣誉碑文，公元四二年至五四年

对设计原则的关注

佩鲁齐对建筑细部的兴趣，以及延伸到建构要素之间的结构问题，这些都指向对设计原则的思考，从而为其建筑创作提供依据。而使用古代罗马的单位对遗迹进行测绘，更为其研究增加了历史考古学的维度。

册中两页纸记录了曾经托举着《塞弗兰大理石地图》（*Severan Marble Plan of Rome*）或曰《古罗马城图志》（*Forma Urbis Romae*）的罗马圣科斯马和达米亚诺教堂（Santi Cosma e Damiano）粗面砌筑墙体。佩鲁齐标示的不仅有石料的表面材质，还有各类不同的石灰华材料。→8 除此之外，第

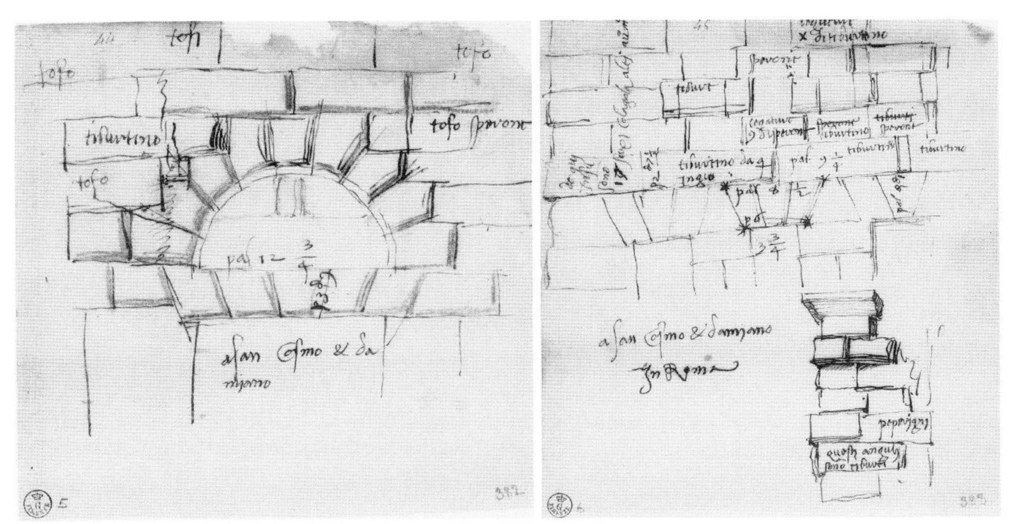

8 佩鲁齐，《古罗马城图志》墙体研究（罗马圣科斯马和达米亚诺教堂）

[5] Ann C. Huppert. Becoming an Architect in Renaissance Italy [M]. 69.

二页还注明了捆结各块的绳索，反映出其对于建造方法、途径的细致现场考察。可以看出，佩鲁齐将尺寸和材料的系统标注扩展到对结构问题的思考上，这是一种建筑师的思维模式，而这组图的绘制时间恰与其职业上的转变相吻合。

对佩鲁齐来说，大量细致的尺寸标注能够显示出古代建造者的设计原则。佩鲁齐采用古代罗马每 16 digiti 为 1 piedi[6] 的测量单位来描绘各种各样的古建细部要素。将安东尼奥·达·桑迦洛（Antonio da Sangallo，后文称“小桑迦洛”）是同时代除佩鲁齐外唯一也记录了泰拉奇那遗址的建筑师，尽管尺寸缺乏精准性，但他和佩鲁齐都使用了 piede 这一单位，可见二人同感需要用古代罗马建造者的度量单位来理解建筑。基于维特鲁威对于 1 piede 等于 16 digiti 的定义，有一些人文主义者和建筑师力图重构这一古代度量。在约 1503 年的一枚奠基纪念章中，伯拉孟特（Donato Bramante）使用古代尺标出了望景楼庭院（Cortile del Belvedere）的长度，他可能是最早在文艺复兴建筑设计中采用古代度量单位的人。

9 佩鲁齐，罗马斗兽场外立面和剖面研究

由此可见，佩鲁齐的绘图并无意于表现真实遗迹的样貌，而是有明显的设计意图在里面——用分解式的、分析化的图绘方法思考建筑的构造问题。他的大角斗场外立面和剖面研究→9 颇具现代工程制图的雏形。这些结构分析相当深入地展现了现存建筑的建造体系。只是那些绘图与标注过于密集且细碎杂乱，没有明确的系统性，并不适合旁人阅读。不过，这反而能让我们清晰地感受到佩鲁齐绘图的现场气氛，并且一窥其真实的思考轨线。实际上，15 世纪初期自伯鲁乃列斯基开始，建筑师在罗马考察都有用笔记本记录的习惯。虽然伯氏的笔记本已经失传，但他对罗马万神庙的研究应该与佩鲁齐的结构分析图多有相似。那时的建筑师对古代建筑所作的绘图记录

〔6〕 digiti 和 piedi 分别为 digito 和 piede 的复数形式。文艺复兴的建筑师们认为，1 piede 的尺度等于 298mm、约等于 1 英尺（11.7 英寸，304.8mm）；这意味着 1 digito 约为 20mm（3/4 英寸），而佩鲁齐在这些绘图中使用的度量则小至 10 毫米（1/2 digito）的精度。

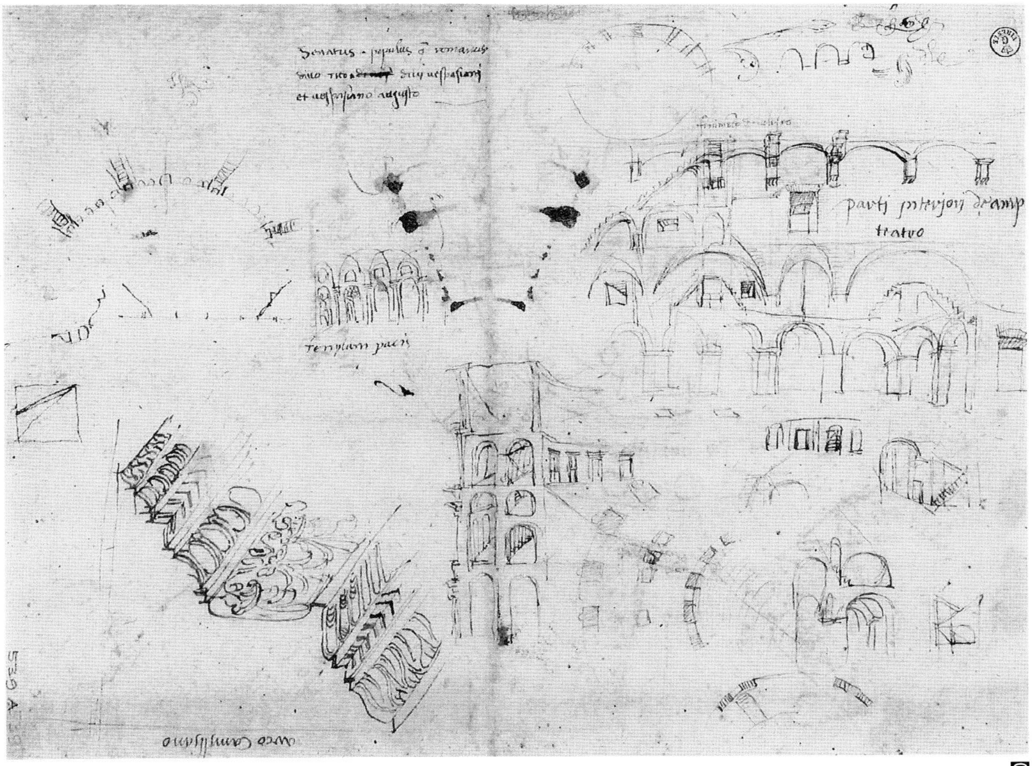

10 佩鲁齐，罗马斗兽场及其他研究

一方面在于整理和保存资料、提取重要的视觉印象，另一方面也准备在之后的设计中调用相关信息，或作为范本。这些资料大多秘不示人，被作为个人专有的“资料库”。

罗马古代遗迹的废墟状态一定程度上也很适合这种分析视角。在关于大角斗场的一组研究→10中，在佩鲁齐手稿的中缝，其绘制的剖面正对读者打开其纵向的深度曲线空间，这一外科手术式的切片视角表达相当少见。并且，佩鲁齐用模糊的线条复原了倒塌已久的外部墙体的最上层，也同样展示了承载着角斗场观众席的内部拱廊和倾斜平台。两页纸上的剖面图、立面图、平面图、柱式大样、各类局部结构分析图一共有十余幅，佩鲁齐似乎消解了废墟遗址的怀旧之意，提出了一种针对罗马古代遗迹的科学性的分析图解方法。

虽然难说佩鲁齐对罗马古迹的碎片化分析图解为首创，但这显然是自伯鲁乃列斯基以来将近百年的文艺复兴建筑师们的经验积累的结果。不过，通过一系列细部绘图来传达建筑整体综合信息的方法在当时并不常见，使佩鲁齐的古迹研究与同代人区分开来。更与前人不同的是，他在多数情况下都避免了对古代建筑的完整重构，甚至对现存遗迹的整体描绘都是罕见的。“局部”视野不是一种个人的图像趣味，它标志着佩鲁齐的建筑师（而非画家）身份定位。

二、佩鲁齐的透视表现法与实践

考古研究中的透视图

佩鲁齐的古迹绘图反映出他职业生涯中的一次关键转向。这段时间他接受的委托正在从绘画逐渐转向建筑，借此机会佩鲁齐将传统透视法在考古研究中进行了创新运用和探索。

在前文所述的罗马大角斗场外立面和剖面研究中，页面右上部的立面部分尽管因视角受限极不完整，但仍力图清晰地表达出诸如柱子、顶部檐口的飞檐托饰之类的要素，并结合透视来传达深度。图纸下出现的无关人像→11，也表明佩鲁齐谙熟源自早期人像训练的传统透视技术。有趣的是，由于剖面长度超出纸面，佩鲁齐在图中画了两个菱形，意思是将图纸容纳不下的部分连接在一起。这一页中出现了立面、剖面和透视三种类型的图，可见其组织上的系统有序。

而在角斗场的另一张速写中，佩鲁齐显示出他对建筑内部组织和结构要素的浓厚兴趣。这页研究图纸的右侧被他用数个角斗场的局部剖面和平面图填满。佩鲁齐在页面居中位置用透视法描绘了建筑最外侧的两圈拱廊。环形拱廊的剖切面中可见其拱下结构，以及拱廊的曲线特性。在位于页面右上角的几幅剖面图中，佩鲁齐提供了“圆形剧场内部”的大量信息。佩鲁齐在该图中绘制了突出的托架和平缓的拱券，以及其下的拱顶、楼梯和窗洞，并在图的底部绘制了底层柱廊，这些碎片化的小透视图被用于表达建筑形式要素的三维属性，效果颇佳。为了强化底层的空间现实感，佩鲁齐还绘制了两个模糊的菱形以表示两个支撑柱的平面，这一早期尝试可能对其之后诸多带平面的剖透视图产生了启发→12。

这种通过透视将信息感知最大化的方法在泰拉齐纳的朱庇特・安克苏神庙(ancient temple of Jupiter Anxur)测绘图纸→13中也有体现。针对同一对象，佩鲁齐与小桑迦洛在记录方法和透视表现技巧上差异明显。相较之下，佩鲁齐的方法更为简洁明了：由于这一遗迹的平面并不完整，他仅展示了最有说服力的建筑东端的两跨，在一个单一灭点作用下，两跨中的几个内部小空间都得以清晰展现；由于单跨空间可以重复延展，他只需通过书写指出此处共有 12 个类似的拱形开洞和 13 个柱墩即可构建完整建筑意象。小桑迦洛的绘图内容尽管比佩鲁齐要多不少——添加第二层、窗洞以及右侧引向门口的一跑楼梯，并在页面下方绘制了一幅接近完整的建筑平面，但这种看似忠实的记录方法使其绘图灌注了过多无用信息，透视方面也缺乏倾向性，让整幅图纸的焦点比较模糊。

这些考古研究的图纸向我们揭示出了佩鲁齐的三个绘图特征。首先，透视法是用来表现建筑元素和空间构成（而非完整的建筑），而它最早来自佩

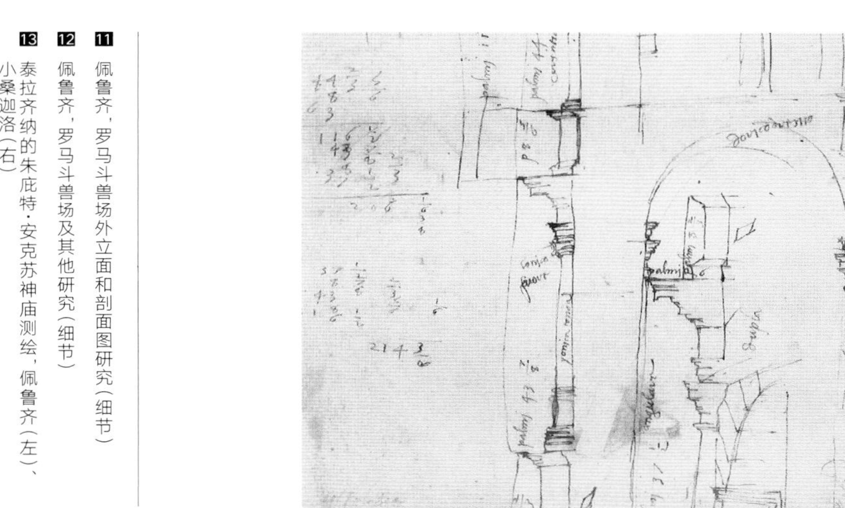

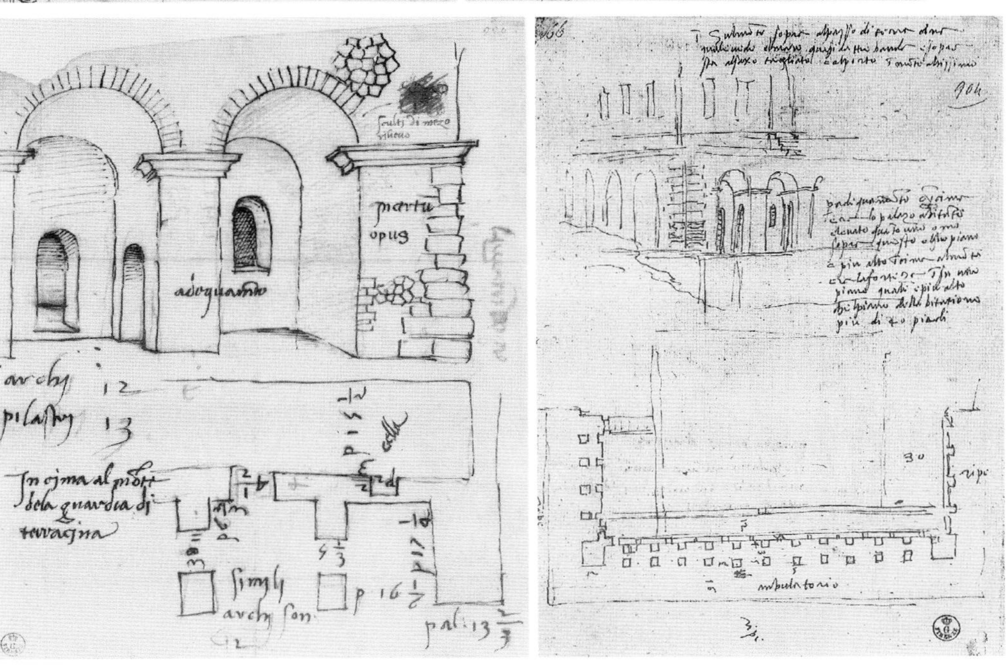

11 佩鲁齐，罗马斗兽场外立面和剖面图研究（细节）

12 佩鲁齐，罗马斗兽场及其他研究（细节）

13 泰拉齐纳的朱庇特·安克苏神庙测绘，佩鲁齐（左）、小桑迦洛（右）

鲁齐作为人像艺术家所受的训练。其次，透视法对立面与剖面进行“升级”，更适于立体地描绘单个结构要素或空间要素。第三，剖透视图通过操纵灭点等方式水平展开，可以最大限度地展示古迹的内在组织和建造目的，而辅以平面相对照能够加强观者对空间现实状况的理解。

舞台布景中的透视图

文艺复兴时期的舞台设计是一种特殊的设计类型。在帕拉第奥（Andrea Palladio）的维琴察剧场出现之前，建筑师的戏剧布景设计一直是一项临时性的活动，并且需要设计者跨越专业门类，掌握绘画、音乐、焰火等多种技能。呈现戏剧的舞台布景一般来说都会包含城市景观、透视感以及与人的特定活动的联结，艺术家在平面或浅平面内创造真实的、半真实的幻觉空间以配合剧本的设定，因此一些具备这种空间创造能力的建筑师便会被选择承担设计任务——在那个时代，成为舞台剧场设计师是一项莫大的荣誉。

而在文艺复兴绘图、透视学、建筑设计慢慢走向理性、有序、均衡的同时，还有一条线也在推进，通常认为米开朗琪罗主导的手法主义是一个高峰。它并非是用空间的怪异变形制造视觉感官的冲击力，而是创造更高级的空间幻觉体验。早期乌尔比诺的“理想城市”木板画→14 是一个重要节点，随后发展成塞利奥在《建筑五书》中展示的临时布景设计，→15 后来转向建筑内部永久性装饰，如佩鲁齐在法尔内塞别墅（Villa Farnesina）透视大厅（Sala delle Prospettive）中的透视幻觉壁画，便常被用作贵族宴会、庆典使用的戏剧舞台布景的一部分。

14 佚名，「理想城市」木板画

虽然由于戏剧舞台的临时性，文献证据留存较少，但佩鲁齐在舞台布景方面的突出表现在瓦萨里《艺苑名人传》（*Lives of the Artists*）中得以证实：

15 塞利奥，喜剧舞台布景（上）和悲剧舞台布景（下）

16

17

16 归于佩鲁齐，推测为《百灵鸟》设计

17 佩鲁齐，卡尔皮教堂设计

“当红衣主教比比耶纳（Bibbiena）为教皇利奥十世（Leo X）筹备戏剧《百灵鸟》（*La Calandria*）时，巴尔达萨雷（即佩鲁齐）设计了布景……《百灵鸟》是利奥十世时代最早的俗语剧之一，在它上演之前，巴尔达萨雷制作了两幕精美的布景，为我们今日舞台布景的制作开辟了道路。在那块狭窄的空间里，他怎样描绘出街道、宫殿、奇特的庙宇、敞廊与上楣，使其看起来栩栩如生，这可真是奇迹。他还布置了内部的灯光以突出透视感……在我看来，这些喜剧与所有布景一道上演时，超越了一切壮丽的景观。”〔7〕

这部作品几乎没有留下什么文献资料。不过，一张大尺寸成品画作常常归于佩鲁齐为《百灵鸟》设计的布景→16，图面点缀着标志性古典建筑物的城市景观。相比之下，另一张舞台布景透视图似乎更接近佩鲁齐的风格→17。这个喜剧作品可追溯到1515年12月，是为庆祝利奥十世与弗朗西斯一世（François I）在博洛尼亚举行首脑会议，建立教皇国与法国的新联盟而作。尽管只显示了一半舞台，但根据倾斜舞台上精心布置的透视体系，可以看出布景是一组城市景观，其中有一条长长的中心街道从广场延伸到远处。图纸上的道具和人物表示前面的建筑是演员可置身其中的。这里采用离轴透视来表达舞台纵深感。这种特殊的渲染方法让人想起佩鲁齐在卡尔皮教堂（Carpi）的室内空间设计图→18，可见佩鲁齐在临时性和永久性项目中有着一致的设计及表现理念。

〔7〕 瓦萨里．巨人的时代（上）[M]．刘耀春，等译．武汉：湖北美术出版社，2003：162．

佩鲁齐在 1531 年为早期罗马戏剧《巴契德斯》（*Le Bacchidi*）设计的舞台布景→19，显示出与图 16 类似的视觉思维。此外，图纸还充分展示了他的数学知识以及透视能力。尤其是设计与数学知识之间的关联，有助于我们进一步理解佩鲁齐的绘图理念（透视是可以量化的）。

18 佩鲁齐，喜剧舞台布景设计

在设计表现上，佩鲁齐将平面图与离轴透视图结合起来，精心设置了一种特殊的透视结构：平面图显示了铺装尺寸向远处的灭点递减的微妙变化，而正交线在两幅图像中都清晰可见。佩鲁齐不仅在两张图的底部标注了比例尺线，还用大量准确测量标注，指出每一个建筑元素的高度和宽度以及建造每一部分所需材料的尺寸，显然这将有助于下一步三维舞台布置的真实搭建。

佩鲁齐在布景设计中的透视操作同样延续到了他的建筑作品中，包括三座未完成的教堂设计，其中为圣彼得大教堂设计的透视图可能是最早的。

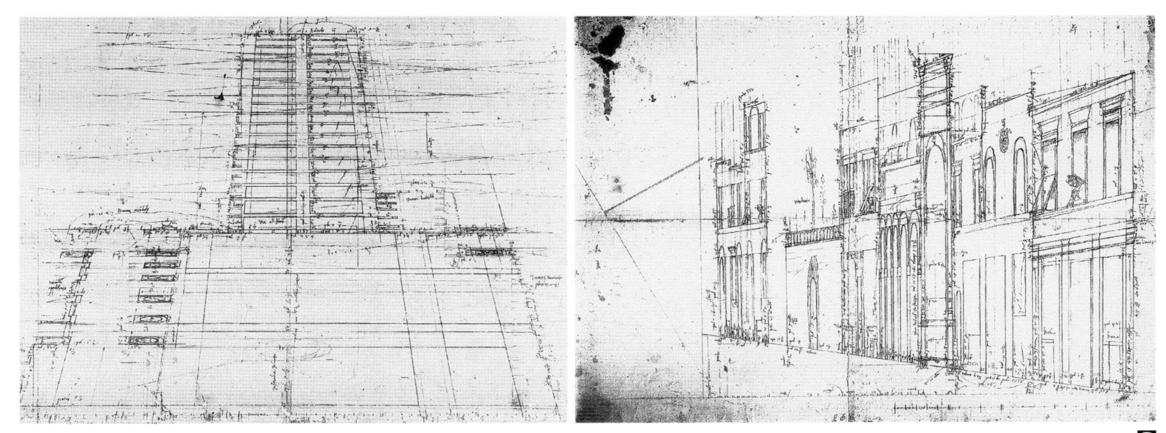

19 佩鲁齐，《巴契德斯》舞台布景设计

建筑实践中的透视图

一般来说，佩鲁齐的建筑项目独立于他作为画家和舞台设计师的工作。然而，其建筑中显而易见的戏剧性表明了三者之间的密切关联。佩鲁齐将在锡耶纳和罗马发展起来的技能结合起来，将绘画和舞台设计的经验整合进建筑设计，这从其职业生涯的起点契吉别墅（Villa Ghigi，即法尔内塞别墅）到终点马西莫府邸（Palazzo Massimo）都有显示。而在几个未实现的项目中此类探索更为明显。

佩鲁齐的建筑设计中渗透着戏剧表演所特有的观众参与性。他将透视、考古知识和观众的位置、身体体验产生的认知统一起来。罗马和平圣母教堂中的小礼拜堂（church of Santa Maria della Pace）→20 和锡耶纳圣多米尼克大教堂（San Domenico in Siena）→21 就是例证。

小礼拜堂设计与佩鲁齐其他舞台设计一样都涉及设计心理的问题。他从复杂且有趣的“感知”（perception）[8] 开始，在设计中强调戏剧性和运动视角的转换。这个半圆形的曲面空间在透视法的作用下积极地吸引着观众的目光，为壁龛里的画作提供了动态感。本质上讲，他的视角建构隐含着一个特定位置上的观者。这一点在

20 佩鲁齐，和平圣母教堂小礼拜堂设计

21 佩鲁齐，锡耶纳圣多米尼克大教堂室内透视图

20

21

〔8〕 Mark Hewltt. Representational Forms and Modes of Conception: An Approach to the History of Architectural Drawing[J]. Journal of Architectural Education, 1985, 39 (2) : 7.

22 佩鲁齐，博洛尼亚圣彼得罗尼奥大教堂

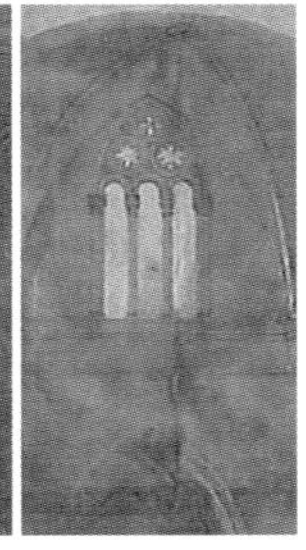

23 佩鲁齐，博洛尼亚圣彼得罗尼奥大教堂（细节）

类似博洛尼亚圣彼得罗尼奥大教堂（San Petronio in Bologna）项目的高完成度的图纸→22 中尤其明显。一方面，佩鲁齐使用的表现手法暗含了废墟的概念——建筑随着时间的推移而解体，指向所有建筑的必然命运；同时佩鲁齐戏剧性地全面展示了外部、内部和局部构造等各个层面的信息，使单幅图像产生多重含义以及动态效果；下方站在教堂内的众多配角人物使得场景更加生动。建筑师的个人趣味还表现在对左侧柱墩的描绘：他将柱墩水平切割到离地面几英尺高的地方，并在上面放了一个俯身的人像，这样，人与建筑的互动完美结合起来，而建筑忽然之间具有了某种舞台剧场的味道。这种戏剧性的透视表达可能用于向客户展示设计方案和空间效果，佩鲁齐创造的带有哥特语言且形态各异的开窗和开间方式，也证实了这是可供客户选择的方案过程图。→23

在重建 14 世纪锡耶纳圣多米尼克教堂的项目中，可以明显感受到佩鲁齐在中世纪形式与罗马古典空间之间的选择。这个项目佩鲁齐设计了多个方案，差别很大。在最为完整的一幅室内透视图中，他采用了一种前所未有的横向展开的移轴式透视法。如在泰拉齐纳神庙等古迹测绘中的绘图方法一样，视点高度比人视稍高一点，水平则有数个灭点在几个跨之间移动，进而最大限度地将连续穹顶的内部空间水平铺展开来，以同时展现几个连续穹顶空间下的不同设计细节、效果。在博洛尼亚圣彼得罗尼奥大教堂的透视图中也是一样：灭点移高，创造出一种多种空间并存的戏剧性布景效果。可以看出，佩鲁齐将绘图作为一种具有核心地位的探索媒介。

最值得重视的是，佩鲁齐为圣多米尼克教堂和罗马圣彼得大教堂绘制的透视图都是剖切面与室内透视图的综合。前者是从屋顶开始的垂直剖面，展示出穹顶的结构；后者是局部墙体与复合柱子的横剖面，展示的是教堂的承重结构。这是一种建筑师思维的表达方式。我们既有身处其中的直观感受，又能在技术上理解该建筑最重要的结构特点。→24

24 佩鲁齐，锡耶纳圣多米尼克大教堂室内透视图局部（左），罗马圣彼得大教堂室内透视图局部（右）

24

对传统的沿袭与个人化发展

画家出身的佩鲁齐对传统透视法的使用贯穿其整个职业生涯，但从 1510 年前后初到罗马的考古研究到 1520 年前后完成的法尔内塞别墅透视大厅与和平圣母教堂中的壁画，→25 再到罗马圣彼得大教堂、博洛尼亚圣彼得罗尼奥大教堂、锡耶纳圣多米尼克大教堂方案透视图，可以看到佩鲁齐在沿袭传统技巧的过程中，其绘画和建筑正逐渐融合，并在后者的表达上力求

25 佩鲁齐，法尔内塞别墅透视大厅壁画（上），罗马和平圣母教堂壁画（下）

突破。

基于绘画发展起来的传统透视法难以适应建筑表现的需求，是文艺复兴时期的建筑师们回避不开的课题，故而建筑师们都积极寻求更合用的绘图技巧，通常表现为极富个人色彩的透视表达技巧。佩鲁齐在考古研究、舞台布景和建筑实践中常使用阴影和透视来强调物体的体量感，这是其早期画家的训练使然，但他应该从阿尔伯蒂的建筑论著中，或在与拉斐尔（Rapheal）等同代建筑师的互动中达成这样的共识，即建筑的绘图理念和技巧与画家不同，其中最重要的区别是建筑师着重于准确尺寸。因此，在建筑表达上他不仅坚持使用数学计算，还将透视图和正交平面图作为设计过程的一部分紧密联系在一起。

在为罗马圣彼得大教堂绘制的图纸上，佩鲁齐将平面、剖面和透视结合在一张鸟瞰图上，这种结合方式反映了伯拉孟特和达·芬奇（Leonardo da Vinci）的经验。前者是这一时期尝试将透视法与建筑绘图结合在一起的先驱；几种类型图纸的并置来自达·芬奇的成功实验，他基于解剖学发展起来的透视法给予佩鲁齐启发，平面、立面的上下对应，对建筑构造的局部放大推敲，将不同类型图纸“分图层”展示也都来自达·芬奇。

在博洛尼亚圣彼得罗尼奥大教堂方案图中，剖切截面的使用显示佩鲁齐深知建筑表现对观者的影响力。他可能感觉到，需要反向地为观者（尤其是作为外行的“甲方”）专门设计一种特殊的表现图。所以这里他采用了沿着不同的垂直轴剖切截面的复合型透视法。首先，他将平面图、立面图和剖面图整合到单一视图中，增加了图纸的信息量。其次，选取高视点使中殿靠近地面部分的比例缩小，创造了一览无遗的观者效果。再者，他操纵图中不同垂直切面的宽度和角度，以有利于揭示耳堂、圣器室、中殿、小礼拜堂等内部空间的深度和空间效果。这些操作有效地增加了内部空间的可见度，而佩鲁齐的复合表达形式放大了这种可视化效果，使空间的戏剧性更加强烈。

在锡耶纳圣多米尼克大教堂中，佩鲁齐将考古研究中表达重复单元的方法运用到教堂中殿多个穹顶序列中，用类似立面的室内透视展示序列单元中的差异性设计。这种透视感与罗马的戴克里先大浴场（the Baths of Diocletian）废墟非常相似。那时，多个大尺度的圆形穹顶横向排开的空间只在古代罗马的浴场遗址中才出现，可见佩鲁齐设计的空间原型的来源。这一影响也波及设计的表现——传统的教堂特质是竖向的、垂直的，而古罗马建筑的特质是横向水平延展的。佩鲁齐的同辈拉斐尔（佩鲁齐长其两岁）也有对罗马建筑的强烈兴趣，但拉斐尔无论是绘画（比如《雅典学院》）还是建筑设计，空间序列都是沿纵向轴展开，鲜有对横向的强调。

绘图工具及图纸类型分类

值得一提的是，文艺复兴建筑师对于绘图工具的选用与所绘制图纸的类型具有较明晰的分类习惯，为现代绘图媒介和模式的发展奠定了基础。

以佩鲁齐的图纸为例，设计类研究图纸和旅行笔记速写大多是徒手绘制的，使用鹅毛笔蘸着栎树做的紫黑色鞣酸铁墨水来画图，因铁质已经氧化，如今人们看到其留存图纸上的墨水呈现出深浅不一的褐色和咖啡色。其中许多都是先用蜡笔或者金属铅绘制简单草图，再用墨线重绘，或者使用粉笔在墨线图里添加尺寸标注。

而在建筑设计中深化的平、立、剖面图纸和透视效果图，多采用直尺和指南针精确绘制。粉笔起稿后用墨水重绘，最后可能用渲染强调光影效果。在平面图中，佩鲁齐通常使用墨线来强调墙壁和其他承重构件的厚度；在立面和剖面图中，则使用微妙的墨水渲染来强调墙、柱、穹顶和藻井等塑性元素，而阴影的使用还有助于区分主次空间；在佩鲁齐常带有剖切面的透视效果图中，渲染更为明显和重要，如在圣彼得罗尼奥大教堂的大尺寸透视图中，在灭点高度上使用不同的渲染色调来增加对比度，同时也传达了各个内部空间的深度，从而强化了视觉效果。

由此可见，这一时期的图纸分类开始有了雏形，建筑师会用特定的媒介和技术绘制不同类型的图纸。对佩鲁齐典型图纸进行类型梳理，我们可以发现现代制图体系基本沿袭了文艺复兴建筑师们基本的图纸分类模式。

表 1 佩鲁齐图纸类型模式分类

佩鲁齐的典型图纸	图纸类型和模式分类	
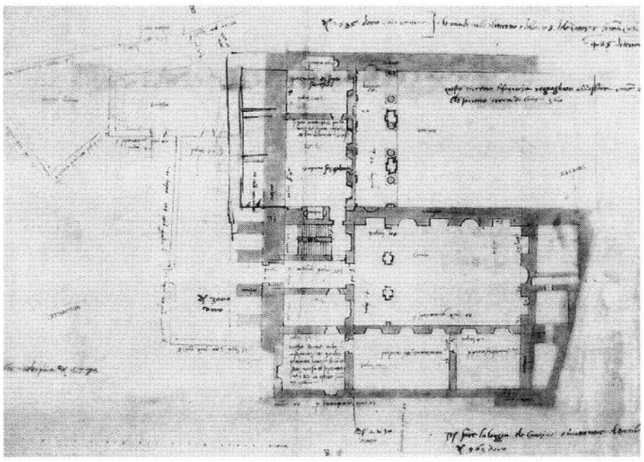	主题	研究类设计过程图
	类型	设计初始草图
	媒介	粉笔上叠加墨笔墨线
	现代演化	铅笔
	主题	考古测绘研究
	类型	旅行笔记速写
	媒介	墨笔和墨线、粉笔
	现代演化	钢笔画 水彩

（续表）

佩鲁齐的典型图纸	图纸类型和模式分类	
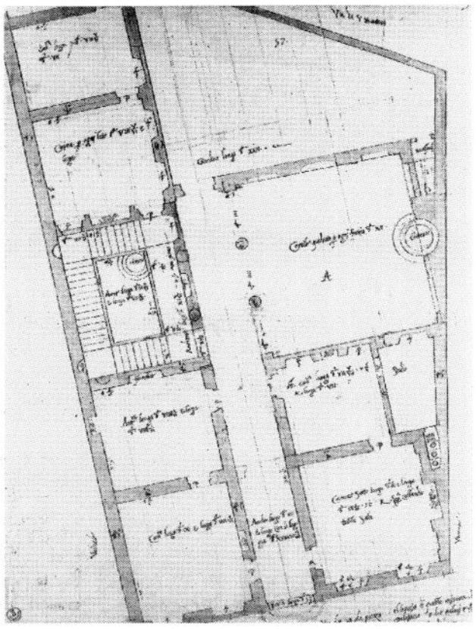	主题	建筑设计
	类型	深化的平面图纸
	媒介	墨笔和墨线
	现代演化	钢笔和墨线
	主题	建筑设计
	类型	深化的立剖面图纸
	媒介	墨笔和墨线、渲染
	现代演化	钢笔和墨线、渲染
	主题	建筑设计
	类型	透视效果图
	媒介	墨笔和墨线、渲染
	现代演化	渲染图

三、佩鲁齐绘图理念的“社交圈”

文艺复兴是从中世纪到现代建筑绘图发展历程中重要的成型期。如今我们所熟悉的建筑绘图的理念和技术、绘图与建筑之间完整的对应关系，都是在文艺复兴时期出现及系统化的。而这一发展前后历时大概三百年时间，众多建筑大师不懈探索，共同完成了这一“课题”。从宏观的历史视角看，在该课题中，每个人都承担了不可替代的角色，不论多少或成败，都做出了贡献。他们形成了一个网络式的关系，相互联动、彼此影响，一起推动这项课题走向最后的完满。佩鲁齐是其中一个重要的坐标点，我们通过将他与其他“坐标点”逐一比较，可以在历史维度中获得对这一网络的更加立体全面的认知。

按时间序列，对比可分三个阶段。第一阶段对比的是阿尔伯蒂的理论文字、弗朗西斯科・迪・乔尔乔・马蒂尼的经验式绘图方法以及达・芬奇的偶然介入，三者推动了建筑绘图的早期发展。第二阶段对比的是罗马圈子中的建筑师，在理论论述、早期概念基本解决的情况下，伯拉孟特和拉斐尔的绘图开始实现从与绘画艺术相混杂，到职业建筑师专利的转变，其中米开朗琪罗的“平面即一切”更是前瞻性地成为现代绘图理念的萌芽。第三阶段，1527 年的“罗马大劫”之后，塞利奥、帕拉第奥、贝利尼（Giovanni Bellini）将前辈的经验带到威尼斯、意大利北部甚至更远，绘图在理论和实践方面表现出成熟的状态。

三个阶段中，第一个与第三个是纵向比较。阿尔伯蒂、马蒂尼、达・芬奇是佩鲁齐的前辈，帕拉第奥等人是其后辈，并且塞利奥是佩鲁齐的亲传弟子。第二个阶段则是横向比较。罗马圈子的建筑师基本都很熟悉，关系较为复杂，竞争、学习、合作时常混同在一起。总体来看，佩鲁齐在这一演进过程中起着转折性的枢纽作用，前有阿尔伯蒂与马蒂尼的理论梳理、达・芬奇的自觉试验，后在帕拉第奥这里发扬光大。不过，无论探索的方向如何，到了什么程度，大家最终都将建筑绘图作为理论的基础核心部分明确下来。

早期的理论氛围

随着艺术家所使用的工具和方法的不断革新，到了 15 世纪的意大利，艺术家和建筑师们将绘图拓展为自我教育和发展新思路的方式，同时也实现了从工匠到知识分子的社会角色的转变。这也意味着新的绘图理念和技术接连出现。

马蒂尼作为最初以画家身份接受训练的实践建筑师，其论著《建筑学、工程学和军事艺术论文》（*Trattato di architettura, ingegneria e arte militare,* 1482）表明他把绘图摆在了建筑职业教育道路上非常重要的地位，强调绘图对有抱负的建筑师的必要性以及绘图作为分析和设计工具的价值。并且，文艺复兴建筑师向古代遗迹寻求建造实践的知识必然要借助于绘图才能进行，绘图的研究也是在此过程中普及开来。尽管马蒂尼与阿尔伯蒂在哲学思想上是对立的，但二人在对绘图与知识之间关系的认识上是一致的。阿尔伯蒂在更早的《论建筑》中如此描述："古人的建筑从不吸引人们赞美，无论它在哪里。但我直接地、仔细地考察它，思考我能够向它学习什么。因此，我从未停止探索、思考和测度一切，通过线图比较信息，直到我掌握并完全理解它们在巧思与技巧方面能贡献些什么……"[9]罗马无疑就是此类调研的中心，或许佩鲁齐在 1501 年正是怀着朝圣考古研究圣地的虔诚之心迁抵罗马的。

达·芬奇随后倡导，艺术学徒在开始职业生涯之前，应从学习大师绘图开始。正如瓦萨里所述，他对马蒂尼的作品十分熟稔。另外，此时意大利中部地区的大部分建筑师，包括马蒂尼、佩鲁齐，都是从人像艺术转向建筑设计。在没有职业训练的背景下，绘图成为建筑行业的入场券，并提供了学习建筑物是如何建造而成的途径。于是，绘图的重要性凸显，绘图术也得以快速发展。

阿尔伯蒂与《论绘画》

阿尔伯蒂现存的唯一建筑图纸是一个古代浴场的各个功能放在一个方块里的平面图。这张图可能只是为文章出版所绘的研究性示意图，并不能体现出其卓越的建筑表现才能。然而他在搜集整理古罗马资料的过程中，受到伯鲁乃列斯基、多纳泰罗（Donatello）以及马萨乔等同时代艺术家们的影响，初步阐述了文艺复兴建筑领域早期的绘图理论。他将伯鲁乃列斯基 1425 年发现的线性透视结构进行编纂并发表在他的《论绘画》中。该书的意大利文版就是题献给伯氏的。在其《论建筑》一书中，阿尔伯蒂没有放插图，其意是突出拉丁文风的优雅与古意，不希望插图干扰文字的纯粹性。虽然阿尔伯

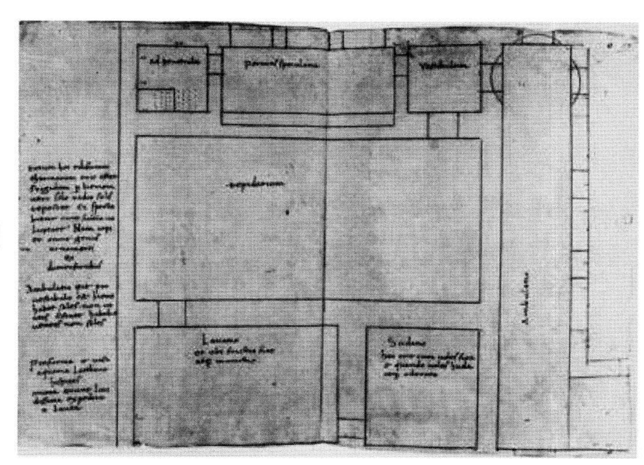

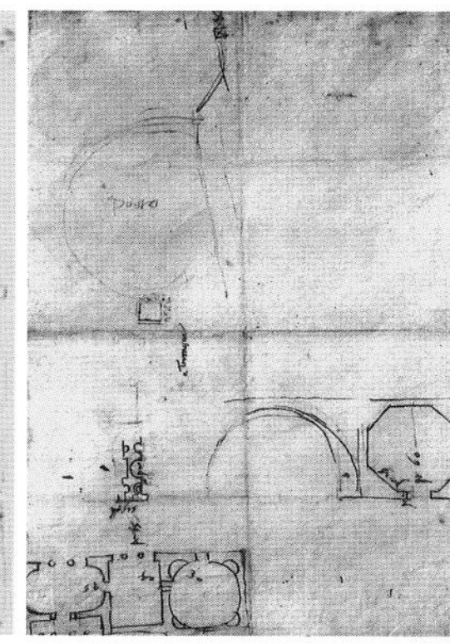

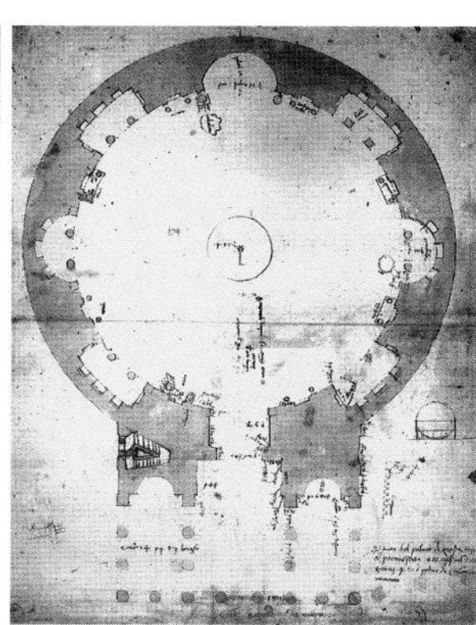

26 阿尔伯蒂浴场功能平面图（左）；佩鲁齐，古罗马浴场平面研究（中）；佩鲁齐，罗马万神庙平面图（右）

[9] Ann C. Huppert. Becoming an Architect in Renaissance Italy [M]. 55.

蒂留存的建筑绘画实例寥寥无几，但是其对透视法的深度研究以及关于古代罗马建筑文化的全面论述（他在很多地方暗示这两者是一体化的），却影响了其后的大部分建筑师，其中便包括佩鲁齐。→26

弗朗西斯科·迪·乔尔乔·马蒂尼的透视与建筑画

马蒂尼（1439—1502）早期的透视构图只是经验主义式的操作，之后其在建筑论文中表达的关于透视的观点，一方面显示了其受到乌尔比诺的皮耶罗·德拉·弗朗西斯科的影响，当时这位大师正研究透视理论；另一方面可见其超越了锡耶纳本地的经验主义影响。

1480 年他于乌尔比诺工作时撰写的文本中，讨论了两种透视图的绘制方法，一种方法与阿尔伯蒂在《论绘画》中描述的技术相似，另一种则与地形测量技术相关，是融合了多学科方法的、严谨的、系统化的技术。在论文插图中，他为达到最大视觉效果，尝试操纵严谨的透视系统，包括设置多个灭点等。例如圣阿戈斯蒂诺教堂比奇小礼拜堂（Sant' Agostino，Bichi Chapel）中的《圣母的诞生》，马蒂尼让视角向两个内部空间的场景打开，在占据画面三分之二的那个房间里的是圣安妮（St. Anne）和照料婴儿的侍女们，观者面前带有高壁柱的墙将左边门廊隔开，圣约瑟（St. Joachim）在那里等待着出生的消息。马蒂尼经过仔细计算后，用线条来分割和布置室内元素，特别是地板铺砌的缝线最为关键。为了纠正透视，马蒂尼没有按照自己的著作所倡导的使用一个灭点，而是在分割画面的柱墩上引入其他灭点，来最大限度地提高所描绘空间的可视性。可见，马蒂尼的透视法，特别是在建筑空间的渲染方面，出现了个人化的探索倾向。这些理念在佩鲁齐的绘图中得以延续并被进一步推进。

佩鲁齐在罗马和平圣母教堂的《童女玛丽亚的奉献》中，同样利用了居中位置的方尖碑切割空间，向上的线条成为场景透视的焦点并主导着背景的中心；整个画面被左侧的三层宫殿和右侧圣殿的柱廊立面框定，方尖碑两侧的建筑正面向观者水平展开；网格状的铺装、圣殿的阶梯和建筑物的檐口线，包括白马的动势，共同构成了明显的透视衰减。这些都显示了佩鲁齐遵循马蒂尼的透视结构法进行绘图。→27

然而，佩鲁齐创造了比马蒂尼更复杂、更具有戏剧性的场景：前景、中景和背景的层次清晰可辨并保持相对平衡，如最左边的乞丐和施主之间交流的场景与中心画面争夺了不少注意力，抵消了画面向右倾斜的趋势，从而产生构图的整体动态效果。同时，画面中明显不连贯的情节可以与他的考古兴趣联系在一起，他有意识地用碎片化的场景复兴古代戏剧装置，并通过透视技巧为这些片段提供连续性线索，比如使用一条连续的地线等。更具体地说，场景的三段式符合亚里士多德的“事件的开始、中间和结束的完整性”理论。

这一古典观念的实践在其师拉斐尔的绘图中也有体现。[10]

另外，马蒂尼还是文艺复兴第一批为罗马建筑考古留下宝贵图纸资料的建筑师。同为锡耶纳建筑师，马蒂尼的这部分成果无疑是佩鲁齐熟知的。在佩鲁齐的同类图纸中，可以看到他对马蒂尼的继承与超越。马蒂尼只是对历史信息进行粗略梳理，而佩鲁齐进入到研究、再利用的层面。→28

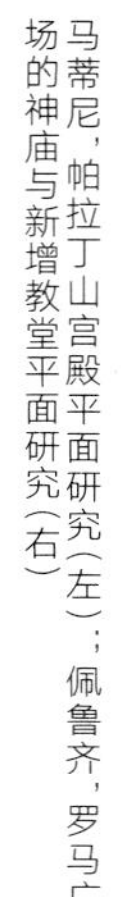

27 马蒂尼，《圣母的诞生》（左）；佩鲁齐，《童女玛丽亚的奉献》（右）

28 马蒂尼，帕拉丁山宫殿平面研究（左）；佩鲁齐，罗马广场的神庙与新增教堂平面研究（右）

27

28

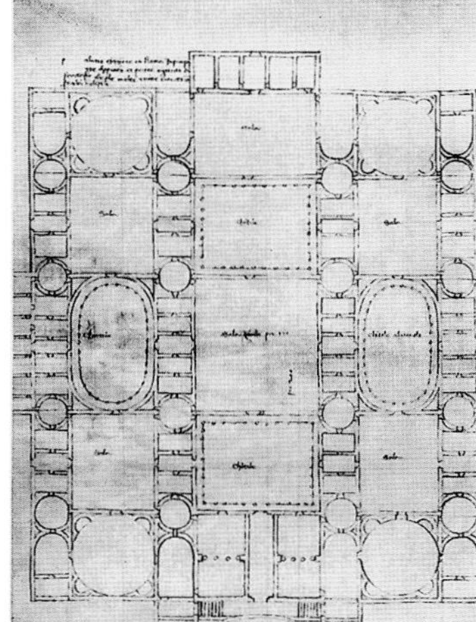

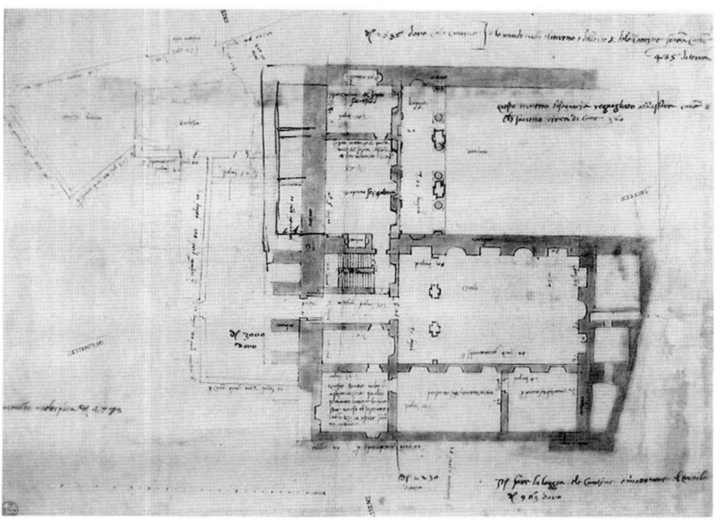

〔10〕Ann C. Huppert. Becoming an Architect in Renaissance Italy [M]. 107.

29 达·芬奇，室内透视研究（左）；佩鲁齐，卡尔皮教堂设计（右）

达·芬奇与室内剖透视的发明

达·芬奇（1452—1519）以科学家兼艺术家的身份介入建筑领域，开启了建筑绘图的一次重要转型。而他对于建筑绘图的兴趣应当归功于与伯拉孟特的友谊。两人于1480—1490年同为米兰大公工作，期间频繁交流并发展出一种专业的建筑绘图技艺，这种技巧最初是用于解剖学的研究。达·芬奇对人体结构（比如骨骼系统）的解释性图绘采用了正（侧）立面、俯瞰平面结合起来的方法，非常顺畅地转换到了建筑上。他在涉足建筑设计的时候便广泛采用类似的对应组合，再加上鸟瞰透视、轴测图、室内局部透视图，初步形成了科学的系统绘图模式。如前文所述，佩鲁齐对此有明显的继承。

而在笔者看来，达·芬奇对佩鲁齐最大的影响，在于其透视法极度精确且充满奇幻色彩的室内透视图。与其他建筑师对透视法的研究方式不同，达·芬奇从未将古罗马历史知识融合进来。他甚至有意识地在其研究中去除古罗马的成分。所以他用带点神秘主义的、基于解剖学原理的方式对建筑内部空间进行拆解手术，最大限度展现建筑内部空间的三维特质和组织方式。图29中的数个台阶构成的大尺度斜面与台阶下的拱形都是极为抽象的几何形体，没有什么明显的装饰要素，并且构成一种似室内又似室外的暧昧空间。远景处靠上方还有几根线，似乎在描绘一个双坡的大空间屋顶。而画面中出现的一些模糊的、独立的且动势强烈的人物（还有奔腾的战马）练习手稿，被无意中拉入到精细解剖的空间中，让观者无从判断空间的属性。但是这些林林总总的元素又在极度科学的透视法中被组织得有条不紊。相互冲突的元

29

素、动线、透视感精密地叠合在一起，创造出了罕见的奇幻效果。

佩鲁齐的卡尔皮教堂内部透视图中没有那么多冲突性要素，但仍可见达·芬奇的影响。佩鲁齐关于一点透视的使用已经完全娴熟，不同方向的圆拱空间也组织得井然有序。虽然重复性元素相当多，但是佩鲁齐的处理有强有弱，并无乏味之感。→29

30 达·芬奇大教堂研究（上）；佩鲁齐，圣彼得大教堂研究（下）

另外，佩鲁齐为圣彼得大教堂所绘的几张外部透视图，相当接近达·芬奇早些时候绘制的集中式大教堂研究性透视图。它们都为稍高视角的鸟瞰，接近轴测图，建筑的形制也颇为相似。区别在于达·芬奇把垂直剖透视结合进来，而佩鲁齐在水平线条上多下了功夫。→30

与伯拉孟特和拉斐尔的比较

佩鲁齐与伯拉孟特（1444—1514）及拉斐尔（1483—1520）师徒、米开朗琪罗（1475—1564）同属于罗马建筑师圈子，且在绘图理念方面体现出两条不同的路径，前者在绘图理念方面基本是一脉相承并各有发展，而米开朗琪罗创造了超越时代的、影响现代绘图的理念和技术——在平面图内解决一切问题，并不依赖透视图。

伯拉孟特所绘的透视图在准确性以及表现空间方面比达·芬奇更为写实，也没有对罗马的异样排斥情结。这一时期建筑师们显然已经完全掌握一点透视的绘图技巧，在此基础上开始了室内空间研究并尝试建立系统的设计思维方法。从伯纳多·德拉·弗帕亚（Bernardo della Volpaia）所著的《柯奈尔图册》（*Codex Coner*）中也可以找到证据，表明在 1400—1499 年（Quattrocento）这一时期，剖面透视图的使用正逐渐取代标准正交剖面图，成为该世纪后期描绘建筑内部空间的主流手段。[11] 伯拉孟特很可能是最早将设计思维系统引入透视表现中，通过绘制内部透视来检验建筑设计中的空间效果。→31

真正继承了伯拉孟特精湛的建筑设计和表现技术的是其弟子拉斐尔。[12] 作为一位建筑实践者，拉斐尔指出从建筑绘图中应当能够“理解所有的尺寸并知晓如何毫无错误地从中得出建筑物的一切构件”，[13] 因此他细致描述平、立、剖这三类最基本的建筑绘图，并强调运用正交投影将所有要素投影到一个二维绘图平面上，以保证不产生任何透视缩短和尺度变形。但拉斐尔大部分建筑图纸却显示出他与同代人一样，仍习惯使用基于人像艺术的透视法。唯有一张关

〔11〕Mark Hewltt. Representational Forms and Modes of Conception: An Approach to the History of Architectural Drawing[J]. 2.

〔12〕克里斯托弗·卢伊特博尔德·弗洛梅尔. 对早期建筑制图的思考 [M]// 建筑文化研究第 9 辑. 上海：同济大学出版社，2020：172.

〔13〕Ann C. Huppert. Becoming an Architect in Renaissance Italy [M]. 58.

于小金匠教堂（Veduta di Sant’Eligio degli Orefici）的设计图纸→32反映出拉斐尔掌握了先进的绘图技术，并在理念上力求革新。这幅图纸的绘制者佚名，但设计为拉斐尔完成。该透视图的画法前无古人，理当出自拉斐尔之手，或在他授意下由助手完成。这张图将平、立、剖、内外部透视五种类型的图纸融合在一起，尝试将透视法尽可能多地运用到建筑设计的不同类型图纸中去，并整合为一体。这一多重图纸并置相当有趣，无疑是对达·芬奇与伯拉孟特绘图术的推进。它在理论上是说得通的：既然建筑是整体显现，那么关于建筑设计的表现也同样可以如此。不过，这一整体式表达仍有一些缺憾。其一，它对透视法的运用要求甚高，尤其是立面、平面的微妙透视化与展示结构的垂直剖面透视结合起来有相当的难度，很难普及。其次，图纸对于设计师来说较有说服力，但是面对专业知识欠缺的“甲方”

31 伯拉孟特，建筑内部空间透视绘图研究

32 或许为拉斐尔指导，小金匠教堂内部空间透视绘图研究

赞助人，这种立面、平面均不完整的表达并不受待见（图像的片段感过强，普通人难以推断想象出建筑的全貌）。所以，拉斐尔的这一“发明”没有被更多建筑师采纳。但他将内外部透视同时展示的方式却大受欢迎，继承者众。

佩鲁齐在罗马和平圣母教堂中的小礼拜堂，无论是设计风格还是室内透视图的画法，无疑都来自伯拉孟特与拉斐尔：精确的一点透视，巧妙的人视点的位置，对罗马式空间及细部的恰如其分的表现。而那张著名的呈给教皇的圣彼得大教堂带平面的剖透视图，因其对建筑的强烈表现效果，向来都被认为是唯一继承了伯拉孟特透视方法的设计。→33与拉斐尔的综合表达法相似，佩鲁齐也采用了设计图并置技术，但其并置方式却大大跃进一步。他将平

33

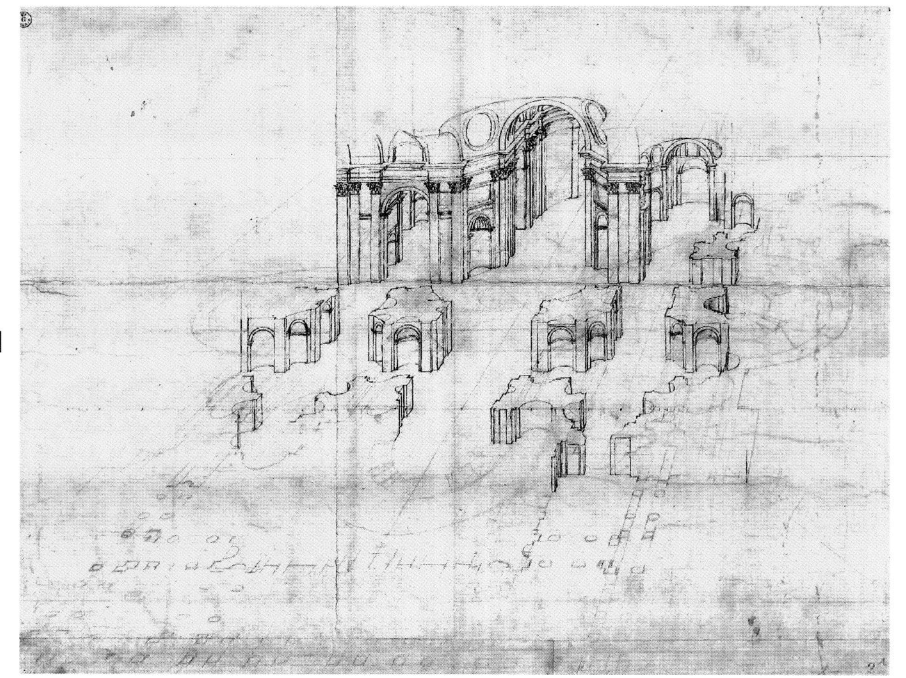

33 佩鲁齐，罗马圣彼得大教堂内部空间透视绘图研究

34 拉斐尔，罗马万神庙室内空间透视绘图研究

35 佩鲁齐，罗马圣彼得大教堂中厅设计

34

35

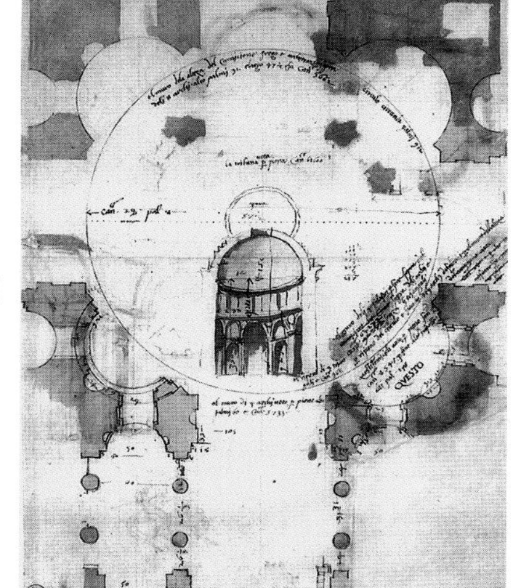

面图、剖面图和透视图融合在同一张图中。图纸以平面的纵向一点透视为底图（灭点在斜右方，前面是教堂入口），图的前段是平面图兼带透视，中段是墙柱支撑体系的半层高的横断面图兼带透视，后段是教堂的十字中殿，这是教堂的空间高潮点，采用的是竖向垂直剖面透视画法。图的视点较高，有点接近 45°轴测图，视野开阔。这张图的信息量巨大，平面、结构、核心空间组群，都有三维展示。整体布局前后有序，层层推进，几乎没有视觉死角，各个部分的内部空间逐一向观者敞开，阅读体验十分舒适。这张图是整个文艺复兴时期建筑表现图的巅峰之作。

拉斐尔所绘的罗马万神庙的室内透视图，对佩鲁齐亦有着巨大的影响。这张考古记录图是到那时为止的最佳案例。→34 它没有延续考古测绘“二维平面记录、三维空间补充”的常规方式，而是将空间中最值得记录的（从设计学习的角度）部分加以强调地表现出来。佩鲁齐在关于圣彼得大教堂的一张平面加局部室内透视图中采用了拉斐尔的这一理念，并在表现手法上也有所继承。→35 这张图绘制的是教堂中殿的穹顶区域的平面图。佩鲁齐在穹顶的位置上画了一张这个穹顶空间的半圆剖切面的室内透视图，简明扼要且精确地描绘出几个设计要点，并表明这些要点都来自罗马万神庙。

拉斐尔对区分建筑师绘图和艺术家绘图的自觉意识，说明这一时期的专业领域分化正愈演愈烈。他指出直接学习古迹本身并不新鲜，记录古迹的途径和服务于设计的目的更为重要。这一思考在 15 世纪持续演进，小桑迦洛和佩鲁齐各自从罗马古物中寻求不同指导以解决建筑空间设计问题，前者追求正交视图的精确，后者着力于材料和结构等务实课题。

与米开朗琪罗“平面即一切”的比较

与文艺复兴所有的建筑师不一样，米开朗琪罗在绘图方面走向一条极其独特、无人效仿的道路。其 200 余幅建筑图纸几乎全为平面图与立面图，以及少许剖面和局部立面分析图，透视图只有一张，是关于圣洛伦佐教堂（Laurenzinan）图书馆前厅的室内大楼梯的设计图。将平面图放在绝对首要的位置，在平面图中完成与表现复杂的内部空间设计，可以说已经很接近现代建筑的绘图理念（比如密斯）。我们尚不清楚米开朗琪罗摒弃常规有效的透视图的原因，但他“平面即一切”的态度与行为，无疑是超越时代的。

从一组关于罗马的圣乔凡尼教堂（San Giovanni）的平面设计研究中，→36 我们可以发现其设计思维系统是通过平面而建立起来的。换而言之，我们从四张平面图中可以清晰地看到四个方案的空间、结构、材料等各个方面的设计要点。每个平面图所对应的空间形态、结构选择都不一样，且不可置换。它们都传递了米开朗琪罗的不同概念。要做到这一点并不容易，在那个时代或许只有米开朗琪罗一人。其一，米开朗琪罗的尺度感是雕塑家层级的（达到毫米级），平面图的尺度极度精确，其完成度远比一般建筑师的要高，它们几乎都到达或接近“施工图”的程度。所以，我们通过平面图来认知其内部空间、结构体系的设计要点并不困难。其二，米开朗琪罗在设计中常常会在结构体系上作出重大跃进，采用那时少见的结构类型，这也使得其设计带有强烈的不可替代性，比如在圣乔凡尼教堂的一张平面图中，米开朗琪罗采用了双马蹄形的 45°斜向交叉拱形成的集中式穹顶大空间作为教堂的主体。这一概念是设计的核心，它清晰明了地落在平面图上。

尽管佩鲁齐没有“平面即一切”的前瞻意识，平面图也没有米开朗琪罗那么精确，通常还需要辅以局部透视来推敲内部空间的效果，→37 但在佩鲁齐一系列关于圣多米尼克大教堂的平面图中，→38 可以看出其通过限定穹顶大小、墙体的厚度、梅花状空间特点、互锁柱墩等选型来表述复杂内部空间的设定，同样通过平面使教堂形态完整成熟。米开朗琪罗的圣乔凡尼教堂的设计是在佩鲁齐去世之后才进行的。但是米开朗琪罗的建筑生涯从 16 世纪

36 米开朗琪罗的圣乔凡尼教堂设计

37 佩鲁齐的锡耶纳圣多米尼克大教堂平面草图

38 佩鲁齐的锡耶纳圣多米尼克大教堂平面系列研究

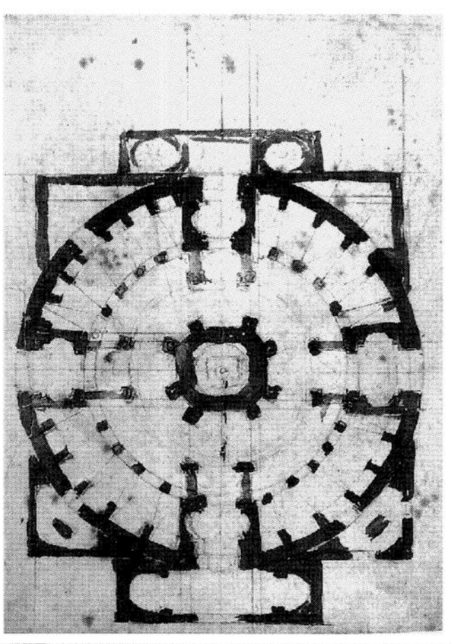

36

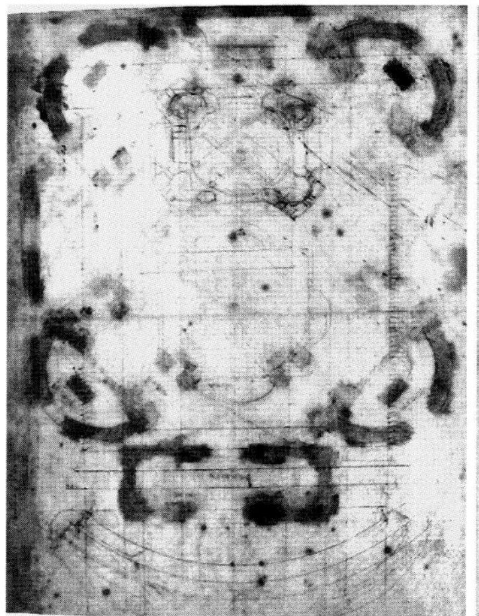

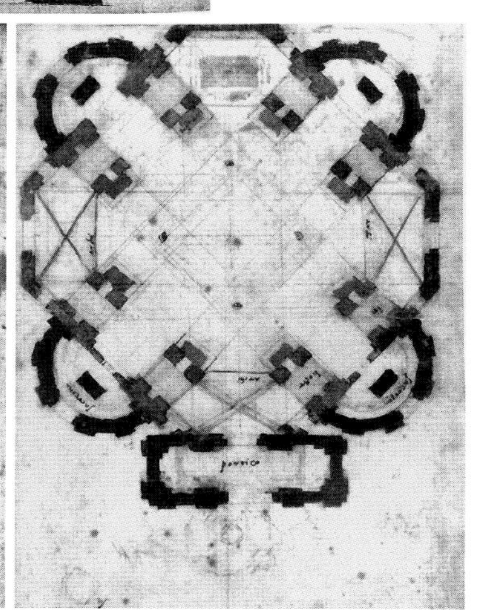

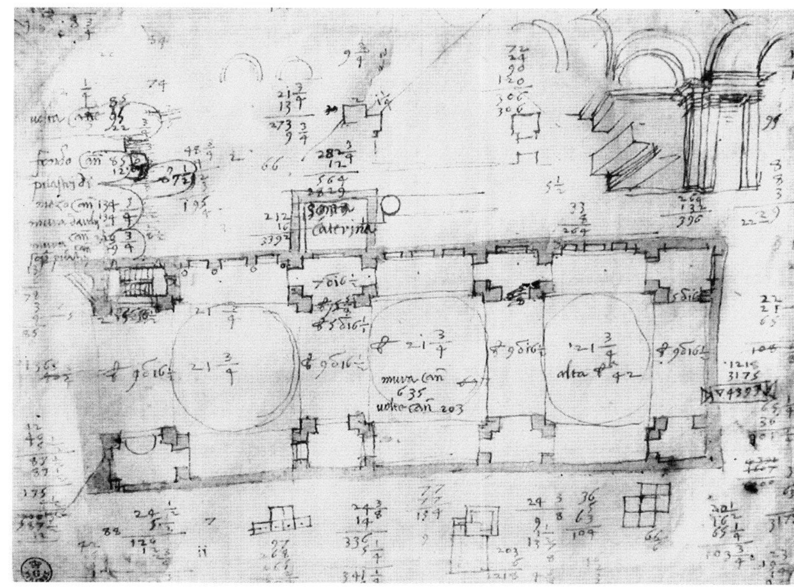

37

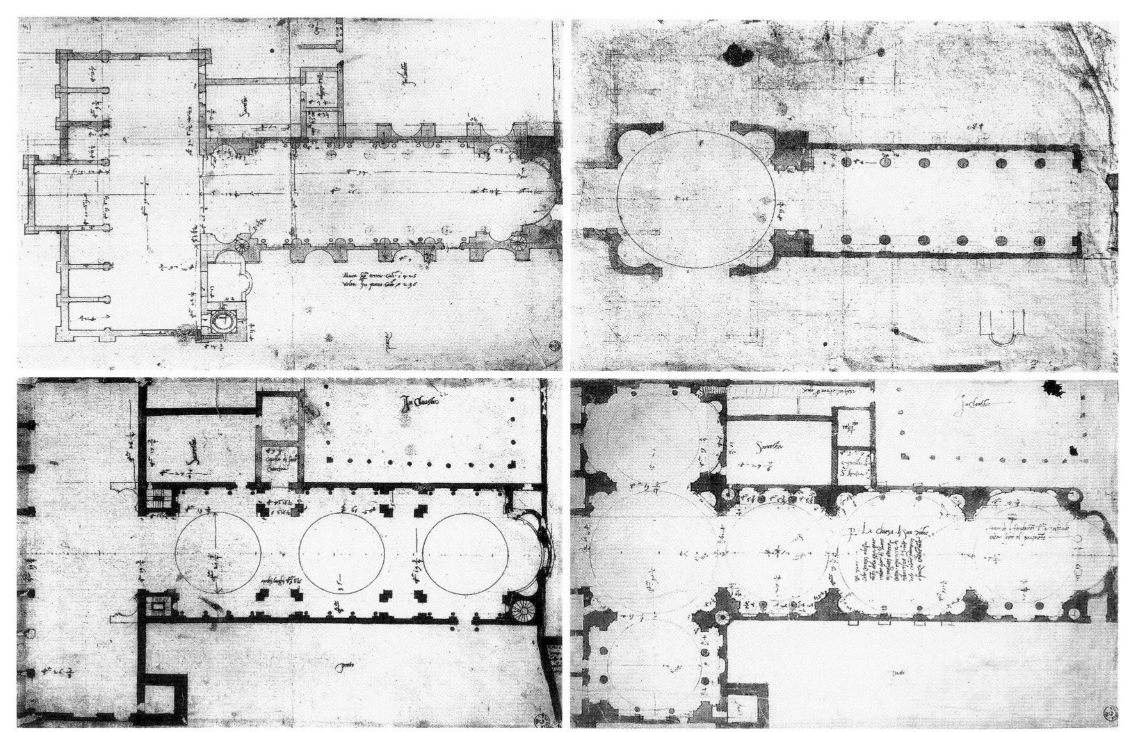

38

初就已经开始，他的绘图习惯或许也为佩鲁齐所知。不管怎样，重视平面图，从中推演设计的各个层面的技术细节以及整合方式，这是当时建筑师中极少人具备的“现代”素质，这也是佩鲁齐与米开朗琪罗的共通之处。

因此，佩鲁齐同时代的建筑师对于平面的态度大致分为两派：有些人认为平面图只是很多设计图纸中的一张，更重要的可能是透视和室内空间的表现，如达·芬奇、伯拉孟特、拉斐尔；有些人则认为，平面图的重要性远超过其他图纸类型，不仅仅只是平面图，如米开朗琪罗与佩鲁齐。而以佩鲁齐与米开朗琪罗相比较，我们会发现两者依然存在差别。米开朗琪罗的“平面即一切”概念过于激进，超出了时代范畴，而佩鲁齐的立场显得中庸了一些。这让我们对于文艺复兴时期建筑绘图的内涵多出一种理解层面。

塞利奥的《建筑五书》与古迹研究

塞利奥（1475—1554）一生大部分时间致力于撰写出版其著作《建筑五书》，书中绘制的喜剧、悲剧、讽刺剧布景和罗马古迹插图等反映了佩鲁齐与他的师承关系，在瓦萨里的《艺苑名人传》中有这样的记述：

“博洛尼亚的塞巴斯蒂亚诺·塞利奥继承了巴尔达萨雷的许多财产，此人完成了关于建筑学的第三本书和关于罗马古代艺术品鉴赏的第四本书，巴尔达萨雷的研究给予他极大的启示，他在边页附注了其中一些研究成果。巴尔达萨雷的手稿大多留给了费拉拉的雅科波·梅勒基诺（Jacopo Meleghino）……”[14]

这段文字尽管把第三书、第四书的次序搞错——这一细节暴露了瓦萨里对塞利奥著作的不熟悉，但提到的巴尔达萨雷和雅科波·梅勒基诺确是塞利奥非常重要的两位老师。塞利奥反复在书信中和公开场合致谢他们对自己的帮助和教诲。可以说，塞利奥继承了导师的成果并将其纳入自己的《建筑五书》。

在第三书开头，以万神庙的图纸为范例，塞利奥建立了纪念性建筑插图的标准表现方式。这些投影图由平、立、剖面图和多个单独的细部详图组成。这种模式遵循了拉斐尔 1519 年呈给教皇利奥十世关于记录古代纪念性建筑的方式的建议。而其使用的绘图技巧，如标注尺度、材料并将几个单独细部用字母标注联系起来，以及在第五书中多个神庙室内空间的剖透视，都与佩鲁齐的绘图理念和技术有关，甚至是佩鲁齐原作的直接复制。佩鲁齐的一组藏于费拉拉图书馆的万神庙和大角斗场的古迹研究图纸可以证明其影响。这批古迹研究图纸对于塞利奥推动文艺复兴投影图的标准化显然起了重要作用。→39 只是，不知是否为印刷版本的原因，塞利奥的图纸比其师佩鲁齐的要显得粗糙一些，尤其是透视图及局部构件的小型轴测图更是高下立见。

帕拉第奥的阿格里帕浴场重建项目与剖面研究

帕拉第奥（1508—1580）能够成为文艺复兴时期的集大成者，主要得益于两位前辈的资助和影响，一位是维琴察的詹乔治·特里西诺（Gian Giorgio Trissino），他与其他帕多瓦圈子里的核心人物于 1530 年前后建成的住宅建筑是威尼托地区对罗马盛期文艺复兴最早的回应，将伯拉孟特、佩鲁齐、拉斐尔等人罗马文艺复兴形式的影响带到了威尼托地区，并将罗马文艺复兴所发展的理念传递给了帕拉第奥；另一位则是 1527 年从罗马迁往北方的塞利奥，塞利奥与特里西诺年纪相仿且熟识，虽然帕拉第奥可能没有见过塞利奥本人，但他理应从塞利奥出版的书中吸收了大量关于罗马建筑设计的理念与知识，并在三十年后自己的建筑学著作中更多参考了塞利奥而不是更为知名的维特鲁威和阿尔伯蒂。

如前文所述，塞利奥的很多体例和观点来自佩鲁齐，因此帕拉第奥对罗马古迹的研究实际上是对佩鲁齐的延续，其中最重要的就是关于罗马浴场的测绘、空间表现的应用和传播。帕拉第奥 1550 年出版的阿格里帕浴场（Thermae Agrippae）绘图就是一例。这个浴场在文艺复兴时期几乎湮灭，只剩下几片残垣断壁被后来的建筑吸收成为其中的组成部分。佩鲁齐的平面还原图或许是首次对于该浴场的完整历史考证。→40 帕拉第奥的平面在考证

〔14〕塞巴斯蒂亚诺·塞利奥．塞利奥建筑五书 [M]．1．

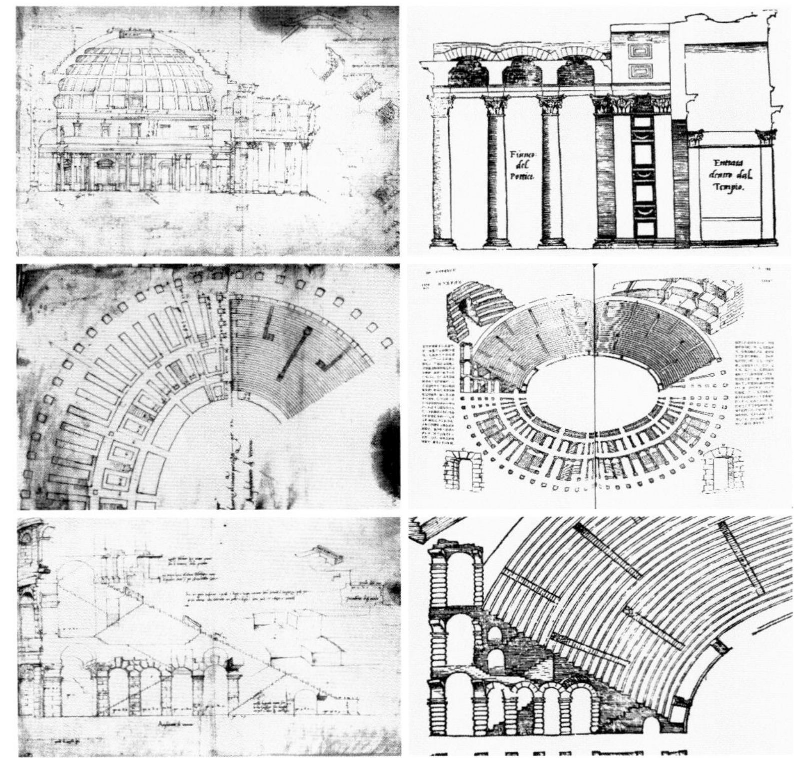

39 佩鲁齐，万神庙、维罗纳竞技场剖视图研究（左，从上往下）；塞利奥，万神庙、维罗纳竞技场插图（右，从上往下）

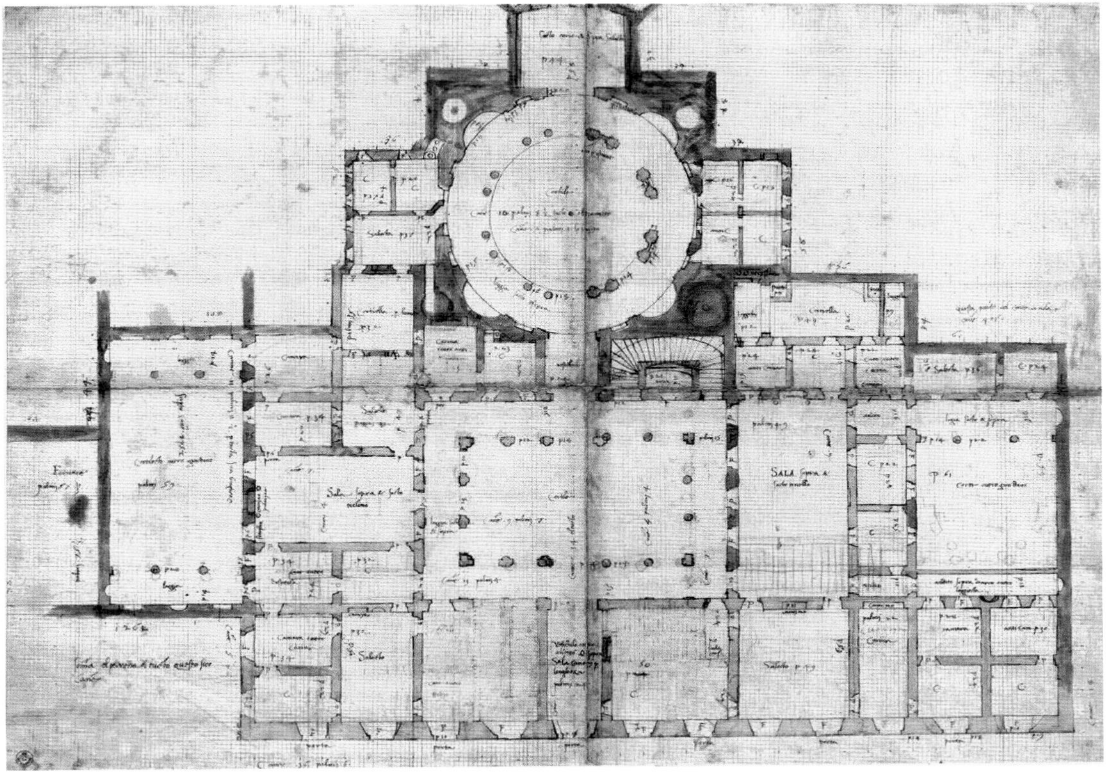

40 佩鲁齐，阿格里帕浴场平面图

上做出许多新的努力，纠正了佩鲁齐的许多错误。其平面图精确考究，有些局部非常接近现代考古的成果。并且，文艺复兴早期建筑师、理论家基本上没有关于浴场内部空间的表现方法，无法展现这一特殊的罗马式空间——水平展开的连续穹顶——故而大多只使用平面记录。佩鲁齐自己在1525年也绘制了该罗马浴场的平面图。帕拉第奥在平面图之外，还绘制了立面与两个方向的剖面，绘图细致精美。→41 更为重要的是，帕拉第奥将该浴场与相邻的万神庙当作一体化的建筑组群来思考，无论在平面、立面还是剖面上都将万神庙一并纳入，这一做法可见帕拉第奥对罗马建筑空间的认识程度相对佩鲁齐已然有所推进。不过帕拉第奥关于万神庙的平、立、剖面图都与佩鲁齐的图相差无几，应该都是从后者继承而来。

值得我们注意的是，在帕拉第奥的罗马浴场的考古研究系列图

41 帕拉第奥，阿格里帕浴场平面图（上）、剖立面图（下）

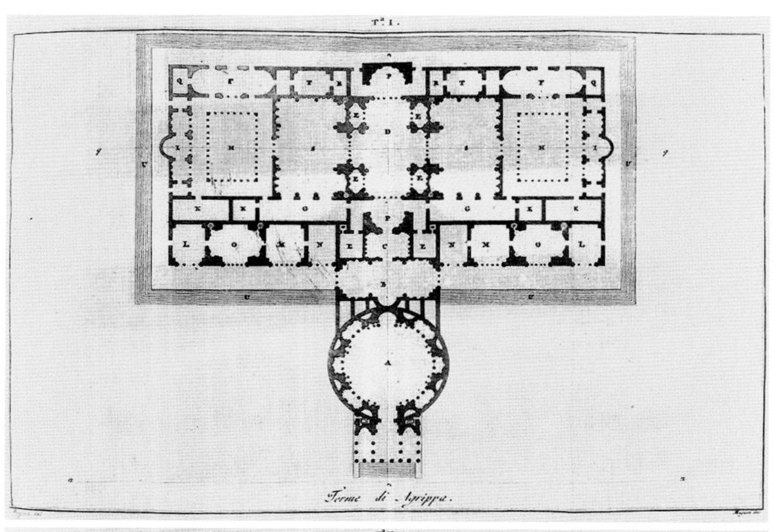

42 帕拉第奥，戴克里先大浴场剖面透视图（上）；佩鲁齐，锡耶纳圣多米尼克大教堂室内透视图（下）

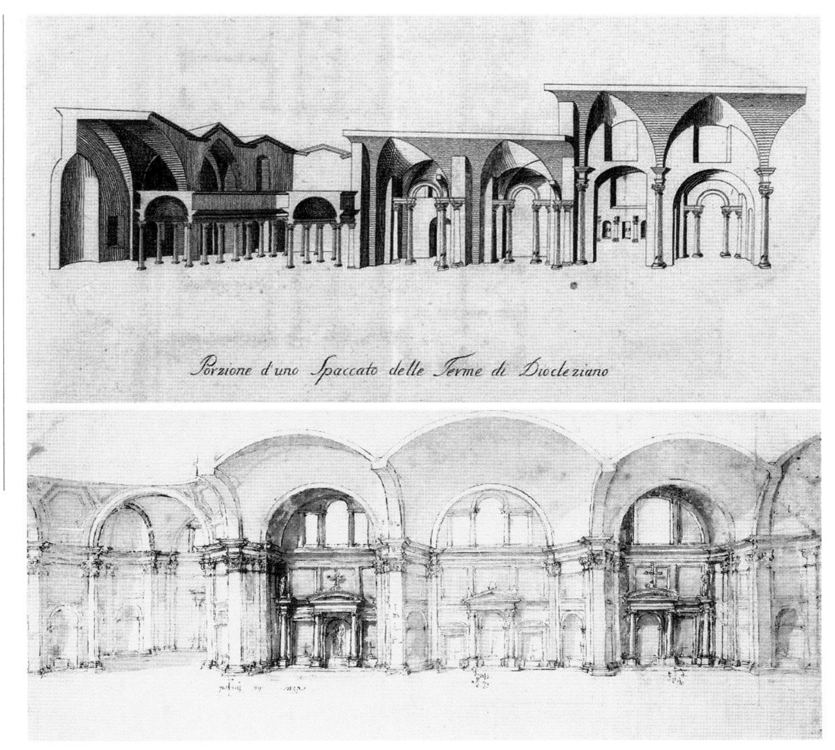

中，出现了一张室内的垂直剖面透视图。这张关于戴克里先大浴场的透视图的视角设定与空间感，与佩鲁齐的那张著名的锡耶纳圣多米尼克大教堂中殿室内剖面透视图极为相似。→42 两者都将一点透视水平移动的现场感、空间横向展开的连续性和复杂性以及舞台布景的效果整合在一起，完成常规的透视法做不到的事情。这一透视法似乎是为罗马浴场度身定制。可以说，佩鲁齐的教堂设计在帕拉第奥绘制的古代罗马浴场考古透视图中找到了原型，而帕拉第奥的剖面移轴透视图似乎又在佩鲁齐的教堂设计图的新发明中获取了灵感与启示。两张图大约相距二十年，但是独到的表现力以及与内容方面的契合，使得两者之间具有了某种神秘的联系。我们可以假设一下，帕拉第奥在研究佩鲁齐的资料的时候收获很多。他在考古内容上承接了佩鲁齐的成果，并且还感受到了佩鲁齐在设计中发明的室内透视表现方法所隐藏的罗马意识（教堂透视图与罗马大浴场空间的对应）。他将两者合并到一起，完成了关于罗马浴场的考古系列图。

对比帕拉第奥和佩鲁齐这两张透视图，我们会发现两人的侧重点有所不同。对于佩鲁齐来说，除了表现穹顶剖面结构之外，更强调开间柱之间的空间设计（包括折线墙、组合柱、双墙、各种窗户及装饰等），以配合展示雕塑或圣物的需求。帕拉第奥则着力表现空间的横向展开与纵向的延伸、贯穿所形成的空间层次，装饰、墙体都被弱化（装饰元素只剩下柱头），穹顶的结构被强化（圆拱、尖券的复杂组合，剖面部分密排了横线）。总体来看，

42

佩鲁齐的透视图表现的是罗马浴场空间与基督教教堂功能的某种结合试验，是关于教堂设计的新理念；帕拉第奥则用横向移轴透视把古罗马浴场空间的本质属性揭示出来——覆盖结构的首要位置、抽象几何空间的组合、水平性在概念上的无限延展。这些将帕拉第奥的这张图与现代建筑联系起来。

结语

在文艺复兴时期的三类主要的建筑活动（设计、古迹研究、著作）中，绘图都起着核心的作用。它的不断发展也意味着三种建筑活动走向成熟：建筑学科知识逐渐体系化；建筑设计从其他艺术形式中独立出来；建筑师职业开始进入专业化模式。

两百多年里，建筑师们大多身兼画家、雕塑家、古典学者等多种身份。而关于建筑的一切也没什么现成的规范律条。尤其是绘图这一建筑设计的前期阶段，更是一块自由之地，大家可以按照自己的直觉本能地进行各种探索。身份的复杂性与自由探索的激情交织在一起，并在诸如阿尔伯蒂、达·芬奇这样的全才“明星”的推波助澜之下，诸多极富个人特色的绘图试验纷至沓来，共同形成一幅奇异的景观。其中，有些昙花一现，比如拉斐尔的综合透视图；有些被后世奉为圭臬，比如佩鲁齐与帕拉第奥的古迹测绘图；有些神秘莫测、引人遐思，比如达·芬奇的似室内又似室外的透视草图；有些一面世就成经典却寡有效仿，比如佩鲁齐的圣彼得大教堂剖面透视图；有些虽无多少热度，但在遥远的当下却被隐秘传承，比如米开朗琪罗的平面图。在这个特殊的时代里，无论是失败的尝试，还是完美的收官，或是易被遗忘、数量巨大的“中转”及“过渡”，每一张建筑绘图都是不可替代、不可或缺的存在。

身处几位大师的阴影之下，佩鲁齐并无多少星光，且后人常常将其与小桑迦洛、塞利奥等人同列一处，令其真实价值隐而不彰。就像那张声名卓著的圣彼得大教堂的剖透视图，大家虽然都会称赞其天才的表现力，但很快注意力就转移到教堂的本体设计及设计者伯拉孟特身上，佩鲁齐自己则沦为“绘图师”的二级角色。当然，这其中也有佩鲁齐不善言辞，少有文字论著留世的缘故。

在本文所建构的这个“图像网络”中，佩鲁齐的位置很清晰。我们可以看到，他的绘图在设计、古迹研究两个方面都离最后的成熟阶段仅一步之遥。并且，值得我们注意的是，整个文艺复兴时期的那几张巅峰之“图”的边上都有佩鲁齐的身影。如果没有他的锡耶纳圣多米尼克大教堂剖面透视图，我们会错误地认为帕拉第奥的戴克里先大浴场的那张水平剖透视图是完全的原创。而有了他关于圣多米尼克大教堂的平面图系列作参考，米开朗琪罗的“纯”平面图系列也就不再显得那么孤独孑然了。

5

Vasari and Michelangelo:

The War, City and Artists in *The Siege of Florence*

Hu Heng

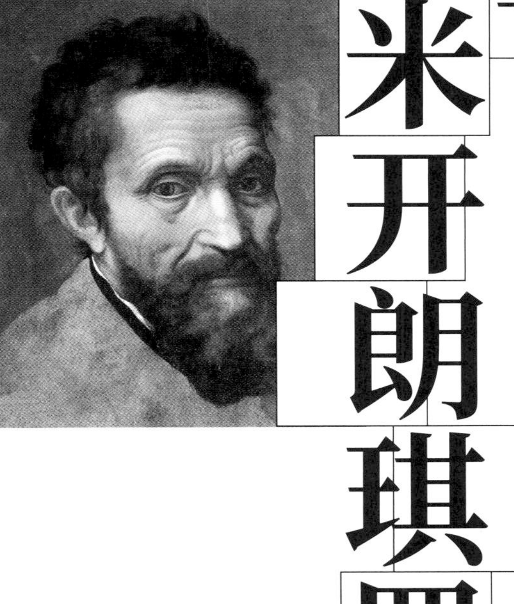

1 瓦萨里肖像（上），米开朗琪罗肖像（下）

瓦萨里与米开朗琪罗

——《围困佛罗伦萨》中的战争、城市、艺术家

胡　恒

一、引子

众所周知，乔尔乔·瓦萨里曾在其巨著《艺苑名人传》中首次用文字描述了文艺复兴的三百年艺术史。[1]实际上，瓦萨里还是一个“图像撰史者”。这项与文字平行的撰史成果不是书册图集，而是数十幅尺度或大或小的湿壁画、蛋彩画、油画。从艺术家、赞助人到各类历史事件，瓦萨里将艺术的社会性一面铺展在佛罗伦萨、罗马、那不勒斯等地的府邸、宫殿、市政厅、教堂的墙壁屋顶上。它们大多为美第奇家族或教皇等权贵委托，常常是规模浩大的“系统”工程中的一部分。一般来说，它们由瓦萨里与其工作室集体完成。比如1555年美第奇家族的科西莫公爵（Cosimo I）委托瓦萨里将韦基奥宫（Palazzo Vecchio）全面重饰。这项工程持续了十数年。瓦萨里工作室为之绘制了数以百计的各类画作，其中不少与艺术活动相关，比如伯鲁乃列斯基向老科西莫（Cosimo de Medici）讲解圣洛伦佐教堂（San Lorenzo）的模型，洛伦佐（Lorenzo Medici the Magnificent）、科西莫公爵与艺术家们讨论作品，在某些著名的艺术品（比如米开朗琪罗的《大卫》）里，瓦萨里自己甚至都有“出镜”。

这些画作中有一个主题是战争与城市。从14世纪末开始，意大利半岛战争频发，各个城邦之间冲突不断，德国、法国、西班牙等各方势力竞相角逐。借此题材，瓦萨里将城市的诸般面貌搬上画面。虽然大多为中远景，但是瓦萨里仍然尽力画出它们的特点——标志性建筑、城墙、规划布局、外部地形。

这一系列画作中，出现得最多的是佛罗伦萨。它是瓦萨里的长居地，也是文艺复兴时期战事最密集的地方之一。1556—1562年绘于韦基奥宫的《围困佛罗伦萨》（*The Siege of Florence*，以下简称《围困》）→2是其中最著名的一幅。它位于韦基奥宫克雷芒七世大厅（Palazzo Vecchio, Sala di Clemente VII）的墙上，长约数米。虽然执笔者不是瓦萨里本人，而是其首席助手乔瓦尼·斯特拉达诺（Giovanni Stradano）及工作室[2]，但这幅画的主题、构图、风格，包括历史细节基本上都由瓦萨里亲自拟定——瓦萨里曾在其对话录里详细讲解了他在阿塞特里山（Arcetri）上用测量棒为该画取

〔1〕 乔尔乔·瓦萨里（1511—1574），文艺复兴时期著名的艺术家、建筑师、作家。他出生于阿雷佐，13岁到佛罗伦萨学艺。1550年，他出版了关于其同时代艺术家的一部传记《艺苑名人传》。该传记1568年再版，增加了新的内容。这部著作记叙了200多位艺术家的生平、作品、艺术风格，是文艺复兴艺术史的百科全书。本文引用了书中有关米开朗琪罗、瓦萨里自传及其艺术家同事的章节内容。参见：瓦萨里．巨人的时代（下）[M]．刘耀春，等译．武汉：湖北美术出版社，2003．

〔2〕 克雷芒七世大厅在韦基奥宫一层东南端头处。整个房间大大小小总共有31幅画作为墙面、屋顶装饰，都由瓦萨里与其工作室一同完成，创作时间在1556—1562年。落在斯特拉达诺名下的有12幅，多为鸟瞰风景类。这些画中，《围困》尺度最大，几乎占满最长的一面墙。参见：Ross King．Florence: The Paintings & Frescoes，1250－1743[M]．New York：Black Dog & Leventhal Publishers，2015：485；Guida Storica．Palazzo Vecchio e i Medici[M]．Florence：Studio per Edizioni Scelte，1980：166-171．

2 《围困佛罗伦萨》，乔瓦尼·斯特拉达诺与瓦萨里团队，一五五六年至一五六二年，韦基奥宫

景的过程。[3] 从中我们不仅能感受到 16 世纪大规模战争的恢宏场景，还能一窥佛罗伦萨鼎盛时期的全貌。

二、《围困》与“佛罗伦萨保卫战”

1529 年，在教皇克雷芒七世的要求下，一支由奥朗日（Orange）君主带领的四万人西班牙大军从罗马启程北上，包围了佛罗伦萨。[4] 对于战争经验丰富的佛罗伦萨，这次围城有些不同寻常。它不是单纯的外来侵略，而是被驱逐的美第奇家族为夺回政权的报复之战。战争持续了十个月之久，在指挥官弗朗西斯科·费鲁奇（Francesco Ferruucci）被俘之后，佛罗伦萨市民宣布投降。

这一事件对于佛罗伦萨来说意义重大。从 14 世纪末期（文艺复兴初）开始，美第奇家族就在不断经历掌权—被驱逐—回归掌权的循环。1529 年这次围城之战后，美第奇家族才算是一劳永逸地成为佛罗伦萨的“君主”。这是这座城市标志性的共和精神与绝对权力的一次终极对决。它暗示着城市属性的变化，以及文艺复兴在佛罗伦萨百余年的蓬勃发展趋于尾声。

《围困》与瓦萨里工作室其他的战争画迥然不同。其一，那些画一般都以战争场面为主，属于历史画范畴，主要内容多为城下战马奔腾、城墙上战士攀爬肉搏，城市部分为远景。《围困》则像一幅写实风景画，城市占画面约六分之一，周边的自然环境更像是画面的主体。山形起伏，河流宛转，视野开阔，空气感十足。离近看会发现，在前景的山丘处有很多行军帐篷、青铜火炮，成组的士兵跑来跑去。右下方有一个大型军营很是热闹：有些士兵在操练，有些在赌钱喝酒，有些在闲逛，有些在休息；一些女佣在烧水、整理食物，晾晒衣服盔甲。离城墙较近的一处山头有两排火炮在发射中，硝烟弥漫。左右两端的城门都有佛罗伦萨士兵往城外出发。左边城外的空地上已

〔3〕 1523 年，斯特拉达诺出生于布鲁日。他 27 岁来到佛罗伦萨，加入瓦萨里的工作室，很快成为瓦萨里的主要助手。在 1555 年开始的韦基奥宫装饰项目中，他承担了大量绘画工作，有一批画为瓦萨里与他一同署名，还有几幅是斯特拉达诺与工作室署名。《围困佛罗伦萨》虽然以斯特拉达诺与工作室署名，但一般归为瓦萨里团队的集体成果。瓦萨里在《艺苑名人传》中写道：“斯特拉达诺想象力丰富，擅于着色。他按照我的设计与指导，在韦基奥宫中绘制了大量蛋彩画、湿壁画和油画，这些工作历时 10 年之久。”参见：瓦萨里．巨人的时代（上）[M]．刘耀春，等译．武汉：湖北美术出版社，2003：453．

〔4〕 1513 年，美第奇家族出身的利奥十世（1513—1521 在位）在罗马就任教皇，此后，美第奇家族就在实质上统治了佛罗伦萨。1523 年，同是出身于美第奇家族的克雷芒七世（1523—1534 年在位）就任教皇，延续了这一状况。但是，1527 年，神圣罗马帝国的查理五世带领西班牙大军进攻、劫掠罗马。这促使佛罗伦萨反对美第奇家族的势力崛起，使佛罗伦萨短暂地摆脱了美第奇家族的控制，并驱逐了美第奇家族。共和国的统治再次回到佛罗伦萨。不过，克雷芒七世在稳定了罗马局面之后，随即要求查理五世命令旗下的雇佣军帮助他反攻佛罗伦萨，夺回美第奇家族对佛罗伦萨的控制权。这就是《围困佛罗伦萨》的历史背景。参见：克里斯托弗·希伯特．美第奇家族的兴衰 [M]．冯璇，译．北京：社会科学文献出版社，2017：326；圭恰迪尼．意大利史 [M]．辛岩，译．桂林：广西师范大学出版社，2014：9．

经交火，红底白十字旗帜（佛罗伦萨共和国）和勃艮第圣安德烈十字白色军旗（西班牙人）混在一起。两边士兵开始短兵相接，厮杀在一处。右边的那一支急行军，看似在进行一次奇袭，目标是更远处的一个西班牙兵站。战争场面虽然激烈复杂，但相比整个画面，仍像是自然风景中的点缀，并没有削弱画面总体上的风景画特征。军营与战斗部分有比较明显的斯特拉达诺风格，是其“发动生动的想象力来完成的”。→3 [5]

3 《围困佛罗伦萨》局部

其二，通常来说，瓦萨里的战争画对城市的描绘重点在于交火中的城墙、城门、碉堡等地方，以及城内最高的标志性建筑。比如关于米兰的画中就有米兰大教堂，关于比萨的两幅都画了著名的比萨斜塔。它们截取的是城市的部分片段，或做场景，或做背景。《围困》中的佛罗伦萨是一个完整的城市。为了表现“围困”，整个城墙都被画了进来。西班牙军队包围在东、西、南三面，炮火区主要布置在河南侧。这三面的战事状况都画得十分细致。不同的城门，双方的攻防模式也各有不同。防御工事中的碉堡是刻画重点。有几处炮火猛烈的地方，墙上的破损处清晰可见。尽管城外打得热火朝天，城内却没有多少影响。单看城墙内的话，街道宁静祥和，建筑井然有序，一副太平盛世的样子。

〔5〕 Ross King. Florence: The Paintings & Frescoes, 1250－1743[M]. New York: Black Dog & Leventhal Publishers, 2015: 485.

三、《围困》中的佛罗伦萨

在《围困》之前，关于佛罗伦萨的城市风景画大体都采用一个相似的视角，那就是从城外西南角的某一山丘顶上俯瞰。比如 1510 年乌伯蒂（Lucantoniodegli Uberti）的佛罗伦萨城市全景地图。→4 这个视角下的佛罗伦萨景物如画：城内欣欣向荣，城外一派农家之乐——河中打鱼，田中耕作，甚至还有画家在野外写生。不足之处则是，城内建筑比较拥挤，除了几个较高的标志性建筑外，其他的难以辨认。

《围困》选择的是一种正南向的视角，有点类似正轴测。[6] 这个视角的好处在于，阿诺尔河从画面中间横向流过，河北侧的沿岸风景徐徐展开，一览无遗。这个景象很罕见，城内那些重要的教堂、市政厅、修道院、府邸大多在东西轴上，横向排开十分方便：佛罗伦萨大教堂（Florence Cathedral）、钟塔、八边形洗礼堂位于城市的中心，左端是新圣母玛利亚教堂（Santa Maria Novella），右端是圣克罗齐教堂（Santa Croce），夹在中间的是几座府邸、宫殿、市政厅。尤其是东端河边的一个城门堡垒，它的形式很特别，且首次出现在图画之中。河南侧地形起伏较大，在一般的木刻版画中处理得都比较粗糙，尤其是东边部分被山挡住，鲜为人知；著名的圣米尼阿托教堂(San Miniato al Monte)在其他画作中要么是远景,要么被略去。在这里，它成为前景中最重要的对象——它和整个圣米尼阿托山都是战场的焦点。当然，这个视角也有缺陷，那就是角度偏低，所以北边远处看不太清楚。不过那部分在当时多为空地，房屋甚少。

到了 1529 年，佛罗伦萨已经是一个建设基本成熟的城市。从 1420 年佛罗伦萨大教堂穹顶开始建造至此一百年间，街道、广场多已成形，诸多大师也已经在这里完成了自己的代表作品。我们在《围困》里能够找到它们的著名身影。比如伯鲁乃列斯基的大教堂穹顶、巴齐礼拜堂（Pazzi Chapel）、圣灵教堂（Santo Spirito）、皮蒂府（Palazzo Pitti）（一期），阿尔伯蒂的新圣母玛利亚教堂立面、鲁切来府邸（Rucellai），老桑迦洛的圣母领报教堂(Annunziata)、斯特罗奇府邸(Strozzi),米开罗佐(Michelozzi)与多纳太罗（Donatello）合作过的圣米尼阿托教堂，众多建筑师、艺术家参与其中的市政厅（韦基奥宫）、巴杰洛宫（Bargello）、奥尔圣米迦勒教堂（Orsanmichele）、卡米列圣母堂（Carmine）。它们被描绘得十分精细，

〔6〕 瓦萨里在《原因》（*The Ragionamenti*）一书中解释了他在为《围困》做构图时的取景意图和方法："从自然的角度和通常用来描绘城市和村庄的方式来描绘这一场景（佛罗伦萨）是非常困难的。它们通常是从生活中随机地画出来，但是高的建筑都会遮住低的建筑。……我从我能找到的最高点去画，最终找到(阿塞特里山上）一座房子的屋顶。……我拿着指南针，把它放在屋顶上。我用一根测量棒笔直地指向北方，从那里开始画山、房子和最近的地方。然后我移动测量棒，直到它与景观中每个元素的最高点对齐为止，以获得更广阔的视野。"见：Giovanni Fanelli，Michele Fanelli. Brunelleschi's Cupola[M]. Roma：Mandragora s.r.l，2004: 49.

4 上为瓦萨里在一五六三年至一五六五所绘的《锡耶纳之战的凯旋》的局部，下为一五一〇年的乌伯蒂所绘的佛罗伦萨城市全景版画，两者都采用西南方视点

方位角度准确。[7] 甚至位于大教堂北向远端的圣洛伦佐教堂、美第奇府邸（Palazzo Medici）、育婴堂（Spedale degli Innocenti）都依稀可见。除了体量较小、较低矮的几个凉廊，其他在历史上留下名字的建筑都在这幅画中了。→5

1529 年后的佛罗伦萨在建筑上的成就乏善可陈。这些大师多已仙去，盛世不再。到 1556 年绘制该画时，这二三十年间佛罗伦萨没有增加什么重要的建筑。可以说，《围困》画下的是佛罗伦萨的高光时刻。

并且，有意无意地，画中还留下了未来几个较为重要的作品的印迹。16 世纪后半期，佛罗伦萨在建筑上的成就只有瓦萨里的乌菲齐宫（Uffizi）及阿曼纳蒂（Ammannati）完成的皮蒂府、圣特里尼达桥（Ponte Santa Trinita）尚值一提。它们在画中都位于前端。

5 上为《围困佛罗伦萨》中主城区的局部，下从左向右依次为新圣母玛利亚教堂、鲁切来府邸、佛罗伦萨主教堂和钟塔及八边形洗礼堂（前端是奥尔圣米迦勒教堂），圣洛伦佐教堂、巴杰洛宫、圣克罗齐教堂

6 左为圣特里尼达桥，右为乌菲齐宫修建前的旧址

5

6

比如乌菲齐宫，它是由市政厅广场南向通到河边的一条街整个改造而成。这个项目与《围困》几乎同时（1560 年动工），所以画面上留下了原始街道的样子。由于角度的关系，这条街正对画面，我们可以清晰地看到它的全貌。→6

加上这几个“未来”的建筑，《围困》几乎囊括了文艺复兴建筑史“佛罗伦萨卷”的全部内容。可以说，它就是一张城市历史地图。

〔7〕 瓦萨里曾说过：“（他）在（这幅画的）设计中力求对现实生活的绝对忠实。”参见：Ross King. Florence: The Paintings & Frescoes, 1250－1743[M]. New York: Black Dog & Leventhal Publishers, 2015: 485.

四、米开朗琪罗与星形堡垒

看上去，这张“历史地图”中唯一缺席的大师就是米开朗琪罗。彼时，米氏设计的圣洛伦佐教堂新圣器收藏室与图书馆（New Sacristy and Laurentian Library）都还未完工。并且这个教堂位置偏远，在画中只有一点模糊的轮廓。不过，米开朗琪罗却是这幅画的主角之一。

延续十个月之久的“佛罗伦萨保卫战”中，真正贡献力量的本地艺术家只有米开朗琪罗。战事一开始，他就被共和国政府选入“军事指挥委员会”的九人组，主管城防工程。1529 年 2 月 22 日，米开朗琪罗亲自登上城市最高点——佛罗伦萨大教堂穹顶的采光亭，拟定城市的整体防御体系。随后他每日两次到城墙工地上监督指导城墙、城门、壁垒的建造。在佛罗伦萨，建筑师都有亲上一线协助城防建设的传统。比如伯鲁乃列斯基就曾在佛罗伦萨周边地区的各个战略要地做过组织规划，设计炮楼，加固墙体。

与前辈不同，米开朗琪罗对佛罗伦萨的整体防御体系作了相当大的革新。其一，他把河南侧的圣米尼阿托山上的教堂及周边的一片房子整个圈起来，做成一个要塞，再把河南边的城墙拉过来，和该要塞连在一起。这样，要塞利用其制高点可以形成有效的军事防御打击，并且城内的物资不用出城就能输送到要塞。这是一个明智的战术决策。不过，在战争结束后，这段临时的城墙就拆除了。其二，米开朗琪罗对城墙的各个重要防御位置都做了强化构思。我们在画中能看到一些高耸塔楼的外面设置了小型的“棱堡”。它们的作用是加固城防，将炮火外延。米开朗琪罗还为战事专门设计了一大批全新理念的堡垒，留下 27 张绘制精细的平面图。因为各种原因，这些设计没有实现。

在这场战争中，同时也在《围困》中，米开朗琪罗最重要的贡献是画面前端的两个星形堡垒。一个在圣乔治门附近，一个就是圣米尼阿托山的要塞。它们是城墙攻防战的前哨。在它们南边的一个山包上架着西班牙人的八门大炮，分成两组对着两个堡垒发射炮弹。[8] 星形堡垒上也有若干火炮，两边都是炮口冒着青烟，对轰得不亦乐乎。→7

星形堡垒的设计是米开朗琪罗的首创。它专门针对火炮技术的发展而设计。在这种加农炮传入意大利之前，攻城战还属冷兵器性质。守城方高筑城墙、塔楼，做好雉堞，基本上就有了安全保障。所以，伯鲁乃列斯基的城防工程就是加固塔楼和墙体。在加农炮出现之后，城墙—塔楼体系变得不堪一击。米开朗琪罗研发的星形堡垒是一种主动式防御手段。他在重点位置的城墙外设计多边形的大平台，在每个角部再设计“棱堡”。“棱堡”的尖角朝外，

〔8〕 这些大炮是当时最先进的加农炮，1521 年传入意大利，青铜铸造，用铁制弹丸，相比石制弹丸威力更大，专用于攻击城墙。它们易于转移，非常灵便。参见：保罗·斯特拉森．美第奇家族——文艺复兴的教父们 [M]．马永波，聂文静，译．北京：新星出版社，2007：168－169．

7 两处米开朗琪罗设计的城堡

8 圣米尼阿托山的要塞现状

外墙都为斜面。平台与“棱堡”填充的是泥土和稻草的混合物，外表面是由泥土、橡木和肥料制成的砖坯。这种尖角、斜面、实心的构造非常适合抵御加农炮的实心铁弹的轰击。另外，平台上在若干死角处布置火炮与火枪手，以进行还击。这种星形堡垒适合放在较高的山坡上，可以形成居高临下的防御 / 攻击势态。

这两个星形堡垒中，左边那个较为粗糙，可能是为了赶时间匆忙完成。右边的圣米尼阿托山的要塞做得比较完整。→8 按照瓦萨里的描述，米开朗琪

罗在这个地方花费了大量的心血。[9] 一方面，这个要塞几乎是独立的，它要承受多个方向的炮火，所以棱堡的设计也需考虑更为复杂的攻防角度。另一方面，它把圣米尼阿托教堂也包在里面，这是佛罗伦萨中世纪留下的最重要的两个教堂之一（另一个是洗礼堂），主体部分建于 11 世纪，里面还有许多珍贵的艺术品，它是佛罗伦萨的象征之一。将这么重要的宗教场所置于前沿炮火之下，米开朗琪罗确有相当的魄力。当然，他也为保护这个教堂做了专门措施，在教堂外墙上用长绳索挂起厚毡子，以抵挡射过来的炮弹。

五、平面图中的异种“棱堡”

令人意外的是，《围困》中米开朗琪罗的城防工事历经岁月居然留下不少痕迹，现在保存完好的有布翁塔伦蒂（Bernardo Buontalenti）于 1590 年设计建造的“观景堡”（Forte di Belvedere），又称“高堡”。在《围困》中，它的位置就是左边那个星形堡垒。布翁塔伦蒂是米开朗琪罗的弟子，他在接受费尔迪南多一世（Ferdinando I de' Medici）委托之后，想必借此机会在老师的作品原址上进行了一番“重建”。新的“高堡”面积似乎扩大不少，形式感也有所增强，现在是佛罗伦萨的边界地标之一。圣米尼阿托山的要塞基本未变，平台角部的几个巨大的棱堡五百年后依旧气势不凡。

很可惜，米开朗琪罗的那一批令人眼花缭乱的平面设计图都没能实现。它们比画中的这两个星形堡垒复杂许多，有爪形、锯齿形、花瓣形、多层刀片形，但是原理一致，都以从平台向外延伸出棱块为基本概念。

这一批平面图有 27 张。大概分 4 组，针对 4 个城门来设计。它们都在阿诺尔河附近。从这些平面图来看，米开朗琪罗显然在做某种系列研究。比如普拉托门（Prato Gate）和城南门各有 6 张图，普拉托门南边的奥格尼桑门（Prato d' Ognisanti Gate）有 8 张图。这三个系列针对三种不同的地理状况：平直城墙、宽护城河、转角城墙。比如，普拉托门堡垒呈放射形，几片锯齿般的体块向外刺出，有明显的攻击性。城南门的堡垒结合城墙的转角，往外延伸出碗口形或双翅形的棱块，也是以攻代守类型。奥格尼桑门结合较宽的护城河，形态略为内敛，以防卫为主、攻击为辅。每一个系列都有从草图推敲到最后成形的过程。➔9 [10]

这些堡垒的形式十分灵活，体块组合复杂，有大量的折线（面）和曲线

〔9〕 从 1527 年美第奇家族被驱逐出佛罗伦萨开始，米开朗琪罗就为新的共和国政府修缮圣米尼阿托山的要塞。“他在山上大约待了六个月，以便督导这里防御工事的建造，因为他知道倘若敌人攻破这些工事，佛罗伦萨城必定不保，因此，工程进行期间他极其小心谨慎。”参见：瓦萨里．巨人的时代（下）[M]．刘耀春，等译．武汉：湖北美术出版社，2003：287；James S. Ackerman，John Newman．The Architecture of Michelangelo[M]．Chicago：The University of Chicago Press，1986：123．

〔10〕 Giulio Carlo Argan，Bruno Contardi and Gabriele Basilico．Michelangelo Architect[M]．London：Pall Mall Press，2012：202－208．

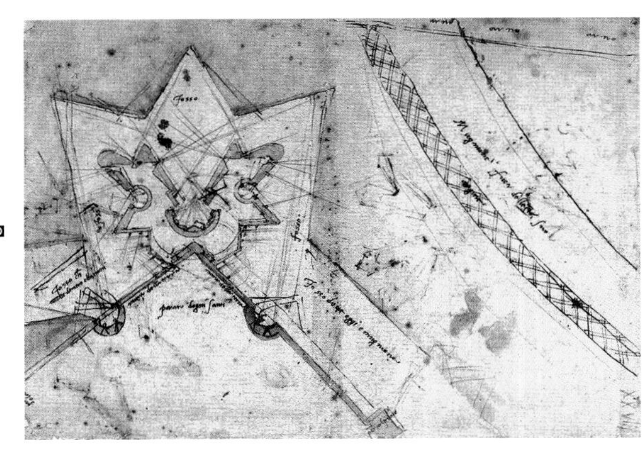

9 米开朗琪罗设计的棱堡平面图，一五二五年

（面）。它们与之前所有的堡垒形式都不一样，与其前辈伯鲁乃列斯基的设计相比，更像是不同次元的产物。即使放在广泛的建筑类型中，也无类似之处。粗看去，似乎米开朗琪罗在将他的雕塑家的习惯放进建筑设计里，将功能性的堡垒当作造型艺术来拿捏把玩。而当我们仔细研读这些图时，会发现那些充满想象力的凹面、折线并非来自形式考量，它们都有着精确的角度计算。墙后射击孔的火力覆盖面被密集的射击线标示出来。看得出来，米开朗琪罗在寻找防御与攻击能够完美统一的方案。

以米开朗琪罗对建筑图纸的绘制习惯，有几张图几乎可算是最后的成图。他甚至标好了尺寸和一些文字说明。它们类似于施工图，一旦有需要，就能迅速转化成现实。其最终没有实现，不外乎几个原因：第一，按照瓦萨里的讲述，这批设计应该从 1527 年就开始，场地几乎都在河北侧，而 1529 年围城的炮火区在河南侧，它们并不能用得上；第二，战事紧迫，这些堡垒形式过于复杂，修建费时。并且，它们所在的位置都是平地，需要堆土起平台，很是麻烦。不像星形堡垒那样是在山坡上，稍加工夫就可建成。

10 上为东端城门，下为米开朗琪罗设计的吉斯蒂门平面图，一五二五年

在《围困》中，唯一有点米开朗琪罗设计影子的是东端的城墙转角堡垒。它与其他城门都不一样，形态有些复杂，像是一组建筑。它的名字应该为吉斯蒂门（Guistizia Gate）防御工事。米开朗琪罗有一张图纸是关于它的，对比之下，与上文所述略有三分相似，可能是根据米开朗琪罗的设计简化建造而成。→10〔11〕

〔11〕Thomas Popper. Michelangelo — The Graphic Work[M]. Köln: Taschen, 2017: 613.

六、瓦萨里的冒险

1529 年围城战开始时，瓦萨里 17 岁。四年前他拜入米开朗琪罗门下学习绘画，并作为助手绘制草图、制作模型。战事初始，他还在佛罗伦萨待了一小段时间，是这一事件的见证者。无论是战争，还是米开朗琪罗设计的防御工事，瓦萨里都了然于胸。〔12〕画中星形堡垒后方塔楼上的斑斑弹痕，让人有身临其境之感——或许这真实的景象，一直深深印在瓦萨里的记忆里。〔13〕

但是，如何在画面上摆放、描绘这圈城墙，并不仅仅是艺术上的构图问题，或者是传递真实以及凸显米开朗琪罗重要性的问题；它关涉画面的整体风格与气氛营造。这是瓦萨里思考的重点。

前文已经提到，《围困》的主题是历史战争，但它没有延续佛罗伦萨前辈大师们已然成熟的战争画模式。从乌切洛到拉斐尔，尤其是 1504 年在韦基奥宫的那一次达·芬奇与米开朗琪罗以“安吉里之战”为题的巅峰对决，大家采用的构图几乎都为成群结队的战士战马簇拥在画面中心厮杀肉搏。→11 《围困》则采用了一种全新的（战争）风景模式——以城市及自然风景为主、战争内容为辅。不过，这一新模式与其说出于瓦萨里的艺术追求，不如说是

11 从左向右依次为乌切洛的《圣罗马诺之战》局部、达·芬奇的《安吉里之战》局部、拉斐尔的《米尔文桥之战》局部

〔12〕1529 年，斯特拉达诺仅 6 岁，且还住在布鲁日。绘制《围困》时，他对这场多年前的异国战争毫无认知，没有能力做到“对现实的绝对忠实”。虽然瓦萨里对图绘工作没有直接参与，但是在城墙、堡垒等防御工事部分，他应该对斯特拉达诺进行了具体的设计指导。值得注意的是，斯特拉达诺在同房间（克雷芒七世大厅）还画有一幅名为《阿里桑德罗·德·美第奇公爵重返佛罗伦萨》（*Duke Alessandro de' Medici Returns to Florence*）的壁画。它的位置在《围困》的斜上方，尺寸大概只有《围困》的四分之一。画中远景亦为佛罗伦萨。此画在构图、笔法、气氛营造各方面都与《围困》风格迥异，而与其他几幅署名斯特拉达诺的画相一致，应为斯特拉达诺亲自设计绘制完成。参见：Ross King. Florence: The Paintings & Frescoes，1250－1743[M]. New York：Black Dog & Leventhal Publishers，2015：484；Guida Storica. Palazzo Vecchio e i Medici[M]. Florence：Studio per Edizioni Scelte, 1980：166－169.

〔13〕瓦萨里在自传里讲述了韦基奥宫项目中他对复杂的组织工作的调度以及对真实性的严格要求：“请你们原谅，因为所有这些及所需的速写、设计图和草图都要耗费很长的时间，更不用说那些集中体现艺术完美性的裸体人像与事件发生的地点的风景——它们都是我在事件发生的真实地点临摹的。……这 40 幅画蕴含了我多少心血和汗水！虽然我手下有些年轻弟子，他们有时会助我一臂之力，但有时却无能为力，因为——他们也知道——有时我不得不亲手重绘所有内容，把整个画面重新检查一遍，以便使整幅画的风格和谐一致。”参见：瓦萨里．巨人的时代（下）[M]. 刘耀春，等译．武汉：湖北美术出版社，2003：508.

为了应对这场战争与该项目雇主（科西莫公爵及美第奇家族）之间的微妙关系来特别构想的。

从 14 世纪末到 1529 年之前，佛罗伦萨经历过许多战争，比如与比萨、锡耶纳、卢卡、米兰之战。美第奇家族一直是佛罗伦萨最有力的支柱之一。唯有这一次，它转换成这座城市的敌人。虽然假以复仇回归之名，也能说得过去；但是挟外族重兵围城，炮火如雨倾泻，确实对城市与人民造成了伤害。归根结底，这场战争只是美第奇家族的私人恩怨，并无多少正当性。他不能像以前那样自诩为城市的英雄，但也不能自贬为城市的敌人。那么，在这一复杂的心态下，科西莫公爵希望看到一幅怎样的《围困》？这是一个难以宣之于口的问题。瓦萨里很清楚，他必须给予公爵满意的答案。

瓦萨里采用城市—风景画的思路，是一次冒险：其一，他的前辈大师中无人对“城市 + 风景”独立成画有过涉猎；其二，新模式与该战事能否融合尚未可知。这意味着，他需要在艺术上创新，并且完成真实的叙事任务。瓦萨里的策略是，第一步，倒转战争与城市的常规关系。其他战争画中，城市只是战争的场所。在这里，战争则是在衬托城市的“魅力”。这个逻辑意外地很合理。虽然这场战争令人五味杂陈，但此刻的佛罗伦萨却如同一篇史诗的终章——壁画四周很贴切地绘上一圈华丽的古罗马风格的装饰图纹。就城市的物质内容来说，它是文艺复兴的文化从开端走到顶点的证明。就精神内容来说，它标志了佛罗伦萨引以为傲的共和理念的终结。这一复杂的矛盾感，把这座城市的某种特质——“作为艺术品的国家”（布克哈特语）——推向高峰。[14] 这或许是它最适合入画的一刻。因为也就是在此时，正如布克哈特写到的：“这个城市（佛罗伦萨）的自由与伟大沉入坟墓……”[15]

接下来就是将战争转化为风景：城外的自然景色大范围进入画面，如同一片波涛起伏的绿色海洋，相形之下，这座城市是如此安详平和，那些伟大的建筑次第排开，井然有序。十月围城、喧天炮火，似乎都与己无关，仿佛它刚刚完成了自己的历史使命，进入到一个完满的神游之境。正如我们看到的，那些青铜加农炮看似轰击猛烈，其实毫无杀意——最前线的圣米尼阿托教堂处于炮火交织之下却自岿然不动。这场战争是如此迷幻，就像是为了纪念这座城市而举办的一场庆典。

巧合的是，这次战事的兵器“换代”也为新模式的顺利实施提供了帮助。瓦萨里在前景安排远程炮击（大炮像岩石），远景安排城外奔袭冲锋（士兵

〔14〕布克哈特（Burckhardt）在《论作为艺术品的国家》一书中写道：“马基雅维利在他的《佛罗伦萨史》中把故乡城市描绘成一个活着的有机体，把它的发展表述成一个自然而单独的过程。……那些大师们向我们讲述了多么精彩的故事啊！这里展现着佛罗伦萨共和国最后几十年里所发生的伟大而值得纪念的戏剧性事件。这本记载了当时世界所能出现的最高、最独特生活的衰落的著作，在一个人看来也许不过是一部奇闻逸事集，在另一个人心里也许会唤起他看到如此高贵而富丽堂皇的生活像船只失事般毁灭所产生的魔鬼般的喜悦，对于第三个人来说，它也许看起来像是一个伟大的历史审判；对于所有人它将永远是一个思索和研究的对象。”参见：布克哈特．论作为艺术品的国家 [M]．孙平华，于艳芳，译．北京：中国对外翻译出版有限公司，2014：66．

〔15〕布克哈特．论作为艺术品的国家 [M]．65．

像树林），都增强了战争场面风景化的效果。斯特拉达诺温和秀美的画风正符合这一转向。南边城外的一大片山坡，是画面最中部、光线最明亮的地方，理应是战事惨烈的修罗场，却几乎全空着，只有几匹马在山坡上奔驰，远远看去像是一次贵族们春日围猎的消遣活动。→12

12 《围困佛罗伦萨》局部

12

七、作为中心

实际上，瓦萨里要面对的棘手问题不止美第奇家族，还有米开朗琪罗。毫无疑问，在这场战争中介入最深、作用最大的艺术家就是米开朗琪罗。他也是瓦萨里极其崇拜的偶像，瓦萨里画过很多关于他的画像。正常情形下，瓦萨里肯定会在这幅史诗巨作中给予米开朗琪罗应有的位置。只是，就像美第奇家族的角色不那么光彩一样，对于整个事件来说，米开朗琪罗同样处境尴尬。

战事发生前，米开朗琪罗在为美第奇家族设计图书馆。战事发生后，他应共和国政府之邀建造城防以抵御美第奇家族的雇佣军。战事还未结束，他就潜逃出城，因为害怕被秋后算账四处躲藏，最终仍然被捕受审。虽然克雷芒七世放过了米开朗琪罗（两人是幼时的好朋友），甚至继续恩宠有加；但米开朗琪罗为保卫共和国尽心尽力（还捐了不少钱），背叛了他的养育者及赞助人美第奇家族，却是不争事实。这是米开朗琪罗人生少有的一个污点。那些城防工事就像双刃剑，它们是米开朗琪罗作为天才设计师的印证，也是其德行有亏的象征。如何不动声色地在画中将它们“强调”出来（且不让科西莫公爵看着心中不快），这是瓦萨里给自己设立的一个私人问题。

瓦萨里的处理方法很聪明。他按照史实将米开朗琪罗设计的两个星形堡垒摆在战线前端。大些的圣米尼阿托山要塞放在右端靠边框的背光处，有一半藏在阴影里。虽然在画中它的体量较大（是画中最大的建筑），但是并不显眼。略小的那个星形堡垒的位置更是意味深长，它被放在画面正中心，成为整个构图的控制点。[16]

这个星形堡垒是真正意义上的米开朗琪罗的作品。右首的城墙应该也是米开朗琪罗指导完成的。它与其他城墙不一样，没有城齿，墙体外的脚部每隔一小段距离设置一个加强型的土坡，显然是为了抵御炮击而做的特殊设计。这一小细节显示出瓦萨里对现实的高度还原。这个新型的“棱堡 + 城墙”体系是“米开朗琪罗区域”。瓦萨里将之放在画面中心，其纪念意义不言而喻。不过，这份心意隐藏得相当深，因为该棱堡和城墙形式比较朴实平凡，不太引人注目。虽然它在画面的高光区，但是一片灰扑扑的泥土色，难以让人聚焦，还不如背后那个被轰掉一半的旧式炮楼更吸引眼球。并且由于战场宽阔，它的尺度更显微小。如果不是熟知米开朗琪罗为该战事所做的工作，很难发现瓦萨里设置的这一机关。不过，这应该就是瓦萨里想要的效果：它（米开朗琪罗的设计）真实存在，几乎“隐形”，又是构图的绝对核心，三全其美。→13

但是，瓦萨里自己大概也没有预料到，这个“隐形”中心的后续影响既深且远。小桑迦洛 1534 年在佛罗伦萨西侧建造的大型要塞“圣约翰要塞”（因处于地形低洼处，又称为“低堡”，即 Fortezza da Basso），以及布翁塔伦蒂 1590 年在原址建造的“高堡”，都模仿自它。此役之后，星形堡垒与棱堡体系迅速风行欧洲，一举改变了军事建筑的未来，其理念甚至在现代

13

13 《围困佛罗伦萨》中的「米开朗琪罗区域」

〔16〕这个中心点与下方的女神的肚脐眼以及上方的山的顶端（背景群山的最高点）一同构成画面的垂直中分线。这条控制线无疑是瓦萨里构图的一项重要设计。

14 上为「低堡」现状，小桑迦洛设计，下为（左上角）「高堡」，布翁塔伦蒂设计

战争中都不失效用。→14〔17〕

八、 结语

定格住佛罗伦萨的高光时刻，将战争风景化，给予老师兼偶像米开朗琪罗一个合适的位置——瓦萨里这三个“概念”基本上都达成了。如果说前两项帮助他漂亮地完成了雇主的委托，那么，第三项就是他给自己的交代了。在绘画过程中，这三个概念环环相扣，彼此联动。历史、风景、艺术、

〔17〕《围困》中还有一个隐形的背景是米开朗琪罗未完成的那套堡垒设计图。它们虽然没有实现，但预示着 20 世纪初现代主义建筑谱系中的“有机建筑”一脉的诞生。

情感逐渐融为一体，使得这幅画成为文艺复兴三百年间一个独特的存在。

在《围困》之前，关于佛罗伦萨的城市风景画（鸟瞰全景）只有寥寥几幅木刻版画。瓦萨里的前辈画家们几乎无人涉足这一领域——也许都没把该类型当作艺术。[18]《围困》改变了这一状况，它借战争之名，将城市风景画提升到与历史画相对等的层面。在韦基奥宫由瓦萨里负责的那几个大厅里满满当当数以百计的壁画、蛋彩画、油画中，它一枝独秀，卓尔不群。即使是瓦萨里署名亲手打造的“经典”战争画系列，相较之下都不免黯淡失色，→15 足见那三个“概念”组合的化学反应。正是这个原因，使得该模式无法复制。在韦基奥宫的另外一个房间里，斯特拉达诺还画了一幅类似题材且尺度约为《围困》四分之一的壁画《燃烧的宫殿之陷落》（*Defeat of a Burning Palace*，1556—1559）。它采用的也是同类型的大风景式的战争—城市画风格：前景是成组的加农炮轰击，远景是城市，但构图平板规矩，就像是一张纪实图片，毫无《围困》壮阔的史诗感与悠长意味。[19]

15 《佛罗伦萨军队袭击比萨》，瓦萨里，一五六七年至一五七一年

不止在韦基奥宫，《围困》已经成为整个文艺复兴时期城市空间意象的符号之一。正如我们看到的，时至今日，但凡关于文艺复兴佛罗伦萨的论著，多半都会附上这幅《围困》。这已不是当年的科西莫公爵与瓦萨里所能想象的了。

我的研究生程睿、王熙昀同学为该文的资料收集整理及图解、图绘作出贡献，特此致谢！

〔18〕佛罗伦萨的前辈艺术家中，马萨乔、利皮长于人物、圣经故事，波提切利、德拉·弗朗西斯科、拉斐尔画的风景、建筑都为片段配景，达·芬奇的风景配景简略朦胧，米开朗琪罗对风景毫无兴趣。在乌尔比诺的几张佚名的“理想城市”木板油画是对古代城市景观的虚构想象，以研究性为主。

〔19〕这幅画在克雷芒七世大厅对面的尺度稍小的房间里，其气势远逊于《围困》。瓦萨里在后来的韦基奥宫的“五百人大厅”中绘制的巨幅壁画《佛罗伦萨军队袭击比萨》（*Pisa Attacked by Florentine Troops*，1567—1571）试图重现《围困》的辉煌，将比萨全城纳入画面（角度与《围困》相似），但仍未能给人耳目一新的感觉。参见：Ross King. Florence: The Paintings & Frescoes, 1250－1743[M]. New York: Black Dog & Leventhal Publishers, 2015: 482；Guida Storica. Palazzo Vecchio e i Medici[M]. Florence: Studio per Edizioni Scelte, 1980: 154－157.

6

John Hejduk's Drawings

Hu Heng

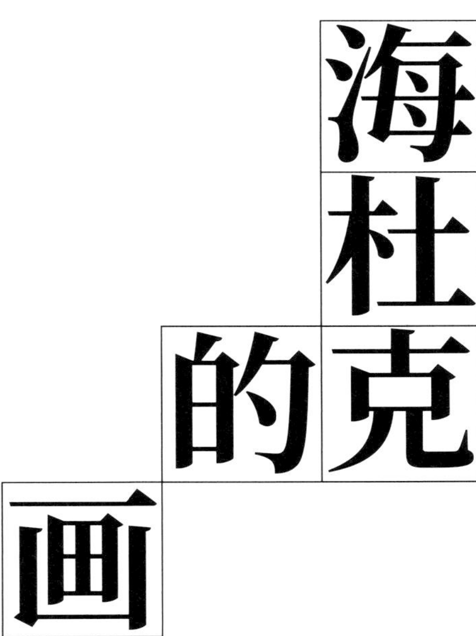

海杜克的画

胡 恒

从 1962 年的“菱形住宅”开始，海杜克（John Hejduk）就赋予绘画（在理论上）与建筑同等的地位；同样从这里开始，海杜克便很清楚他与画家身处在不同的道路上。在准备以绘画作为建筑创作的主要手段之前，海杜克就对它与建筑、与其他绘画（艺术作品）之间的关系有了明确的认识和深入的思考。在随后的探索中，海杜克进一步深化、强化这一问题，以至于它现在成为我们理解海杜克创作思想不可绕过的基础之一。

绘画，与模型、结构物、建筑物一样，都是关于建筑本体思考的遗留物，这是海杜克的一个基本观点。随着思考的前行，它们溢出主体之外，成为“那些难以言表的神秘之物”的“外壳”。它们是主体离开之后留下的一张张动人的，但是生命已不在背后的“脸”。“思想的外壳”是主体客体化的一个隐喻，也是建筑作为有思想的事物的一个隐喻——就像德州树上的那些只闻其声、不见其形的昆虫蜕去的空壳。

海杜克一直将绘画当作他在思考建筑问题时最适当的身体活动。一方面，与绘画相关的基本特征——二维性、非物质性、情感性、微观性——也是海杜克认为建筑应具备的基本特征；另一方面，由身体控制的线条、色彩在平面空间的并置所产生的神秘感（空间化的神秘感），以及它缓慢的变异能力也是这些特征具体化的重要保证。

海杜克的绘画旅程随着他所面对的不同建筑问题而逐步展开。从 20 世纪 80 年代的《美杜莎的面具》（*Mask of Medusa*）、《符拉迪沃斯托克》（*Vladivostock*），到 90 年代的《鸣响》（*Soundings*）、《校准的基础》（*Adjusting Foundations*）、《恋爱中的建筑》（*Architecture in Love*）、《白镴翅膀，黄金角，石头面罩》（*Pewter Wings, Golden Horns, Stone Veils : Wedding in a Dark Plum Room*）等书中，我们可以看到海杜克学生时代“相对正统”的研究——住宅研究、假面舞会研究、综合叙事法研究、基督教符号研究、生殖空间 / 两性空间研究、教堂 / 圣事仪式研究，这一连串不同研究内容与绘画的对应。

1947—1954 年是海杜克在美国的学生时期。库珀联盟中的几位老师对海杜克的影响颇大：教二维设计的亨丽埃塔・许茨（Henrietta Schutz）、教绘画的罗伯特・格瓦斯梅（Robert Gwathmey, 也就是查理・格瓦思梅的父亲）、教雕塑的克拉蒂纳（Kratina）。海杜克此时的绘画作品显露出立体主义的透明味道，比如他收录在《美杜莎的面具》中的“Studio Class”。→1 1954 年，海杜克前往罗马大学建筑学院学习。他的“意大利速写”系列水彩画 →2 开始了风格的转变，透明的线条被厚重的水彩取代，美国式的刚硬和清澈被意大利式的暧昧和混沌取代。绘画的对象也随之改变：研究性的设计内容被形形色色的教堂建筑取代。宗教意识开始慢慢潜入海杜克的内心之中，虽然 20 世纪六七十年代将近 20 年的住宅研究是绝对科学式的，但在随后的“假面舞会”中，宗教意识再度萌生（以神话的、仪式性的形式出现），并且在

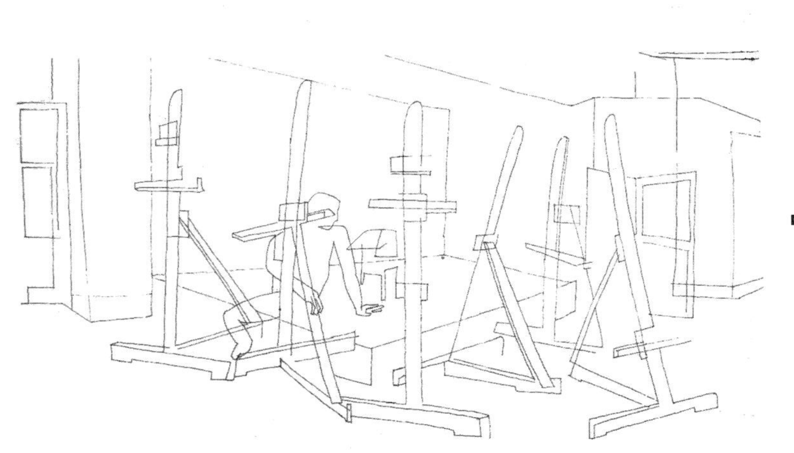

1 学生时期的练习

2 意大利速写

其生命最后十余年里成为唯一的创作主题（与诗歌一起）。可以说，宗教画贯穿了海杜克的一生，它既是起点，也是终点。

1954年，也就是短暂的意大利之行结束后，海杜克开始了其著名的“住宅研究”系列。住宅研究中的绘画（基本上是轴测图）是建筑形式自治合法化的一个重要组成部分。它的二维品质是海杜克牢牢抓住，以对抗本质化的建筑的物质属性的有力武器。“九个正方形问题”是住宅系列的第一个阶段，海杜克力图通过将古典形式理论基础（帕拉第奥的圆厅别墅）和密斯的方盒子主题结合在一起，形成一种现代的空间理论。这一理论和其同事兼好友科林·罗

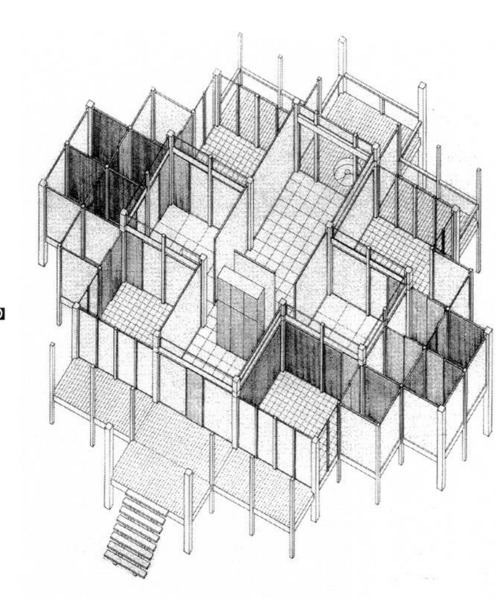

(Colin Rowe）与斯拉茨基（Robert Slutzky）的透明性的“浅空间”理论颇为相似（当然区别也是明显的）。这一系列建筑画是基于单线图的一个变异过程，图纸表现比较规矩（平面、剖面、60°角的轴测图）。→3第二个阶段的“菱形住宅”，是海杜克研究柯布西耶和向其发难的一个时期（用他自己的话说，就是将柯布噩梦驱逐出他的王国）。海杜克的建筑画开始充分行使建筑观念阐述的职责。单线图的表达有所改变：多了一种正轴测（A、B、C型都如此），轴测图则变为45°角。上色的分析图也是正轴测的彩色版。→4海杜克严格地区分了透视图与轴测图这两种表达方式：以最终的建筑使用者为面向的透视图必须放弃；而应该运用轴测图——它们在详尽的研究和审查中与现实的客体密切相关。正是在这些轴测图中，海杜克将只属于空间的属性交还给表皮，并且在不依赖外在观念因素的前提下，在二维形式中发现三维空间的可能。与此同时，海杜克赋予建筑画以独立强大的自主性，从而令绘画与建筑在理论上具有平等的地位。

从海杜克的《离开时间，进入空间》（Out of Time and Into Space）一文中，我们知道，“菱形住宅”不仅相关于柯布（索默尔认为，它是柯布作品的一个延续，也是一个偏离），还相关于立体

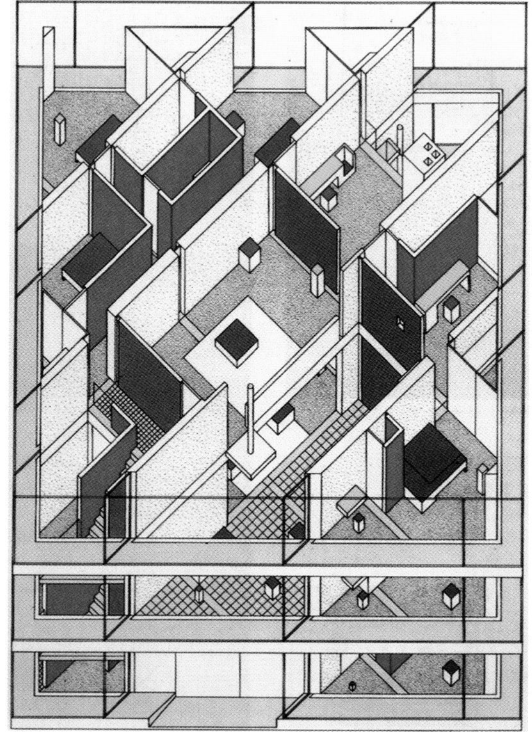

3 德克萨斯住宅一

4 左为菱形住宅草图，右为菱形住宅彩色轴测图

主义的蒙德里安（Mondrian）。海杜克将蒙德里安的绘画作品（从1915年到1919年）所开启的空间表现的可能性加以拓展："通过朝向三维的等距投射的平展和倾斜，实现了立体主义的绘画到建筑形式的彻底转换"→5。（R．E．索默尔语）

第三个阶段是"墙宅"。色调饱满的分析图开始急剧膨胀。海杜

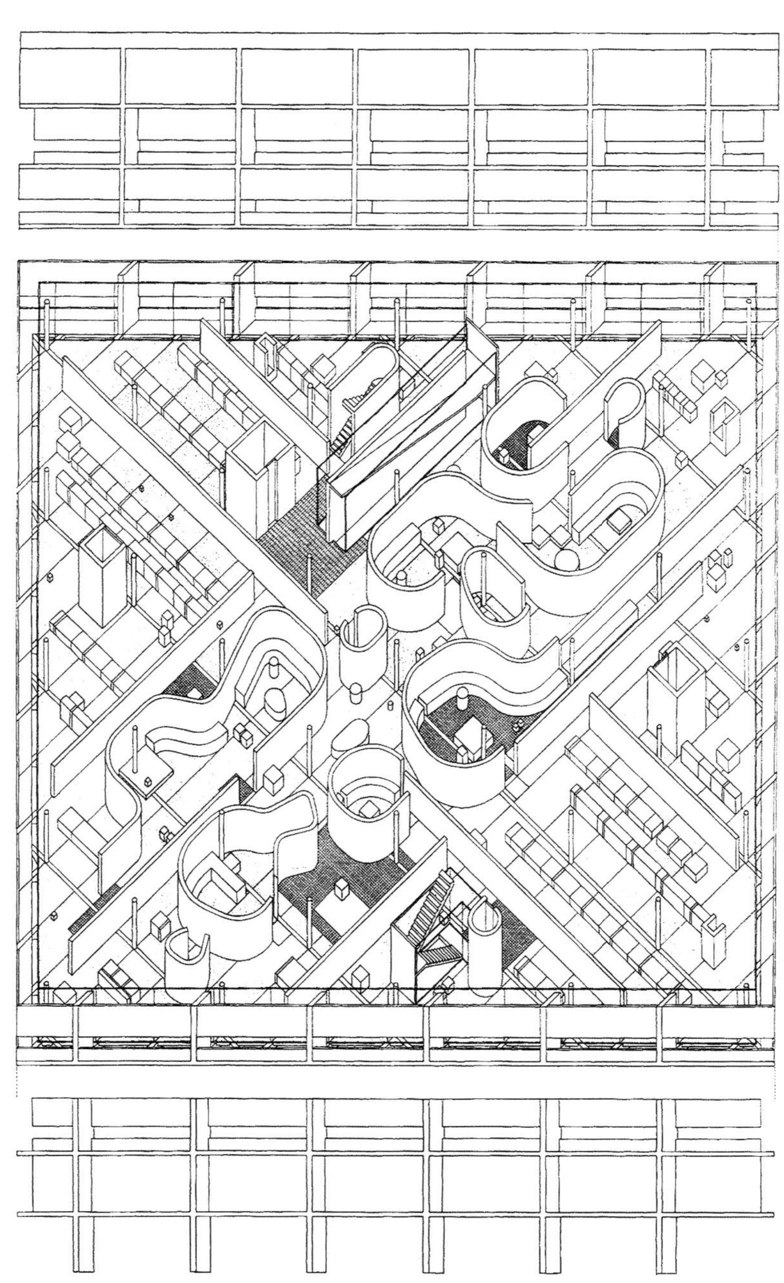

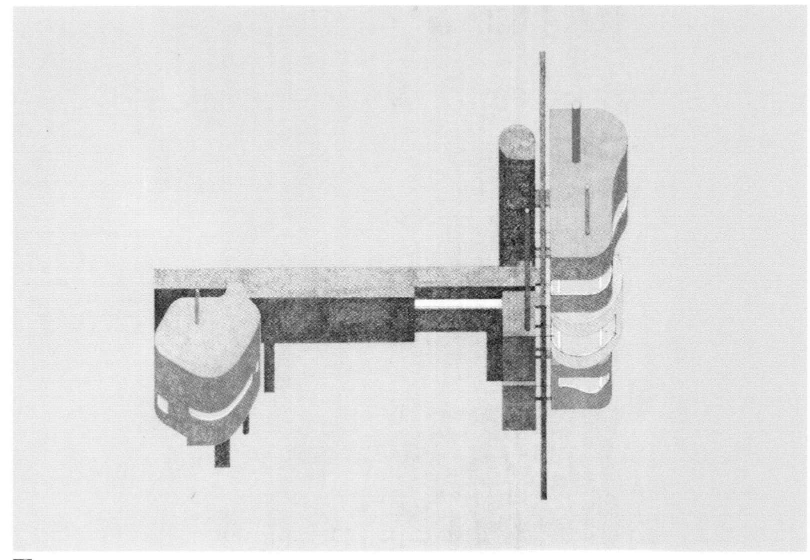

6

7

8

6 墙宅二号轴测图

7 墙宅草图

8 「十三个格龙林根的瞭望塔」

克在“菱形住宅”中引入的立体主义母题，在这里全面蔓延。几乎所有的标准建筑设计图全部上色或者有了色彩版，大有取代常规设计图的趋势。色彩在时间、空间等抽象维度之外，也加入到建筑阐述当中来，成为多层面叠加中的一员。它们具有强烈的抽象性与符号性。可以说，立体主义在色彩上的思考被海杜克引入建筑中，并且被尝试作为建筑阐述的起点——尽管不是那么确定。我们发现，墙宅 2 号（也即拜氏宅），极为细致的色版轴测图就有七八幅之多。→6 当然，无论是对于帕拉第奥、密斯、柯布、风格派，还是对于立体主义的蒙德里安，海杜克的研究主旨都是建筑自身：“我的作品述说的是作品本身，它讲述了要素的愉悦和建筑的和谐，以及建筑的构成。”

值得我们注意的是，墙宅后期出现一批略显怪异的分析式草图（色版）和一些颇带神秘色彩的小幅渲染图（介乎正式与非正式之间）。这批图意义匪浅，因为它们表现出海杜克开始慢慢地将其作品置于某种特定气氛的意愿。这也许是无意识的，因为它仅仅体现在配景中，体

现在建筑主体和环境的古怪结合中。这些图在立体主义的大致外貌之下，多出点装饰性的自然主义味道，并且隐隐散发出神话和幽闭的气息。→7 当然它们给人最外在的感受是——童话般的儿童游戏！但是，童话世界和神话世界只有一线之隔。一旦我们看到海杜克紧随其后的作品——“思想者骨灰之墓园”（Cemetery for the Ashes of Thought）、“沉默的证人”（The Silent Wittnesses）、“13 个格龙林根的瞭望塔”→8（the 13 Watchtowers of Cannaregio），和那些黑云压顶的仿佛屠杀之夜的表现图，就会了解这些活泼可爱（我们可以这样感受）的画的背后可能隐藏的东西。并且，如果我们更为小心辨析的话，就会发现“沉默的证人”“思想者骨灰之墓园”这批作品的绘画风格存在一种两极分化，一边是阳光明媚、兴致盎然；另一边则是山雨欲来，风刀霜剑。如此尖锐的矛盾常常并存在同一作品之中。→9

无论是童话世界，还是神话世界，或者大修罗场，海杜克的画都指向一

个新的方向——叙事性。

从 20 世纪 70 年代中期开始，随着“假面舞会”的进行，海杜克的绘画中的叙事成分逐渐增加。这些叙事画基本集中于他的几本重要的著作（画册）之中，包括《美杜莎的面具》（1985 年）、《罹难者》（*Victims*）（1986 年）、《博维萨》（*Bovisa*）（1987 年）、《符拉迪沃斯托克》（1989 年）。这将近 15 年的“假面舞会”研究时期，绘画成为建筑的主要存在之所。那些我们所熟知的十数个构筑物只不过是它们零星的副产品，或者说是分泌物（用海杜克自己的话说）。对这些影响颇大的构筑物而言，它们实际上是蕴含在那些无穷尽的画和诗作中的思考所蜕去的外壳。没有它们，海杜克建筑思考的力度不会减弱。当然，它们也有着画与诗作所没有的功能，比如社会性的参与，引发事件，唤醒特定的场所记忆，并且以综合的物质形态强行介入观者和思考者的内心空间。

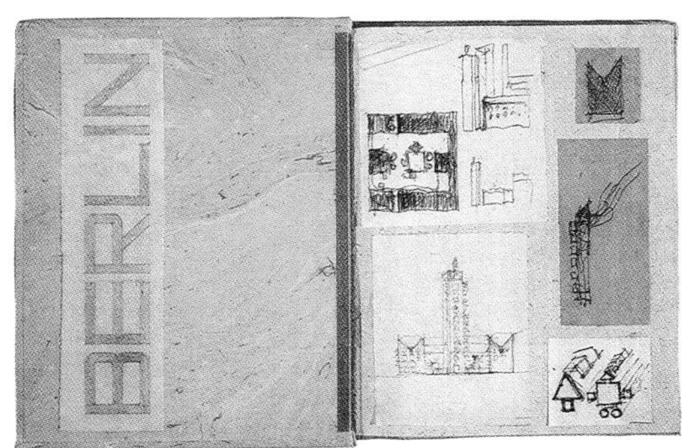

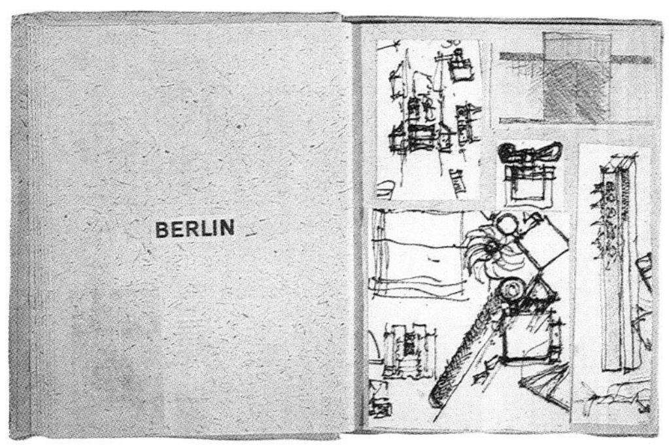

《美杜莎的面具》一书的后半记载了“假面舞会”的开始。第一个“假面舞会”是 1979 年开始的“新英格兰假面舞会”（New England Masque）。这个作品采用的是住宅设计式的比较规矩的表达。在随后的“柏林假面舞会”（Berlin Masque）中，海杜克的表达法迅速丰满和成熟起来。我们应该忘掉那个著名的模型照片（小型的海洋生物散于场地各个角落）。他的“柏林笔记本”（Berlin Sketchbook）才是需要关注的焦点。这本纸页泛黄的笔记容纳了“柏林假面舞会”的全部意象，大量极为精美的手绘草图、小照片（有老照片和新照片）和几张基本完成的平、立面图，构成一种层次丰富、意味无穷的复合文本（这也成为日后海杜克的书的主要特征）。→10 草图中所绘制的“演员”，大多被转制成细腻的单独的建筑画——工整的彩铅画，像精致的玻璃工艺品一样绝美、易碎。→11 另外，“柏林假面舞会”中有不少“演员”

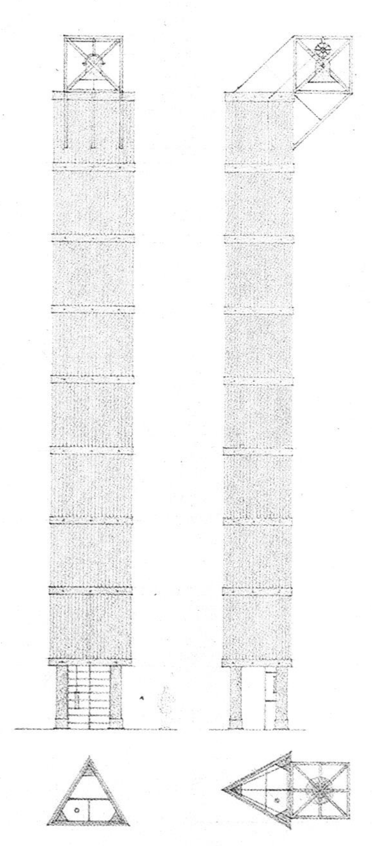

11 「柏林假面舞会」中的钟楼

另行组成其他的“假面舞会”，比如“剧场假面舞会”（Theater Masque）。甚至在书中收录的最后一个大型假面舞会“兰开斯特 / 汉诺威假面舞会”（Lancaster/Hanover Masque）中的主要角色都是从中变化而来。→12

通常的看法（比如 Michael J. Crosbie）是，海杜克在这本书中铺陈开了建筑空间之外的三种空间：诗、音乐和绘画。“海杜克对建筑空间的探索将其带入了诗、音乐和绘画的领域。海杜克为一首诗中的隐喻空间，一个音乐结构中的空间，或在格里斯（Gris）、蒙德里安或爱德华·霍珀（Edward Hopper）的油画中所包含的空间所迷醉。但是，弥漫于这本书的空间范畴就存在于我们每个人自身之中；这是一个在我们自身的意识与无意识之间的空间，一个身体与思维、白天与夜晚之间的空间。”空间，确实可以是我们理解这本书的一个入口。但是，我们尤其要注意的是，诗、音乐、绘画所代表的是对建筑空间的取代，当然，这是指一般意义上的空间。无重量之物能够

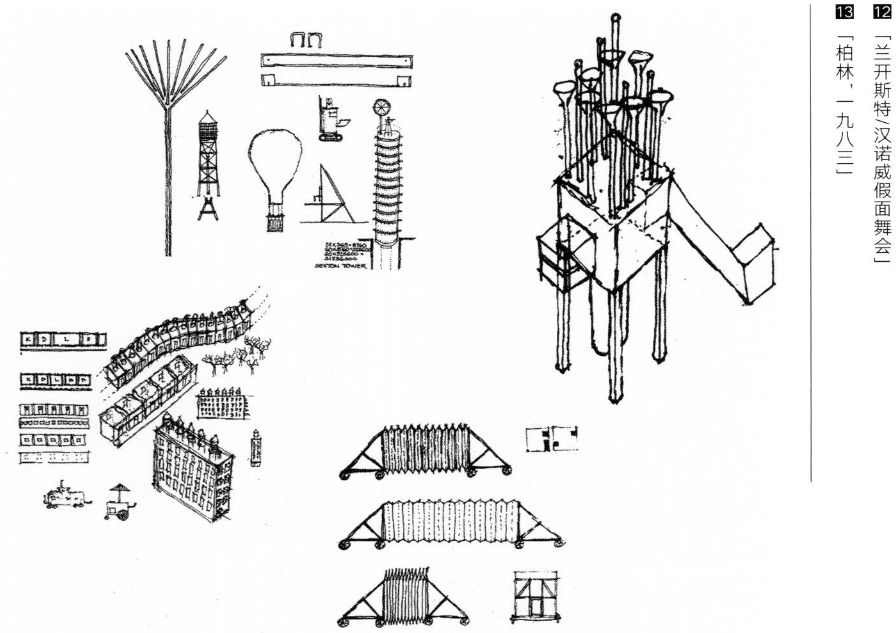

12 「兰开斯特/汉诺威假面舞会」

13 「柏林，一九八三」

产生的最大的力量极限在哪里呢？这无疑是海杜克的“假面舞会”的真正要点，尤其是在精确的科学性实验之后。所以，从这个角度来看，“假面舞会”是“住宅系列”的一个转调。但是，“它们都是神秘的，没有什么差别”，海杜克如是说。当然，内容和表征的分野也是清晰的：透明的、简约的、尖锐的、刚硬的、分析的、数学式的，转向混沌的、寓言的、长系列的、相互增补的、柔软的、述说的和文学式的。

《罹难者》是一个古怪的线装本（和中国的旧式线装书一模一样）。这本书中的画全是黑白（因为纸也是中国宣纸）。书的内容是对《美杜莎的面具》中的“柏林，1983”这张著名的“假面舞会”集体画→13 的一个扩充和细化。书中前面一半是成熟的单线图，如果加上尺寸的话，似乎就是标准的建筑图。日后成为海杜克的代表作的构筑物“安全性（Security）、“时间的坍塌”（Collapse of Time）、“音乐者工作室”（Studio for a Musician）、“自杀者之家”（House of the Suicide），在此都有成品图出现。

1987 年出版的《博维萨》在海杜克的书中也属另类——尺度另类（8 开，43cm×28cm），内容也另类（基本上一页就是一幅独立的画作，有些像活页画册，实际情况是，书一旦翻旧，画页就会自行脱落）。如果说在前面几本书中，画还不自觉地摆出建筑图的样子的话，那么这本书简直就是画本身赤裸裸的呈现。书中的画作一扫之前的精致之气，变得粗野、强横，似乎毛笔之类的新工具也大派用场。→14~17 这本画册是海杜克某次重要游历的结果（从对米兰的神游到对苏联三岛的身临）。一份来自米兰和都灵的计划书和地图册，让海杜克沉浸其中。“那些场地和名字”打开了无尽的想象，这一

14

14 《博维萨》

15 「教育委员会」

16 「城市规划者」

17 「废弃的教堂：无家可归者之家」

15

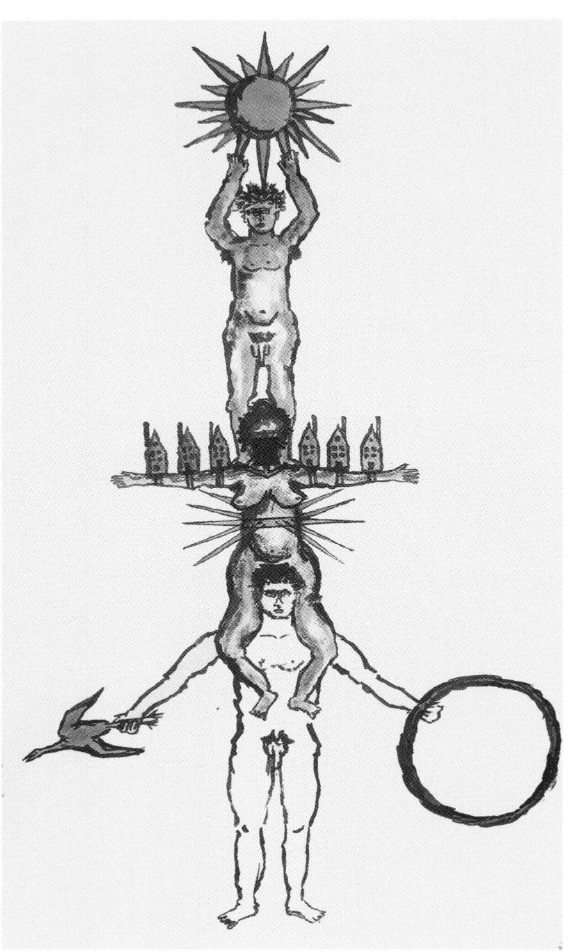

17

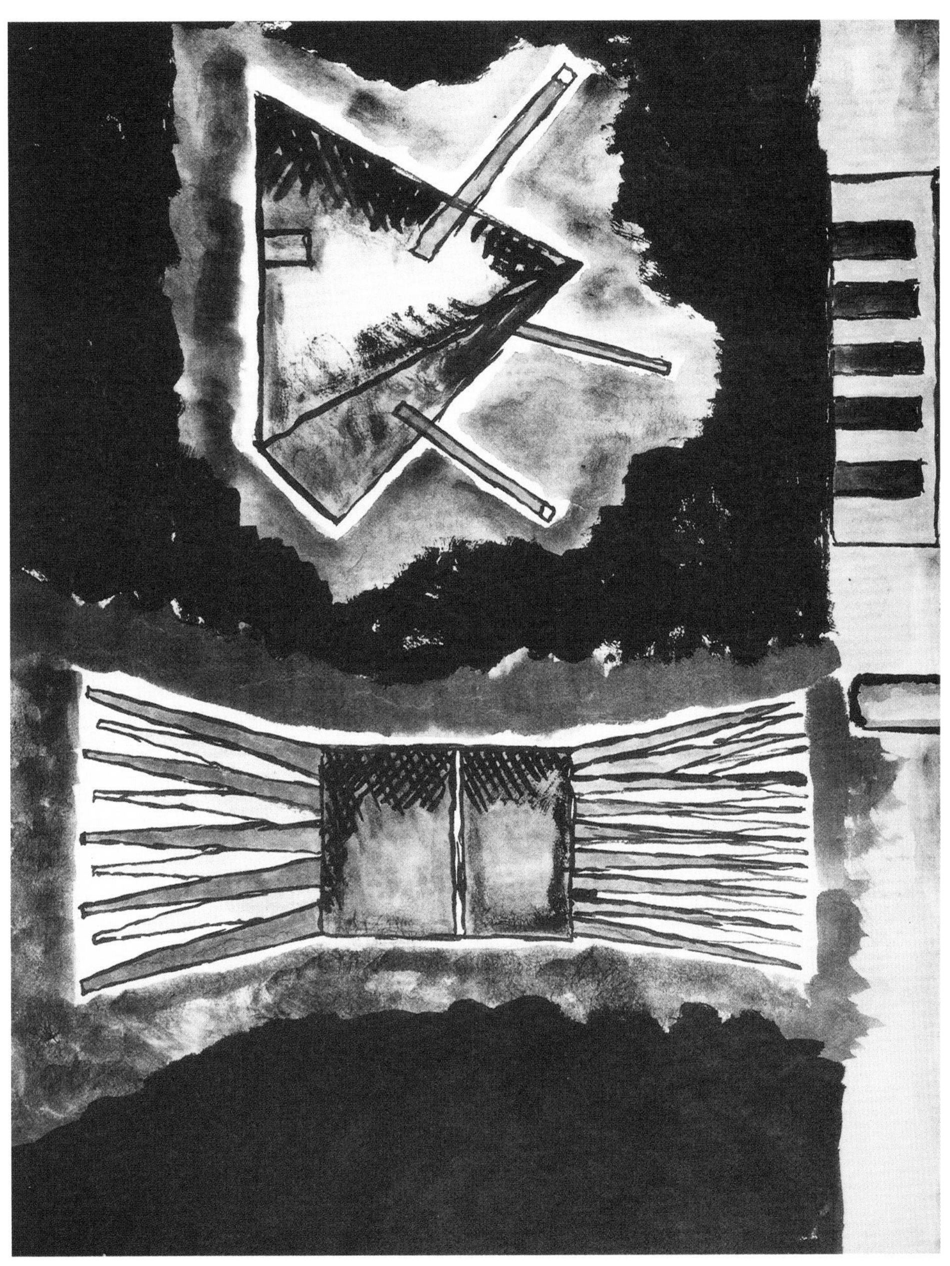

16

想象之游无疑是浪漫的，和苏联三岛的亲临感受完全两样。里加、贝尔加、符拉迪沃斯托克，它们给海杜克带来的精神参照是 20 世纪 20 年代的“血色大地”和“大屠杀”。将这两个完全相反的情景对应起来，我们就会了解《博维萨》的突兀之意。

1989 年的《符拉迪沃斯托克》和 1993 年的《鸣响》，被认为和《美杜莎的面具》一起组成海杜克最重要的三部曲。《符拉迪沃斯托克》和《博维萨》背景基本相同。它是海杜克的旅行记录。这次旅行穿越苏联的三个位于水体之上的城镇：位于里加湾上的里加，位于贝尔加湖上的贝尔加，和日本海上的符拉迪沃斯托克。海杜克在这三个城市中安放了 96 个“都市之物”——也就是“建筑师市民剧场”里的角色。海杜克为这些角色设立下背景和故事。通过故事，这些角色和其他演员结合在一起。海杜克在三部曲的开头和结尾分别介绍了这个演员表。它们是一些形态不一的小黑块，有着俄文或英文的名字，例如“天使的花园”“植物学家”“无家可归者之家”“北方水彩画家的椅子”。在正文中，这些小黑块现身为鲜活的生命体。→ 18 19《符拉迪沃斯托克》一书颇受读者青睐，或许是因为全部都是彩色水彩画，感染

力强；或许是因为其中出现了几个重要构筑物的照片，比如“时间的坍塌”“安全性”“主体 / 客体”（Object/Subject）——“假面舞会”已经开花结果。书中的一些画已广为人知。它们被认为体现了这位建筑师的“全部的强力、神秘和奇迹”。在我看来，这本书确实可称为海杜克最完美的作品。《美杜莎的面具》有点像作品集，《博维萨》和《罹难者》则类似小品，稍显单薄。而《符拉迪沃斯托克》这本书结构完善，主题突出，内容集中有力；既完美地表现出海杜克特有的复合文本的特性，又在很多方面有着激烈的推进。当然，书的成功，编者斯卡比奇（Kim Shkapich）做出了巨大的贡献。

《鸣响》和《符拉迪沃斯托克》完全相反，这是一本全黑白的书。虽然书中各项元素一个不缺（诗、短文、小图、大图），但是它表现出的不是赏心悦目，而是费解和困惑，因为书的结构实在太过复杂。这种单色的复杂，暗含着一个迷宫的结构——数字（很大的）贯穿书的始终，其中的画也常常超越常规，有的图实在是太小了，还有些图又实在太大。不管怎样，翻开这本书，仍然会让人有惊喜之感。其中有一个作品值得重视——“柏林之夜”（Berlin Night）。这是有着 73 个演员的一出“假面舞会”，它真正体现出“假面舞会”的流动性和寓言性。并且，其场所特征和背景设置也很特别。一个活动的团体（拿铲子的人，装满泥土的马车），从他们的“封闭结构”中出发，沿着提前确定的路线一直走到柏林的犹太教会场址，然后原路返回，时间是 20 世纪 20 年代到 30 年代初期。海杜克画出了很少见的马、车、人的集体运动。→20 当然，73 个演员的形态塑造也是一如既往的风格——人、物合一。当然，各种物种在人群的带领下进行“大篷车”式的流浪，也是海杜克在各个时期关注的图绘主题。→21

19 「符拉迪沃斯托克计划」，交通部

“假面舞会”中，城市的设定是至关重要的——柏林、新英格兰、奥斯陆、符拉迪沃斯托克，每一个演员都是对城市的某种特殊的描述；每一个演员的背后都隐藏着海杜克关于一种生活和一

20 「穿过柏林街道的通道」

21 《博维萨》，「居所」

个地方之间如何产生关系的漫长的思考过程。它们是寓言式的再现。当几十个、上百个“演员”同时均匀地密布在一张纸上的时候，我们就不能认为那只是画了。

在“假面舞会”的缓慢成型过程中，建筑的叙事体格式也逐渐成熟起来。与此同时，海杜克开始研究其他同样具有叙事特征的知识领域（医学、音乐、文学、历史、电影、社会学），以建立与建筑之间的同构性。由于自己特别的身体状况，海杜克对医学中出现的建筑性体验尤为敏感。这就是他所发现的，在他种叙事体（外科手术）展开的过程中常常出现一种原本只属于建筑的东西——空间感。海杜克认为这种东西一样是“建筑性”的。对于这种同构性的表述仍然是——绘画。这段时间（从 20 世纪 70 年代中到 80 年代末）的每一幅画都表现出海杜克在不同的叙事体中为探索建筑存在的空间所作的努力。这里，画并不以表现为目的，它是某种有力有效的探索方式。海杜克将画的物理性带到画中。线条、色块这些画的基本物质成分作为自主的要素被独立出来，而与它所探索的叙事体的相应成分对位，以构成一个个具体的空间。

22 「被扎穿的屋顶」

90 年代之后，海杜克面对的问题逐步向宗教汇合。人所熟知的基督教符号如何转化为建筑形式成为海杜克关心的主要问题。在《校准的基础》中，海杜克用各种各样的住宅方案来对“从一个复合的、仍然有序的世界的分岔曲径与诱惑物中到达天堂的不同方式”进行了探索。绘画在这里的角色是不可或缺的。书中的绘画风格是明显的日本浮世绘面貌（书的封面就是一张浮世绘图画），准确地说，是综合立体主义 + 浮世绘。→22 在其姐妹篇《白镴翅膀，黄金角，石头面罩》中，宗教符号密布全书（首页是“上十字架”，尾页是基督头像）。各个章节的标题则为“十字路口”“场地”“仪式”“圣餐”“圣约，以及一间梅红色房间里的婚礼”。正如尼尔·斯皮尔（Neil Spiller）所说，他的画“从毛刺颇多的速写轻快地转到明亮的水彩”。但是这一水彩仍然是狂躁不安的，“激动不安的线条和鲜艳夺目的色彩”构成的对象是棱柱体、十字架、十字形、条纹、操纵器，棘轮装置和很多其他事物聚集在一起所形成的一个严酷世界。→23 书的风格无法脱离海杜克自身身体的当下状况。显而易见，对宗教问题的建筑思考也是出自海杜克的身体意识（1993 年他经历了一次几乎

22

23

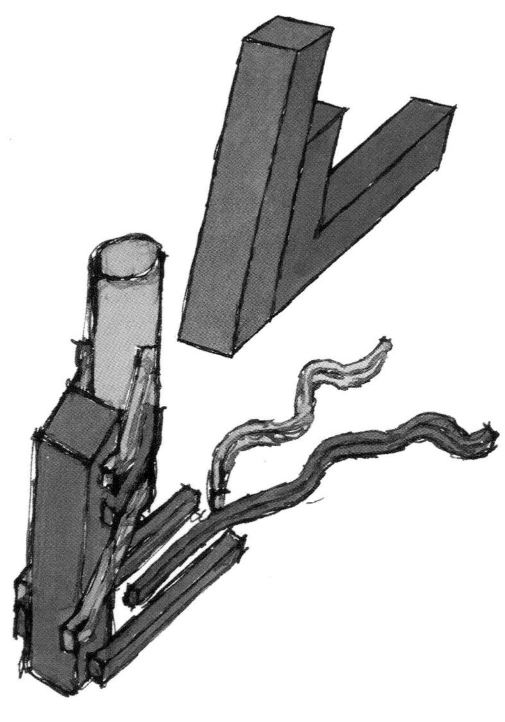

24

致死的手术）。绘画就像祈祷书（尺寸很接近），海杜克可以在一种只面对自身的情况下，一遍遍地在上面撰写只属于自己的祈祷文。这种虔诚的重复“写作”，别的表达方式无法取代。

这两本姐妹篇之间还夹杂着一本很特别的书——《恋爱中的建筑》。这是海杜克的女儿在1993年作为圣诞节礼物送他的空白速写本的一个奇妙结果。在笔记中，海杜克写道：“在这个速写本里我想让两个建筑处于恋爱之中……以便在每一个层面上都产生建筑的交媾……染色体的互换……基因工程术语总是干扰我——就好像人类的建筑物制品没有灵魂似的。我想知道建筑的灵魂和染色体会是什么。建筑的孕育究竟意味着什么？建筑的时刻？女性时刻？男性时刻？建筑的思想有性别之差吗？建筑学能被带到一个什么样的边缘？”正如海杜克所说，书中的画全部处于深度的爱恋状态。如果没有建筑的“基因工程”之说，我们倒是很容易被它们的欲望之气迷惑。→24 但是，这本笔记中最重要的不是这些，而是最前面的几张画。第一张是“石头山顶上的建筑”。这是海杜克关于建筑死亡的一个坟墓的描绘。大约30°倾斜的固体基座，上面覆盖了一张“石头面罩”，背景是血色的天空。→25 石头面罩和血色天空，都是通常认知中自然界不存在的现象。但是，一旦面罩化石，蓝天变血，世界末日也就降临。这无疑是海杜克有意设定的场景，因为只有外在世界全然坍塌，内心的世界才会为我们所知，这也就是海杜克在首页正中的引言“The sound of a book can only be heard internally”的真实含义。

在生命的最后几年里（他对死亡的来临早有准备），海杜克将全部的画作都交予美术馆或画廊（比如加拿大建筑中心）收藏。

海杜克从不讳言他受到多位画家作品的影响。其中有前辈大师，诸如波洛克（Pollock）、夏加尔（Chagall）（依笔者看来，海杜克的画法主要受其影响）、格里斯、克利（Klee）、蒙德里安等，也有他在奥斯汀和库珀的同事斯拉茨基和托里·坎迪多（Tony Candido）。但是，画家本性的平静与对视觉完美表现能力的肯定对海杜克来说是不存在的。海杜克的画的非表现性本质使他与所有画家都保持着一个平行的距离。

23 「大教堂」

24 「亚当的花园」

海杜克研究不同画家的作品，一方面为了寻找隐藏在艺术作品中的特种空间（如爱德华·霍珀、蒙德里安），另一方面为了寻找可以改变有固定趋势的绘画技术的新方法（如米罗、夏加尔），以及绘画基本要素（线条、色彩）的独立价值（如日本木版画，因为“它们使画和色彩的独立性永久地保持”）。总的来说，大部分画家的作品对海杜克的影响是局部的、短期的、有限的，除了立体主义。

晚期综合立体主义对于海杜克一直具有某种特殊的意义。他对波洛克、格里斯、莱热（Léger）等立体主义画家作品的研究终生不懈。二维空间的三维品质、共时性原则对早期住宅的影响，与波洛克的静物画中图形 / 背景的同一对晚期作品的影响同样举足轻重。立体主义对海杜克的影响如此之深，以至于不管在哪个时期受何种风格影响，它们都会与立体主义进行饶有趣味的结合。这些结合常常会带来令人惊叹的效果——1995 年出版的《校准的基础》中“刺穿的屋顶”等一批画，就是日本浮世绘与综合立体主义成功结合的一个例子。

素描、钢笔画、速写、水彩画、蜡笔画，甚至还有毛笔画，都是海杜克常用的绘画手段。50 多年来，海杜克从未改变对这类不确定的表达方式的偏好。一般而言，海杜克早期的素描和钢笔画线条僵直、透明，“看上去像是用铁钉划出的”，到后来变得柔和与简略；早期水彩画类似于儿童画，笔法简练平实，后来则变得极为绚烂华丽，充满表现力，再后来又回到原初的简朴处理方式。

从早期的住宅时期起，海杜克就对绘画中的复调技术关注有加。色彩、几何体、功能等不同要素的叠加和对位是产生神秘联系的必要手段。这来自一种纯粹的形式训练——音乐。音乐（古典音乐）的多层结构线在空气中的复杂精密的对位法在海杜克绘画的具体操作上体现得相当充分——在那些风格变化万千的画前，海杜克运用音乐性手段来催生建筑空间的魔力跃然纸上。海杜克将这种复调思维拓展开——线条、色块不仅对位于音符，而且对位于它所探讨的那些他种知识领域的叙事要素，以及人类心理领域的诸种情感结构。这样，绘画就已经接近于中世纪的炼金术与先锋派的超现实主义之间的混合体。它以一种类似于画草图的技术在多个领域的相交处活动，并将可能产生多种神奇化合作用的不同条件的并存移植到现代的心理学表达领域之中，“不断地在我们内心深处唤起隐约闪现的质疑，研究的强迫性痛苦，和兴奋所产生的希望”。

在海杜克数量惊人的画中，有一小部分独立于外，那就是关于天使（和魔鬼）的画。这些画集中在《符拉迪沃斯托克》《鸣响》《博维萨》中，主要相关于几个重要的假面舞会系列（柏林、苏联三岛）。在后期的《校准的基础》《白镴翅膀，黄金角，石头面罩》中，独立的天使画不复存在，融入随处可见的宗教仪式之中。但是，在海杜克去世之后编辑的小书《圣所：海杜克最后的作品》（*Sanctuaries: The Last Works of John Hejduk*）中，天使画复苏，并成为全书唯一的主题。此外，他为托马斯・曼（Thomas Mann）的《魔山》所作的插图也不乏天使画。早期的天使画色调清减，并且大多类似水墨画。画中的天使（大多裸体，有时穿着密实的尖顶黑斗篷，有时只是个面具）和魔鬼（骷髅骨架套上黑斗篷）纠缠在一起，其间夹杂着圣经故事、杀戮等杂糅场面。→ 26~28 后期的天使画则色调浓烈，并且基督形象突出，情感方向十分集中。→ 29

大卫・夏皮罗（David Shapiro）将这些天使画看作是分析海杜克最适合的内在文本。确实，海杜克在这些画中创造出了另一个世界——以宗教形象为角色的神话世界，超我的世界。这个世界里没有现实中我们所熟知的一切可辨识的符号，有的只是人的基本欲望的直接且魔幻的表达——性与死的

26 「祭品」

27 「飞翔」

28 「审判」

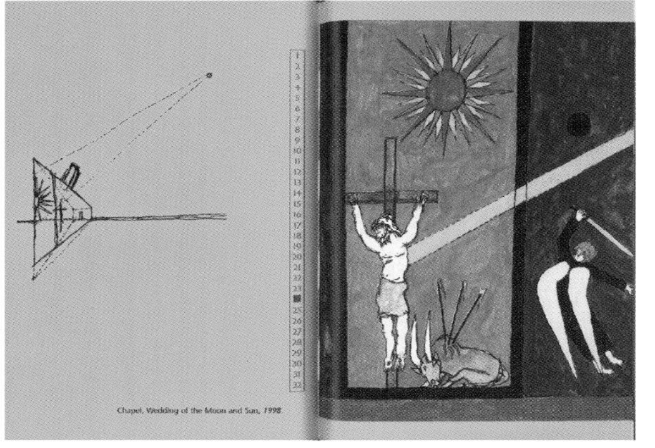

29《圣所》封面与内页

30「天使坠落」

扭结、受难的仪式……这是一个极乐世界，一个魔域桃源。在这些画中，海杜克摆脱了人之为人的情感条件，成为其中的一员。这是个绝对具体的世界（所有形象之间的关系只有两种——交媾、杀戮）；也是一个绝对抽象的世界（这两种关系没有任何意义）。这个世界平行于海杜克在住宅、假面舞会中所创造的科学式分析的精确世界和文学式叙述的寓言世界。它产生于被封印的内心之中。似乎只有致死的疾病才能将它唤醒，也许还要加上一些偶然性的宗教体验（孩童时期第一次看到帕埃斯图姆神殿的震撼），或者艺术体验（米开朗琪罗的雕塑）。但是，无论是科学世界（住宅），还是寓言世界（假面舞会），都浸淫着它的气息和目光。同时，也在等待它的启迪。除了天使，还有谁能够成为启迪之音的传递者呢？或者可以这样说，海杜克自己就是一个天使，一个画天使的天使。他的死亡就像他画的“天使坠落”。→30 不能说是偶然，他在《拉罗之夜》中，也描绘了这一场景，“当天使意外坠沉于海中的时候，它绝望拍打的双翼传递出绵延的震荡，海水的波动应和着强抑的哭声，一场海洋风暴即将到来。不要以为羽毛被冲上海岸是一件自然的事情。”

7 Chinese Architecture in 1962:

From Style to Composition and Others

Li Hua

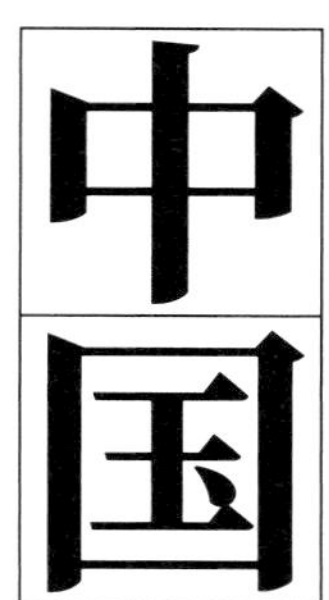

——从风格到构图及其他

李 华

或许，在有些人看来，20 世纪 60 年代是现当代中国建筑史上一个乏善可陈的时期，其上半叶似乎只是作为 50 年代的一个尾声存在。的确，无论是从体系的制度化调整和构建，还是在理论和理念上的争论、新建筑类型的出现及实践作品的重要性与影响力上，60 年代似乎都无法和之前系统重构的 50 年代，及之后思想激荡的 80 年代相比，甚至在新词语、概念的使用及叙述方式上，似乎也缺少突破或表现出强烈的独特性。然而，60 年代上半叶，在看似平淡的表象之下，却涌动着对建筑设计本身问题的探求。虽然这些探求很多来自 50 年代的开创和积累，但它们所关注的议题、形成的特点、呈现的问题，延续并反映在 80 年代的中国建筑中，甚至潜藏至今。

无论在现当代中国社会政治史还是建筑史上，1962 年都算是比较平稳的一年，甚至平稳得有些平淡。从社会政治史的角度说，1962 年是国民经济第二个五年计划的最后一年，是从激进的“大跃进”转入相对务实的经济调整与整顿时期的第二年，中国经济开始从前三年的低谷逐渐走出。随后的三年，即 1963 到 1965 年，均属这一阶段，是至今为止，自国民经济五年计划实行以来，唯一没有被纳入的时期。也因为如此，在建筑实践上，这一时期几乎没有国家层面宏大的建筑建设项目，却涌现出一批结合了现代主义的某些特质与中国传统建筑特点的小品类建筑。[1] 在理论议题的讨论上，也出现了一个看似不大却相当重要的转向。翻开这一时期的《建筑学报》，细心的读者会发现，自 1959 年开始的对社会主义新风格和建筑艺术性广泛而热烈的讨论[2][3]，从 1962 年到 1964 年几乎消失不见。代之而起的是对建筑构图及设计手法在理论层面的系统化论述。与之前“民族形式”“新风格”讨论颇为不同的是，这是一次建筑界自发的对自身理论问题的探讨，这些论述几乎不涉及任何意识形态问题，却与中国传统建筑的研究相互映照。这里的一个历史问题是，在 20 世纪 50 年代形式与内容、风格和艺术性的讨论之后，为什么会出现这样的转向，其目标和语境是什么？如果我们将历史看成是一个连续累积的过程，那么在 1962 年出现的这个转向更像是一个导引（index），不仅带我们走进一段对建筑本体问题进行小心翼翼探讨的承上启下的时期，而且可能更为重要的是，指向了一种对设计知识与设计观念在中国形塑与构筑的认识。

〔1〕 经宇澄．中国园林小品建筑 1950s-1980s[D]．南京：东南大学，2020．

〔2〕 据邹德侬所著《中国现代建筑史》大事记记载，1961 年 4 月 10 日，“中国建筑学会成立领导小组，制定计划在全国开展关于建筑风格的学术讨论”。在此期间全国有 14 个省市的建筑学会组织了 70 多次学术讨论会，提出 100 多篇文章。

〔3〕 邹德侬．中国现代建筑史 [M]．天津：天津科学技术出版社，2000：714．

问题：形式的焦虑

如果说 20 世纪 50 年代建筑理论的任务是将普遍性的意识形态议题转化为建筑议题的话，那么 60 年代上半叶所做的工作，即是为这些理论议题和建筑议题，寻求建筑的解答和建筑的方式。

50 年代有一系列理论议题的讨论，但就讨论的规模、参与者身份的多样性而言，最大的恐怕是 1959 年展开的对建筑艺术性的讨论。1959 年 5 月 18 日到 6 月 4 日，国家建筑工程部和中国建筑学会共同主办了一次大型的学术研讨会——“住宅标准及建筑艺术座谈会”。会议历时 18 天，其中 14 天都在讨论建筑艺术的问题。正是在这次会议上，时任建筑工程部部长刘秀峰发表了当时被视为具有纲领性，并常被后继研究者提及的讲话——《创造中国的社会主义的建筑新风格》。[4] 当时有关建筑艺术问题的讨论有两个议题：国外建筑的趋势与实践，包括资本主义国家和社会主义国家的，和建筑创作中的艺术问题。《住宅标准及建筑艺术座谈会发言汇编》的这一部分，共刊发了梁思成、杨廷宝、刘敦桢、赵深、林克明、罗小未、冯纪忠等 29 人的 31 篇文章，并部分地在《建筑学报》上连载，收录于 1961 年中国建筑学会编辑出版的《建筑理论争鸣论文选》中。[5] 这些发言人中有历史学家、建筑师、建筑教育家和建筑管理者，且在各个领域和地区具有引领性的影响力。与 50 年代一些由上至下贯彻国家方针的讨论不同，这场有关艺术性问题的讨论，是行业内由上至下推动，并兼及了由下至上的广泛诉求。那么，如此多重要人物参与的这场讨论，其背后的动因是什么？影响和意义在哪里？要厘清这些问题，我们需要对 50 年代中国建筑的理论与实践问题做一个简要回顾。

50 年代中国建筑一个核心的理论问题和实践问题是“形式与内容”的关系。直到 80 年代上半叶，它仍是中国建筑学者和建筑师力图回应和解决的。事实上，50 年代对中国建筑界最具影响力的两个方针——“社会主义内容，民族形式”和“适用、经济、在可能条件下注意美观”——即涉及这一关系的两个方面：形式与意义的表征；形式与功能及技术的关系。问题是，当内容被先验地确定，并在理念上对“形式是内容的反映”基本达成了共识时，在实践中，以使用大屋顶为代表的中国古典建筑语言被视为复古主义，采用经济、实用的简洁手段被视为结构主义（即当时在欧美盛行的现代主义），二者均受到批判之后，建筑的形式成为了问题。曾任中国建筑学会秘书长、参与组织北京十大建筑方案设计等工作的汪季琦，在《回忆上海建

〔4〕 刘秀峰的这篇文章发表在会后内部刊发的本次座谈会的发言汇编，1959 年 9/10 期的《建筑学报》，及 1979 年创刊的《建筑师》第 1 期上。全文见：刘秀峰．创造中国的社会主义的建筑新风格 [G]// 建筑工程部，中国建筑学会．住宅标准及建筑艺术座谈会发言汇编（内部资料）．北京，1959: 1-17.

〔5〕 中国建筑学会．建筑理论争鸣论文选集（内部参考资料）[G]. 北京，1961.

筑艺术座谈会》（1980）中这样说：“在中国建筑学会第二次代表大会[6]前夕，建筑师就有‘下笔踌躇，不知所从，左右摇摆，路路不通’的反映。没有点民族形式、没有用点花纹装饰，会不会被认为是结构主义呢？用了民族形式、用点花纹装饰，会不会被认为是复古主义、形式主义和浪费国家财产呢？”并希望与领导一起“对于建筑创作问题从理论到实践进行认真的研究和讨论”，在理论上厘清概念，在实践中确定能做什么和不能做什么。[7]随着1958年北京十大建筑建设的进行，这一问题变得更加突出和尖锐。然而，形式问题是当时的禁区，无论是结构主义还是复古主义都被视为形式主义，遭到了贬抑。于是，出现了一个悖反的现象：一方面是理论上形式讨论的“真空”，另一方面是实践中，被压制的形式却成为最受关注并亟待解决的议题。

前提：形式的正当性

从历史的角度看，1959年这场讨论的一个重要任务，是在建筑话语和政治话语的体系中为建筑形式“正名”，尽管是在建筑艺术性的名义下。对建筑的艺术性，其内涵、意义、表现等，无论是1959年会议上的发言，还是随后发表的文章，有些看法是共同的：首先，建筑是一种艺术门类，但不同于其他艺术，其独特性在于它是一种具有物质属性的实用艺术，其形式是由功能技术和现实需求决定的，同时也具有思想性和艺术性；其次，形式、美、艺术性，以及建筑内容和建筑艺术内容并不等同，它们有各自的范畴；第三，单体建筑物的形式或造型不单单取决于自身，更重要的是与建筑群的组织、与环境相协调；第四，无论风格还是形式都是发展变化的，在适用的前提下，古今中外皆可为我所用。对现在的我们，这四点并不特别，即便在当时，它们也算不上特别的创见。但重要的是，在这些共识的背后，对形式的讨论和考量，对中国古代建筑和当时资本主义国家建筑的借鉴与参照，在适用的前提下，获得了公开的正当性。

在建筑形式的考量获得正当性的同时，它也获得了某种程度上的自主性。例如，哈雄文就提出：“不能超越功能技术问题，而单独地把建筑造型问题提到首要地位。但另一方面，也不能否认造型问题的确[实]存在，不能认为建筑中的造型问题就完全没有它自己的独立的规律性，从而低估了以造型问题为中心的，以求在思想上明辨是非，在看法上求得一致的可能性。……承认实用经济是建筑中的根本问题也并不排斥建筑艺术造型问题作为同等重要的问题而客观存在。”[8]使这种自主性合理化的，是对建筑的形式、美、

〔6〕 中国建筑学会全国第二次代表大会于1957年2月12日至19日在北京召开。

〔7〕 汪季琦．回忆上海建筑艺术座谈会[J]．建筑学报，1980（04）：1-4．

〔8〕 哈雄文．对建筑创作的几点看法[G]// 建筑工程部，中国建筑学会．住宅标准及建筑艺术座谈会发言汇编（内部资料）．北京，1959：201-210.

艺术性在范畴上所做的区分。徐中的表述颇具代表性，他在《建筑的艺术性究竟在那里》的发言伊始，便设问："美观是不是专指形式？有形式就有内容，美观的内容又是什么？大家说建筑有艺术性的一面，美观是不是就是指建筑的艺术性？"随后，他论证说："艺术必须要有美好的形式，这是不错的，但美好的形式不等于艺术……"而"建筑不是非要具有艺术性不可"。[9] 在徐中看来，形式是功能技术的直接呈现，美是通过技巧所反映出的现实，而艺术性则是思想内容的有意识表现。徐中的解释是否是所有人的共识，倒也未必。事实上，对这三者关系的辨析在 20 世纪 80 年代仍在继续。[10][11] 但对这三者进行区分的意义却不可小觑。一方面，它试图从学理上弥补政治话语与建筑现实之间的间隙，如鞍钢的建筑形式不漂亮，却是美的；符合功能和经济要求的现代主义建筑却是缺乏艺术性的，等等。另一方面，将形式和美与意义的表现相分离，为它们的独立性赢得了有限却合法的空间。

当然，在当时的讨论中，没有人宣称形式问题是建筑设计的基本问题，但一个潜在的逻辑是：与所有艺术一样，建筑设计是一项创造性的工作，在满足基本物质需求的基础上，对美和意义的追求必要且必须，而美和意义的表现与形式的创造密不可分，于是形式创造便成为设计的基础性工作之一。这种认识一方面保护了建筑设计工作的自主性，另一方面也制约了其创造性工作的范围。但无论怎样，20 世纪 50 年代末到 60 年代初，在解决建筑形式问题的焦虑过程中所完成的形式问题的正当化，为 60 年代上半叶以构图为基础的设计方法的讨论和不以形式象征意义为判断标准的美学探索铺平了道路。对此，在 1962 年清华大学编写的《建筑构图原理（初稿）》中，有这样的阐述："我们要明确探讨构图形式的完美，不能代替全部建筑设计工作及建筑艺术创作，不能孤立地讲求构图技法。……当然，只有正确的设计思想，而没有熟练的构图技巧，也很难创作成功的作品。"[12]

议题：建筑构图 / 组合

构图并不是 20 世纪 60 年代中国建筑中一个新兴的话题。如很多研究者业已揭示的，它是中国现代建筑知识的一个组成部分，并且自这一知识与实践在中国建立伊始，直到八九十年代，一直被视为建筑设计的基本技

〔9〕 徐中．建筑的艺术性究竟在那里 [G]// 建筑工程部，中国建筑学会．住宅标准及建筑艺术座谈会发言汇编（内部资料）．北京，1959：143-147. 徐中的发言思辨且具深度，在当时颇有些石破天惊的意味。

〔10〕徐中的学生彭一刚在其 1983 年出版的《建筑空间组合论》中，对此有更为明确的范畴上的划分。

〔11〕彭一刚．建筑空间组合论 [M]．北京：中国建筑工业出版社，1983：1－6，43．

〔12〕清华大学土木建筑系民用建筑设计教研组．建筑构图原理（初稿）[M]．北京：中国工业出版社，1962：9．

能与方法，当然，其中不乏修正、拓展与重释。如果说 80 年代上半叶是建筑构图相关书籍出版和成果制度化的一个高峰，那么 60 年代上半叶可以说是它的前奏。这个前奏短暂却不应忽视，因为它不仅呈现和延续了 50 年代的研究及其成果，而且是中国建筑学者和建筑师第一次在理论层面对构图进行系统化的集中讨论，和“本土化”的构建与发展。虽然不乏对外来理论的引用与借鉴，它依然是建筑学在中国建立自身话语和知识的一个重要阶段。

从 1962 年到 1964 年，一批有关建筑构图的书籍和文章相当集中地出版和发表。如上文提到的《建筑构图原理（初稿）》，即是清华大学土木建筑系民用建筑设计教研组于 1962 年编写出版的一本“高等学校交流讲义”，这是第一本由中国学者和教育者撰写出版的专门阐述构图议题的中文教材。[13]同年，《建筑学报》发表了窦武的《关于建筑形式美》和吕俊华的《小区建筑群空间构图》；1963 年，《建筑学报》为适应读者对建筑设计基础知识的需求，特别设置了“构图原理讲座”专栏，在该专栏的名义下发表了周维权的《建筑形式的比例》，和齐康与黄伟康的《建筑群的观赏》[14]；并于 1964 年，刊登了李行的《建筑构图中的对位》等。同年，《建筑理论与历史资料汇编》（第 2 辑）发表了白佐民的《建筑群规划设计中的视觉分析》。在同一时期，《建筑学报》还发表了一系列借助构图的概念与方法对中国园林和传统建筑的设计方法进行研究和提炼的文章，如 1963 年发表的潘谷西的《苏州园林的观赏点和观赏路线》[15]、夏昌世和莫伯治的《漫谈岭南园林》、侯幼彬的《传统建筑的空间扩大感》，郭黛姮、张锦秋、彭一刚等对苏州留园及庭园建筑的分析，及 1964 年莫永彦和李文佐的《园林小品艺术处理的意匠》等等。另外，1963 年，清华大学民用建筑设计教研组还编写发行了另一本教学用书《民用建筑设计原理（初稿）》，其中有关空间组合与构图的部分占了全书近一半的内容。[16]这些作者大多是在高等院校从事建筑设计教学和实践的教师，由此可见，有关建筑构图的探讨既是当时学界关注的一个理论议题，也是实践所需的知识。[17][18]

［13］之前并非没有相关的阐释论述，但基本上分散在设计方法的论述，或具体建筑的评论中。

［14］齐康和黄伟康的这篇文章最初发表于《南工学报》1963 年第 1 期，名为《建筑群的构图与观赏——初探建筑群构图中的一些问题》，《建筑学报》上的这篇文章与之内容基本一致，但有删改。

［15］潘谷西的这篇文章内容与发表于《南工学报》1963 年第 1 期的《苏州园林的布局问题》观念基本相似，但写法不同。

［16］《民用建筑设计原理（初稿）》共两册，文本和图本各一册。全书内容由两部分组成，第一部分主要是关于建筑设计的方法、步骤，及建筑设计中的功能、结构和经济问题，共 104 页。第二部分即为空间组合和构图的原则与方法，共 80 页。

［17］这后面还有一个背景：1961 年“高教六十条”颁布后，在建工部的组织下，中国各建筑院校开展了一系列教材和教学参考书的编撰，其中建筑设计类的教材占了很大一部分。

［18］汪妍泽．学院式建筑教育的传承与变革——简论东南大学建筑教育发展 [D]．南京：东南大学，2019：135－136．

对于这一时期围绕建筑构图和与之相关的议题，如空间、空间构图等，当代研究者从与现代主义建筑话语、与布扎传统的关系，它们在中国语境中的转译甚至“误读”等方面，进行了颇有成效的考察。[19] 而本文试图将此议题中布扎与现代主义影响的辨析暂且搁置，在中国建筑自身演化的脉络中，探寻这一时期建筑构图作为一种设计方法是如何构筑的，其特点是什么。为此，下文将针对构图原理建立所基于的视角与观念，进行一个重构性的解读。需要说明的是，这一时期的很多观点，相似的表述常常见于不同作者的文章中。本文不拟对此作历史的追溯和个体差异的辨析，而更关注引述文本中所体现出的知识积累与共识。

视角：实体 / 空间 / 景

尽管这一时期对建筑形式构成方法的论述不乏共通之处，但若仔细辨析，依然会发现它们在视角和美学判断上的差别。由此，大致可分为三种：实体与静态，空间与感知，景构与动观。这三种视角，尤其是后两种，在同一个文本的论述中，往往相互重叠，而非彼此对立。之所以作这样的区分，是为了使这一知识构成中的延续、拓展及特点得以更清晰地呈现。

实体与静态　将构图对象视为静态的建筑物，论述部分与整体之间相互协调和控制的关系，是建筑构图理论中最为普遍的看法。从石麟炳 1934 年所写的“建筑的权衡”到陈绎勤 1952 年对“建筑构成原理”的说明，及 20 世纪 60 年代的《建筑构图原理》《建筑形式的比例》《建筑构图中的对位》等，都是从这一视角出发建立其美学判断的标准和设计方法的。虽然在具体原理的论述上不尽相同，但有三点是共通的：①关注的对象大多为单体的建筑物，且主要为建筑的实体部分；②追求形式的稳定性；③强调整体的统一与协调。

除此之外，《建筑构图原理》第二章最后一节“比拟与联想”，特意对形式与意义的关联手法进行了论述。作者认为：“艺术创作中常常运用比拟与联想的手法，以表达一定的内容。建筑艺术不能直接描写或者刻画现实生活中的人物事件的具体形象，因而比拟与联想的手法的运用，就往往具有更重要的意义。”书中总结了三种具体的方法——对自然和事物形象的比拟和联想；对一些概念，如庄严、活泼、开朗等的联想；对使用功能的联想——并指出应以“恰如其分地真实表现”为原则。同时，中国古典建筑中的“题名”被视为一种特殊的加强艺术表现力的方式。[20] 事实上，建筑形象所表现出

〔19〕对于这些议题细致的论证和梳理可见于鲁安东、闵晶、卢永毅、汪妍泽、单踊、陈加麒等人的论文和专著中。

〔20〕Talbot Hamlin. Forms and Functions of Twentieth-Century Architecture: Volume 2 [M]. New York: Columbia University Press, 1952: 90－103.

的性格或特征，是 18 到 19 世纪欧洲建筑理论中的一个重要议题。[21] 1952 年美国出版的《二十世纪建筑的形式与功能》（*Forms and Functions of Twentieth-century Architecture*，下称《形式与功能》）中，专有一章谈论建筑性格的塑造。[2]217－242 同样出版于 1952 年的陈绎勤的《建筑设计》中，对此亦有专论。[22] 而现代主义建筑，《形式与功能》的作者认为它在塑造性格上存在困难，“因为这些现代建筑无从激发起人们记忆中的大量建筑形象作为背景”。[23][24] 总体上说，这一视角中的观念以因袭为主，但也可以看到将构图原理与中国文化相结合的努力。

空间与感知　将构图的对象视为空间，并关注空与空之间的关系及其所带来的感受。虽然这类论述多见于普遍原理在特殊建筑类型上的应用，如小区建筑群、中国传统空间等，但却是 20 世纪 50 年代以来构图理论在中国的一个发展。尽管由于对象不同，论述上各有侧重，但有几点是共通的：①注重建筑物之间的关系，及其所形成的“空”；②注重视觉体验的变化与丰富性。如吕俊华论及住宅区院落组合的关系时，提出“在这种院落相互联系的建筑群布置中，一幢房屋在建筑群中的作用，将随观察者不同的视点和角度而变化：a. 它形成空间的一边；b. 它在空地上以三度空间的形式出现，观察者可以同时看到房屋的透视和两个相邻的空间；c. 它在一个空间的后面封闭视线；d. 它高于其他房屋，成为空间中的主导因素”[25]。→1

③注重空与空之间的关系和空间层次感。如侯幼彬在阐述中国传统建筑采用“化整为零”的布局手法时，这样描述一座中型的四合院住宅，如何“在住宅以实用为主的要求制约下，形成多层的空间层次”：“第一道是大门和影壁组合的、从外部空间转入建筑内部的一个急速收敛的小空间；进入垂花门前狭窄小院，这是缓慢过渡、继续收敛的空间；进垂花门，一般正中内扇紧闭，挡住视线，从侧边转入，展开了横长方形的前庭，境界为之一敞；再穿过过厅，通过短暂的室内收敛和过渡，最后才进入正房前的方形大院。这样，从众多庭堂中感受到盛大容量，从一进进的曲折层次中感受到深远无尽，从庭院的大小闭敞中感受到尺度对比，从而在观感上扩大了住宅总领域，扩大了主要庭院的空间尺度”[26]。→2

侯幼彬用同样的方法分析了北京故宫空间高潮和威严感的形成。从空间

〔21〕阿德里安·福蒂．词语与建筑物：现代建筑的语汇 [M]．李华，武昕，诸葛净，等译．北京：中国建筑工业出版社，2018：102－112．

〔22〕陈绎勤．建筑设计 [M]. 上海：龙门联合书局出版，1952：80－91.

〔23〕《形式与功能》认为性格塑造是现代主义建筑中的一个缺陷或难点，关于现代主义建筑对此的看法，可参见阿德里安·福蒂《词语与建筑物》中的词条“特征”或柯林·罗的《性格与组构》（*Composition and Character*）。

〔24〕托伯特·哈姆林．建筑形式美的原则 [M]．邹德侬，译．北京：中国建筑工业出版社，1982．《建筑形式美的原则》译自《二十世纪建筑的功能与形式》第二卷《构图原理》（*The Principles of Composition*），参见注释〔33〕；托伯特·哈姆林（Talbot Hamlin）在注释〔33〕中又译作“塔勃特·哈木林”（编辑注）。

〔25〕吕俊华．小区建筑群空间构图 [J]．建筑学报，1962（11）：1－4.

〔26〕侯幼彬．传统建筑的空间扩大感 [J]．建筑学报，1963（12）：10－12.

1 吕俊华，一栋建筑物在建筑群中的作用示意

2 侯幼彬，北京典型四合院住宅平面示意

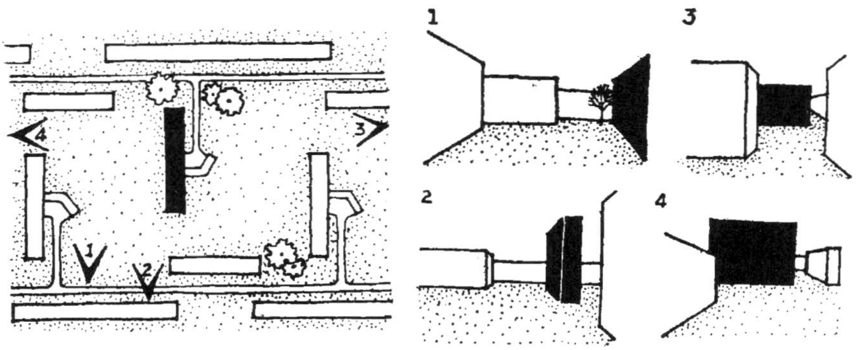

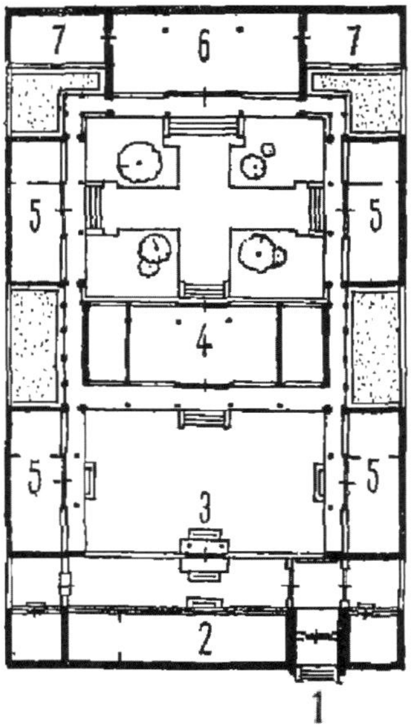

1—大门

2—倒座

3—垂花门

4—过厅

5—厢房

6—正房

7—耳房

关系和感知入手，通过“层”的构建形成空间的深度与无尽感，这种方式不同于早期建筑学者和建筑师对中国传统建筑特色的总结，也迥异于欧洲文艺复兴以一点透视形成空间焦点与无限感的方式，是中国学者于建筑组合上的独特贡献。

景构与动观 将构图对象视为动线的组织和景点的构筑，是 20 世纪 50 年代以来构图理论在中国的另一个重要发展，或许更准确地说，这一视角在汲取构图原理与现代主义空间观念的基础上，形成了某些具有自身特点的有关物与物、物与空之间关系的认知与美学。这一时期的相关论述，有以下几个特点：①在布局上，强调动与静的结合，即动态的交通线或行进路线与静态的观景点或休息点的设置；②在感知上，注重连续的空间体验和由此形成的整体感，与贯穿其中的片断化的“景”的结合。如齐康和黄伟康在论述城市建筑群的构成时，区分了两种不同的空间：结构性的空间和视觉上的“局部空间景面”。前者是“由空间中的单体（建筑物、树木、小品等）、建筑与建筑或建筑与周围环境所构成”；后者为人的空间活动在特定视点上所看到的空间效果。“人要观赏建筑群空间的全貌，必定经过一个在‘点’上（方向的转动）或‘线’上（方向和视点同时转移）连续观赏的过程。”因此，“在研究城市建筑群的空间构图时，必须考虑到人们活动在这些‘点’和‘线’上所看到的局部空间的景色，研究各种处理手法，

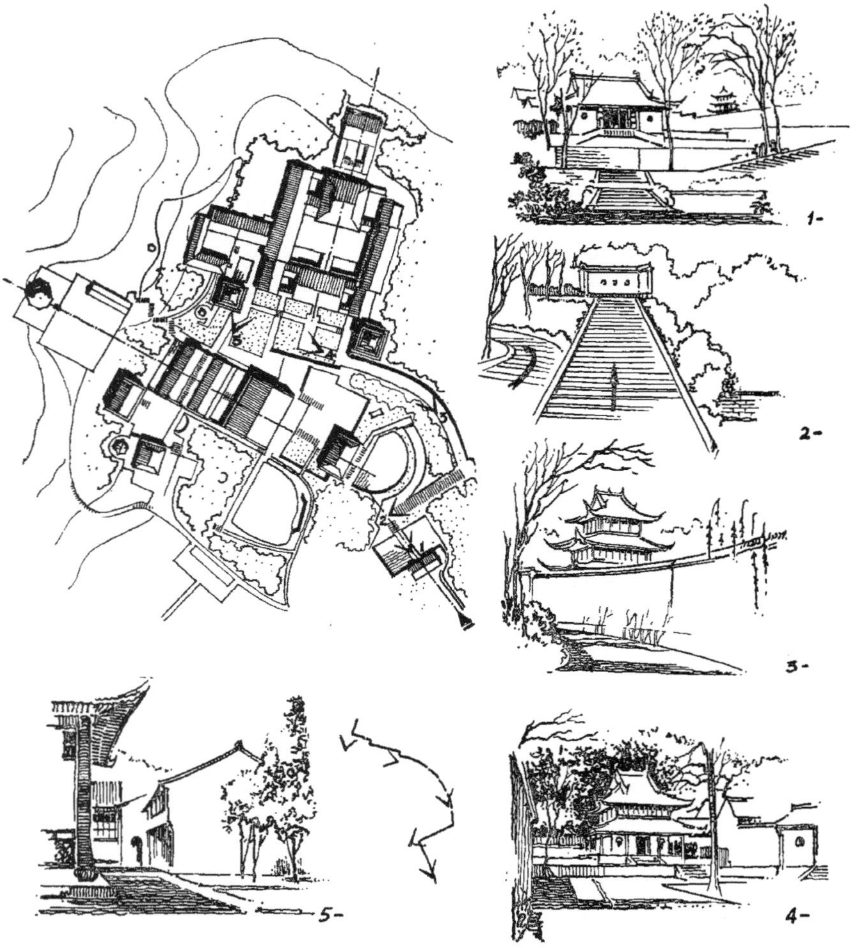

3 齐康、黄伟康，杭州虎跑泉建筑群的观赏分析

4 苏州留园石林小院西视剖面图

使它们具有连续、统一而又有变化的观赏效果”〔27〕。→3

③在三维关系中，尤其是纵向和剖面关系中，思考元素、建筑物和空间之间的关联。潘谷西在总结苏州园林观景点的设置时，评述道：“这些‘点’的位置有高有低，有进有退；忽而登山俯瞰，忽而濒水仰视；或处境开朗，或处境聚敛。环境气氛变化多端，各具特点。……于是同一山水，由于欣赏位置和角度不同，就能兼得许多不同的风景构图了”，获得各种不同的“意趣”。〔28〕这一观点与吕俊华的颇有相似之处，但在风景构图中，更注重垂直方向的关系，并发展出一种对连通和并置动态关联的审美倾向。尤其在园林和民居的测绘和表现中，剖面成为了最重要的表达方式之一。在这些剖面关系中，一方面，内与外的空间连通且连续；另一方面，各种元素，如地形、山石、树木、建筑物、庭院，甚至家具，既独立，又处于一种相互关联的并置中，建筑物的实体性被削弱，而彰显出环境的整体性、空间的流通性和景的多重性。→4

这一时期所表现出的对建筑构图原理的重释有一个重要的特点，即中国传统建筑研究的介入。一方面，中国传统建筑，尤其是园林和民居研究，借助构图原理进行了设计方法与手段上的系统化阐释；另一方面，这些阐释又使之获得了新的发展，并显现出超越以布扎为基础的构图原理的趋势。而这些转变是一个积累的过程。对此较为系统的论述至少可以追溯到 1956 年刘敦桢对中国园林“空间构图”原则的总结。在《苏州的园林》中，他将这些原则概括为 8 点：①不规则的平面；②曲折而富于变化的风景；③基本形体的利用；④宾主分明；⑤对比；⑥对景；⑦借景；⑧交通线（即游览路线）。〔29〕从 20 世纪 50 年代中叶到 60 年代上半叶，中国传统建筑的研究中可以见到不少相关论述。如郭湖生对中国园林中“亭”作为一个观景和构景元素的设计手法的总结，〔30〕和童寯对其历史沿革与类型、当代应用的可能的补充，〔31〕等等。事实上，这些从中国传统建筑中提炼出来的原理，并不只是运用在中国式新风格的建筑设计中，而且被转化为了更具普遍意义的设计原理及美学观念。例如，齐康和黄伟康的文章就多次引用苏州园林中建筑群的构筑方式，〔32〕《民用建筑设计原理》也在论述空间的“围”与“透”时谈及中国南方的园林和民居。→5[1]123－129 这些原理中的有些部分，如对比、韵律、多样统一等，基本遵循的是经典的构图原理，而有一些，如动线、动观、“景”的组织、空间层次感，及建筑体验中对变化密度的追求等，与 20 世纪初的

〔27〕齐康，黄伟康．建筑群的观赏 [J]．建筑学报，1963（06）：19－23.

〔28〕潘谷西．苏州园林的布局问题 [J]．南工学报，1963（01）：45－65.

〔29〕刘敦桢．苏州的园林 [M]// 刘敦桢文集（四）．北京：中国建筑工业出版社，1992: 120－125.

〔30〕郭湖生．园林的亭子 [J]．建筑学报，1959（06）：38－39，45－46，2－31.

〔31〕童寯．亭 [J]．南工学报，1964（01）：55－64.

〔32〕齐康也参与了潘谷西的《苏州园林的布局问题》中所用的图的绘制。

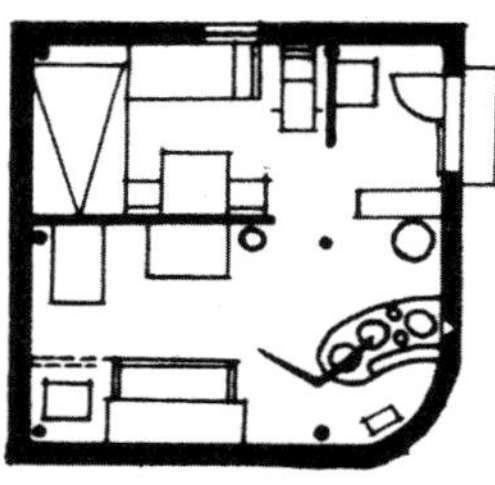

5

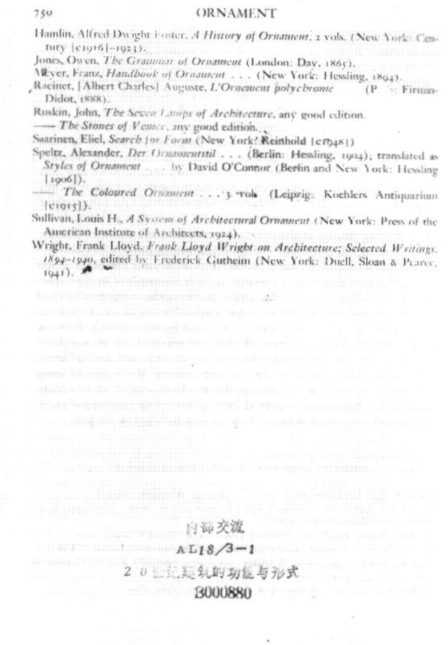

750 ORNAMENT

Hamlin, Alfred Dwight Foster, *A History of Ornament*, 2 vols. (New York: Century [c1916]–1923).
Jones, Owen, *The Grammar of Ornament* (London: Day, 1865).
Meyer, Franz, *Handbook of Ornament* . . . (New York: Hessling, 1894).
Racinet, [Albert Charles] Auguste, *L'Ornement polychrome* (P[illegible]: Firmin-Didot, 1888).
Ruskin, John, *The Seven Lamps of Architecture*, any good edition.
—— *The Stones of Venice*, any good edition.
Saarinen, Eliel, *Search for Form* (New York: Reinhold [c1948])
Speltz, Alexander, *Der Ornamentstil* . . . (Berlin: Hessling, 1904); translated as *Styles of Ornament* . . . by David O'Connor (Berlin and New York: Hessling [1906]).
—— *The Coloured Ornament* . . . 3 vols (Leipzig: Koehlers Antiquarium [c1915]).
Sullivan, Louis H., *A System of Architectural Ornament* (New York: Press of the American Institute of Architects, 1924).
Wright, Frank Lloyd, *Frank Lloyd Wright on Architecture; Selected Writings, 1894–1940*, edited by Frederick Gutheim (New York: Duell, Sloan & Pearce, 1941).

内部交流
AL18/3-1
20世纪建筑的功能与形式
B000880

6

5 浙江民居中的空间

6 《二十世纪建筑的形式与功能》封面与翻印注释页

已大不相同。

在中国之外，从30年代到60年代，受现代主义建筑的影响，一般话语中的构图已逐渐被设计所取代。[3]118 然而，建筑构图原理的发展并没有完全终止，并试图纳入现代主义的某些观念、方法。其中最具代表性，也是对50年代至80年代，甚至90年代中国建筑产生了深远影响的有两本书，一本是前文提到的，1952年由托伯特·哈姆林（Talbot Hamlin）主编、在哥伦比亚大学支持下，于美国出版的四卷集巨著《二十世纪建筑的形式与功能》；另一本是 1960 年由苏联建筑科学院建筑理论、历史和建筑技术研究所编撰出版的《建筑构图概论》。60 年代上半叶在中国出现的“构图热”与苏联这本书的出版不无关系，尽管当时中国和苏联处于一种微妙的紧张状态中，这本书的出版不仅强化了中国建筑界对构图和形式讨论的正当化，而且在某种程度上激发了中国学者对构图原理系统化的阐述。不过，一个潜在且更长久的影响似乎来自《形式与功能》。这部书第二卷的构图原理，曾由南京工学院的奚树祥和天津大学的邹德侬同时翻译成中文，分别于 1979 年和 1982 年出版。〔33〕〔4〕而且，整套书曾被翻印作内部交流，➔6〔34〕在南京工学院，也曾被奉为重要的建筑设计和教学参考。在清华大学编写的《民用建筑设计原理》中，“空间的序列”一节基本上是对其序列设计的总结和延展。[1]135－148 事实上，50 年代至 60 年代中国建筑对构图原理的阐释，与该书对序列设计的阐述有不少相似之处，但也有着自己独特的视野。

序列设计与《二十世纪建筑的形式与功能》

《二十世纪建筑的形式与功能》是一部出版于现代主义盛期，试图将布扎的构图原理和设计方法进行更新并延续的巨著。全书共 4 卷，由多位作者合作而成。其主编哈姆林（1889—1956）出生于纽约的一个建筑世家，1910 年进入哥伦比亚大学学习建筑，1914 年毕业，1950 年成为美国建筑师协会资深会员。他曾在墨菲事务所供职，也曾自己开办事务所，参与过不少亚洲的建筑项目。在从事实践的同时，他也在哥伦比亚大学任教，并于 1934—1945 年担任该校艾弗里建筑和美术图书馆馆长，1954 年作为建筑理论方面的教授退休。〔35〕哈姆林一生著述颇丰，他在《铅笔制图》（*Pencil Points*）上发表的评论文章，反映了美国建筑从布扎向现代主义转变过程中的一些观念和思考。〔36〕对编撰《形式与功能》一书的目的，时任哥伦比亚大学建筑学院院长的利奥波德・阿诺（Leopold Arnaud）在前言中这样说：“加代的《建筑要素与原理》是一部伟大的著作。事实上，它今天依然蕴含着颇有价值的信息，因为建筑组合的基础没有改变，并像过去一样依然

〔33〕塔勃特・哈木林．构图原理 [Z]．奚树祥，译，刘光华，校．南京：南京工学院建筑系内部刊行，1979.

〔34〕1964 年 1 月由清华大学土木建筑系翻印英文版，见：https://book.kongfz.com/23715/5166032521/．翻印版所注的中文译名为《二十世纪建筑的功能与形式》，鉴于当时对形式的压制和“内容决定形式”不可撼动的正确性，将功能置于形式”之前应该不是失误，更可能是当时境况的反映。

〔35〕Columbia University Libraries. Talbot F. Hamlin (1889－1956)[DB/OL]．[2021-03-17]. https://library.columbia.edu/libraries/avery/da/collections/hamlin_tf.html.

〔36〕耿欣欣．从制图术到设计——1920—1943 年间的《铅笔制图》和美国建筑从布杂向现代主义的转变 [D]．南京：东南大学，2013.

有效”，而这套书要做的是应对 20 世纪建筑的变化，对加代的原则予以延伸。[2]xi－xii 与 20 世纪初有关建筑构图的美学论述相比，“布局中的序列”（Sequences in Planning）和“规则与不规则的序列设计”（Formal and Informal Sequence Design）是《形式与功能》中提出的新原则，其中吸纳了不少现代主义建筑的一些观念和案例。在为这两章推荐的补充读物中，吉迪恩的《空间·时间·建筑》、柯布西耶的《走向新建筑》、赖特的《现代建筑》，与加代、柯蒂斯等人的著述一起列于其中。

在“布局中的序列”一开篇，哈姆林便宣称建筑是一种时间和空间的艺术。“对一个建筑作品的鉴赏和理解，是建立在一系列有机的、连续不断的不同体验上的。”“建筑物的成功，往往正是依靠这些印象的正确序列，如同要依靠建筑中每个精彩的局部一样。”[4]122－123 序列设计的核心是通过一系列起承转合的布局与路径引导，形成视觉体验的高潮。规则和不规则布局是实现这种体验的两种手段。类似于对称和不对称的均衡关系，前者一般采用简洁清晰的流线，递进式地铺垫空间的高潮；后者常运用弯曲或曲折的轴线，倾向于出其不意的视觉冲击。其原则，从书中对中国传统建筑序列设计的分析可见一斑：

> “中国建筑的平面一再发展次要高潮以阻滞主要轴线的发展，还去装点围绕在高潮两边的走道，待再回到主轴上来之后，一个新的而且更重要的高潮就出现了。在典型的中国庙宇中，往往是以这种穿过两个甚至三个庭院的手法来趋近主要高潮的。越过它之后，将又是与之类似处理的另一些庭院，但是在意义上就次要一些了。中国建筑的平面尽管极为规则整齐，但由上述这类安排所造成的视觉感受是极为丰富多彩的。”[4]160

如果将以此为代表的序列设计与这一时期中国学者的视角相比，我们可以发现其中的相似与差异。首先，视觉是两者构筑原理的共同基础，并都推崇以此形成的连续的空间体验和它的丰富性与趣味性；〔37〕〔38〕其次，哈姆林主要关注的是单体的建筑和建筑空间的组织，而中国学者显示出对建筑群的组织和整体环境关系更多的兴趣；第三，哈姆林的分析主要落在平面关系上，而中国学者，如前文所述，发展出了对剖面关系的注重。

最后也可能是最重要的不同之处，在于空间高潮的塑造与景的构筑。这并不是说中国学者不重视空间高潮，但景构的提出虽与之相关，甚至在很多

〔37〕鲁安东对现代中国园林话语中视觉中心的揭示，颇具洞见。虽然我对将之全部归于现代主义的影响有一定保留，但这一发现同样可见于当时中国学者对构图原理的论述及空间分析中。

〔38〕鲁安东．迷失翻译间：现代话语中的中国园林 [C] // 马克·卡森斯，陈薇，李华，等编．建筑研究 01：词语、建筑物、图．北京：中国建筑工业出版社，2011：47－79．

时候与之相似，但其中的差异依然值得关注。在论述空间序列的构筑时，一个微小但颇具揭示意义的地方是，哈姆林和中国学者使用了不同参照。哈姆林在文中多次将序列设计类比于音乐，尤其是交响乐，而刘敦桢在谈论中国园林的空间构图时，参照的是中国山水画。这固然源自不同的文化背景，但差异在于，前者更注重单视点的线性进程，而后者更倾向于多视点的画面互借与多重并置。后者的这一视角与现代主义的多视点和空间的多面性颇为相似，但又不尽相同，因此产生出一种独特的诗情画意的美学意味。

结语与反思

20 世纪 50 年代末到 60 年代中，中国建筑理论的讨论从建筑风格和建筑的艺术性转向建筑构图，既是一个历史议题，也是一个知识议题。当建筑的形式美与表意的思想性或艺术性被小心翼翼地区分，建筑形式的讨论获得了正当性时，一方面建筑设计或者说建筑创作赢得了一个可贵的自主空间，并产生了丰硕的成果。如果今天的读者认为，中国学者和建筑师当时提出的观念和方法已是不言自明的话，那恰恰说明他们的努力已成为当今知识的一部分，或者基础。但另一方面，这种正当性在某种程度上也限定了设计工作创造性的范围，存在着将之约减为形式创造，甚至单纯的形式操作的危险，从而失去了赋予意义和构筑生活方式的可能。尽管在实践中和文本里，作为内容的功能、技术甚或文化等被给予了决定性的地位，但其中的分别在于主动的自觉与被动的遵从。事实上，到 80 年代，物质实体、空间构筑与含义之间的关联依然没有在学理和方法上得到很好的解决。

中国语境中建筑构图的知识属性一直是学界关注的议题之一。辨析其与布扎体系和现代主义的关系，其意义不言而喻。但辨析之后如何，是接下来面对的问题。柯林·罗在评论《形式与功能》时，提出以加代为基础的构图原理与以蒙德里安、立体派等为代表的现代主义构图有着根本的不同：“1900 年前后所理解的构图理念是中心性的，意即围绕一个中心空间或空组合元素，并根据重力方式向下传递重量。与这些原则相对，风格派发展出被称为‘边缘的’构图，它不是向中心焦点聚集，而是向画布或墙面的边端分散，在建筑物中，关涉的不是重力而是一种悬浮的谋篇布局”。[39] 在他看来，加代看似理性且普适的原理，既无法把握每种风格的内在独特性，也不能解释历史性的区分。在上文的讨论中，我们看到 60 年代上半叶中国学者对构图原理的某些阐释，借助传统建筑的研究，已显现出对加代式构图的脱离。但由于缺乏历史的批判性和历史性的认知，这种脱离似不彻底，也因此未能在理

〔39〕Colin Rowe. Review: Forms and Functions of Twentieth Century Architecture[M]//Colin Rowe. As I was Saying: Vol. 1. Cambridge, Mass.: The MIT Press, 1996: 115.

念和方法论层面提炼出更具普适性和原发性的设计理论与设计美学。

尽管如此，这一时期的构图研究，却向我们显示了历史研究与设计理论发展之间的密切联系。事实上，这种联系可以从 1953 年成立的中国建筑研究室所开展的园林和民居研究，及之后的理论阐述和实践影响中看到，也可从华南地区的庭园研究与设计实践中窥见端倪。80 年代初，彭一刚的《空间组合论》和《中国古典园林分析》也反映了这种关联。不过，从历史、理论研究到设计实践，是一个相当复杂的过程，其中的转译、变化和未竟之处，值得更深入的研究和考查。同时，也为我们思考历史与理论研究的范畴、其与设计和实践的关系，及避免被工具化和功利化的倾向，都提供了一个良好的契机。

历史地说，50 年代至 60 年代中国建筑学者和建筑师，在当时条件下所进行的探索，所取得的成果，成就斐然，值得更进一步的挖掘、更充分的认知和更仔细的辨析。以上反思所提出的问题，与其说是他们面对的，不如说是今天的我们需要思考和省察的。它们不仅是中国建筑面临的问题，也是建筑学本身的知识问题。正是在这一点上，1962 年所示意的不仅仅是一个时间段，而且是一种切入观念与知识变迁的方式和视角。

参考文献

[1] 清华大学土木建筑系民用建筑设计教研组．建筑构图原理（初稿）[M]．北京：中国工业出版社，1962．

[2] Talbot Hamlin．Forms and Functions of Twentieth-Century Architecture：Volume 2 [M]. New York：Columbia University Press，1952.

[3] 阿德里安・福蒂．词语与建筑物：现代建筑的语汇 [M]．李华，武昕，诸葛净，等译．北京：中国建筑工业出版社，2018．

[4] 托伯特·哈姆林．建筑形式美的原则 [M]．邹德侬，译．北京：中国建筑工业出版社，1982．

文献

8

"Works"

Etienne-Louis Boullée

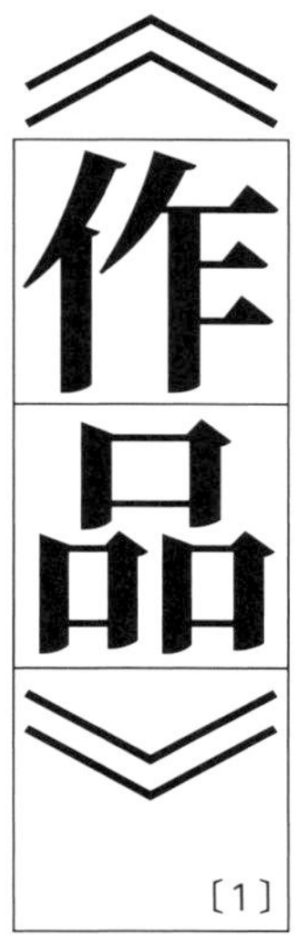

部 雷

（肖 霄 编译）

〔1〕 《作品》（"Works"）是部雷（Etienne-Louis Boullée）在《论建筑艺术》一书中为自己的二十个项目所写的"作品自传"，并配以相应的建筑画。这一部分乃是部雷论著中的重点，笔者在此节译，以供参考。

一、基督圣体节纪念碑（Monument for the Celebration of Corpus-Christi）[2]

我认为宗教仪式的目的就是为了增加人们的崇敬，因而，在建筑上，应该表现为“庄严”（grandeur）和“宏伟”（majestic）的样式。我认为建筑本身是不重要的，重要的是选址。需要选择一个城市的制高点，因此，我想到了一些巴黎周边的山丘。我认为在此应该用自然中最美的事物做装饰：场地种植着花，它的香味象征着神的美好馈赠；壮丽的林荫大道，可以连接各处，衬托建筑物，为庆典的人们提供庇荫场所；而这些大道将通向丰饶的田野，第一批熟成的粮食应当作为这场庆典的献礼敬献给上帝，在这儿可以唱起赞歌，将庆典推向高潮。在这世外田园般的美丽场所，一切参与者——神职人员、纯洁的年轻人以及其他群众都将充满着快乐的情绪，如同身处天堂。→1

二、公众认可纪念碑（Monument of Public Gratitude）[3]

公众认可纪念碑项目是献给公正敬职的国家管理人员们。在这样的国度里，人们应当充满感激，建立起一座纪念碑献给这些人，并让子孙后代们铭记。

〔2〕“基督圣体节纪念碑”指的就是“大教堂”项目（Project for the Métropole）。部雷为这一教堂项目画过多幅情景图，其中之一就是“在基督圣体节时”。

〔3〕“公众认可纪念碑”对应着“大博物馆”项目（Project for the Museum）。在这一段，笔者认为，部雷并不是很有针对性地对“公民认可纪念碑”这个题材发表意见，而是提出了一个他个人美学中的美好愿景，以及一些观点。

建筑师的任务是挑选合适的场地，并将大自然中零零碎碎的美景组织到一起。建筑师这一职业的目标就是更好地利用自然原有的美，做到所谓“移步换景”。我们可以在建筑中的这些美丽的花园中感受到古诗中所说的极乐世界（Elysian Fields）。这些美丽的湖泊，它们那映射着大自然的魅力，会为这令人陶醉的风景提供无穷无尽的丰富性；那些茂密的树林充满难言的景象，黑暗树林里一条急流从地表深处流出，发出汩汩的水声，仿佛是大地的呻吟传进了我们的耳朵，让我们的灵魂充斥着矛盾的感观，这些将使得那些宜人的事物更加富有魅力。然而，这些阴郁的景色并不总是使我们悲伤。大自然的“庄严”使我们的灵魂升华，时常让我们体验到愉悦。这就好比当一个人站在山顶向地面眺望的时候，他会为大自然的广袤及美妙而感动，进入狂喜之境。我认为，最终，大自然中所有的美好元素都将会被建筑师善加利用。→2

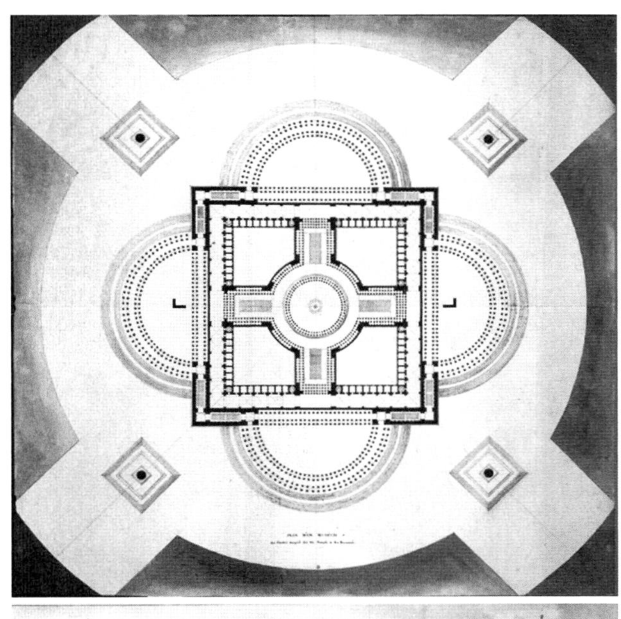

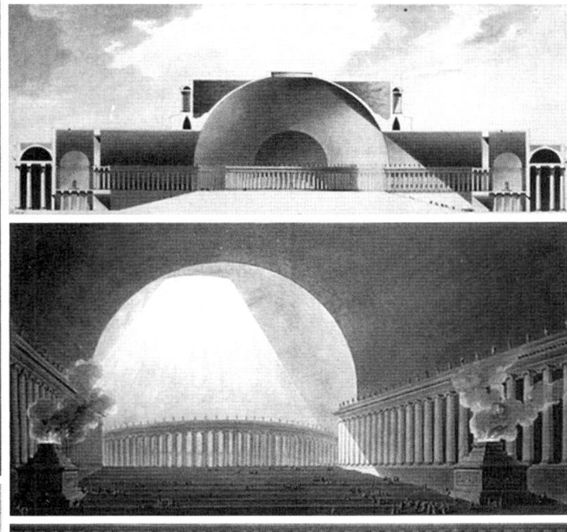

2 大博物馆项目，左上：平面；左下：立面；右上：剖面；右中：名人殿透视；右下：柱廊透视

三、宗座圣殿（Basilicas）[4]

建筑师在做设计之前，要对具体建筑的每个重要方面予以了解，从而赋予它们适当的“个性”。

圣殿作为崇拜至高存在的场所，赋予它“崇高”的个性最为合适。因为人类有着自身的限制，无法了解神的特性，因此神殿仅仅能够完成人所赋予的宗教义务，而不能充分揣摩它的“个性”。首先，我认为，同时代的建筑师们所做的圣殿远没有那种震慑力，无法引起人们的崇敬之情和宗教情绪。最为重要的一点是，这些同代的建筑师在圣殿中都没能够好好利用大自然提供的资源，体现出圣殿本质上的威严感。

希腊建筑壮丽的柱廊确实产生了威严效果，然而当代的建筑师居然摈弃了这样的柱廊，用笨重的拱廊和灰泥砌筑的壁柱（pilaster）代替了它们。而在这些拱廊和壁柱之上，拱顶装饰有尖锐的弦月窗，使得拱顶看上去重得可怕。这样的建筑中，缺点是那么地昭然。而这种现象不仅表现在籍籍无名的建筑中，而且普遍存在于重要的宗座圣殿中，例如罗马的圣彼得大教堂、伦敦的圣保罗大教堂、巴黎的荣军院教堂，等等。

在圣殿的设计中，大尺度能更震撼人心。最佳的效果是，这样的尺度让建筑看上去似乎是宇宙的缩影。而圣彼得大教堂则看上去比它的实际尺寸要小。我认为，主要原因是圣彼得大教堂的建筑师没能成功地赋予建筑以空间感，因为他将建筑中的物体比例放大，而不是遵循物体原有的尺度，在大空间里并置数量极多的物体来凸显空间的量感。我认为，在谈到大尺度建筑时，并非仅仅要强调它的尺寸，而是要强调它在观者心中产生的印象。要想创造感觉上比实际尺寸更大的建筑效果，就需将物体以某种方式并置，当我们看向它们时，整体的效果是完满而成熟的；还需将物体以一种方式排布，当我们欣赏物体之丰富时，它们所展示的连续的外表向远处消隐，直至我们再也数不清它们。我认为，梅花形形体（quincunx）能够达到这种效果，它不仅具有规则性和对称性，而且当我们站在外侧的一个角上观察，能够同时看到它的两个面，从而达到一个最佳的整体效果。这种排布完全有利于观者的享受。多种多样的物体产生了“丰富性”（opulence）。这种在每个方向上延续的规整性产生了最伟大的壮丽感和最完美的对称性，我们只需一瞥便能体会它们的多样，直到目不暇接。这就好比一条绵延的林荫大道，我们看不到它的终点，在光学原理和透视效果的作用下，我们会产生一种无边无际的感觉；同样，当我们移动的时候，会产生移步换景、物随人动的感觉。

让我们继续分析圣彼得大教堂的不足之处。这座教堂在正厅和侧堂处的

〔4〕 在天主教的用词中，“basilicas”是授予拥有特殊地位的大教堂的称号，中文称为“宗座圣殿”。而部雷在这章讨论的对象就是规模较大的宗教场所。在全文中，部雷对神的称呼都是“至高存在”（Supreme Being），可能是受到共济会的影响。

笔直而笨重的柱础，以其巨大的体量毁了整体的效果，如果将其替代为宜人而精致的体量，并在外围设置一排排数目巨大的希腊式柱子，就会产生很好的效果：柱子之间都分离开，我们的眼睛可以透过它们，看到更多的柱子，可以观察到大量的形式，以致观者在走动过程中会感觉迷失自我，似乎那些柱子是无穷无尽的。我认为，这种方式会比圣彼得大教堂采用的无处不在的巨型拱廊要事半功倍，更显体量之大，形式之崇高。

这种使得建筑看上去比实际尺寸要小的方式，在教堂建筑中，是个很大的缺陷。而那些为圣彼得大教堂辩护的人认为这种缺陷是一种美，这在我看来极其荒唐。

即便是让人感到不安和反感，巨大的尺度仍然能激发人们的崇敬。一座吞吐着火焰和死亡气息的火山有着一种可怖的美！〔5〕

总的来说，体量巨大与美之间存在着必然联系。无论是宜人的，还是可怖的，大体量总是给人一种超然品质的暗示。不过，我认为“庄严”与“无垠”还是有着本质的区别。当人们在大海中央或者乘坐热气球升至高空，那时感受到的是“无垠”，因为那儿是如此无边无际，缺乏参照物。当人们从大自然的广袤景象回到地面上时，有了很多参照物，有了比较和衡量，这时才能探究表现“庄严”的艺术法则。

当我们在山顶时，那么多不同的物体映入眼帘，视野显得如此开阔。在建筑中，我们希望尽量布置更为丰富的物体来实现“庄严”感，但在物体的整体比例上，我们总是学习古希腊神庙，以致丰富性不如哥特式教堂。我觉得，希腊神庙相比当代的教堂，功能极为单一，只是供祭司举行祭祀活动所用。现代的教堂需要进行更为复杂的宗教仪式，因此，尽管古希腊神庙那雄伟的柱廊“壮丽”之极，但在当代教堂中不能照搬。因为当代的宗座圣殿需要容纳更多的教众，能够举行各种宗教仪式，内部空间必须要大，建筑师面临着很多难题：如何支撑正厅、侧堂以及小礼拜堂上的巨大拱顶（故而不能使用柱廊来承重），他们需要在精致、优雅的装饰与必要的支撑之间作出权衡。当代的教堂往往没有优雅的门廊和列柱，最豪华的入口也就是两到三种柱式，一层叠着一层，制造一种有好几层的假象。最典型的例子就是圣热尔韦教堂（the Church of St. Gervais），该教堂的立面由三层的三种柱式组成，伏尔泰曾多次赞扬它的美。

我认为，相比希腊神庙中壮丽的柱廊，当代教堂总是由仿佛借鉴自防御工事的扶壁组成，没有明确分区，并且渐渐沦为私人住宅的形制。既然罗马万神殿的门廊被公认为一件杰作，为什么法国的建筑师没有模仿这样的形制呢？

然而，我觉得文艺复兴时期的建筑师做的大教堂也并不到位。以穹窿来

〔5〕 在这里，部雷阐述了他的理论中很特别的一点：对可怖之美的喜爱。这种对可怖之美的倾向，在他著述的陵寝章节有更多阐述，并在他的设计作品中有明显的表达。

说，圣彼得大教堂的穹窿就非常浮夸、大胆和惊人。米开朗琪罗心中想着万神殿那巨大的穹窿，然而照搬到圣彼得大教堂的时候就似乎是给教堂戴上了一顶可笑的“王冠”，我觉得这个想法放到现代一定会遭到各种质疑。

总而言之，以上种种论述说明了当代的大教堂还远没有达到完美的程度。让我们思考一下改善这个现状的办法。一开始我百思不得其解，不知如何在自己的设计中赋予大教堂以应有的“个性”。经历了很久的思考，我突然想到在森林中曾体验到的阴郁而神秘的效果，以及它给我留下的深刻印象。由此，我得出了一个重要的结论：光线进入教堂的方式是营造“崇高”的关键。〔6〕

我认为，正是光线激发了我们对建筑“个性”的感知，并且这“个性”取决于光线是辉煌的还是阴郁的。如果在建筑中弥漫着壮丽的光辉，观者心中充满欢乐；反之，如果充满阴郁的光线，观者心中则感受到悲伤。如果能够避免直射光，让观者察觉不到光线的来源，产生一种神秘的白昼效果，这在某种程度上能够留下一种真正令人陶醉的神奇印象。一旦建筑师可以按照意愿控制进入建筑的光量，他就可以激发人们的各种情绪：沉静、悔恨甚至宗教恐惧感。后者尤其适合那些哀悼仪式；而在庆祝的仪式上，光线则格外光辉，那么，装点教堂的就是大自然中这个最美好的元素。

这样的思考让我重拾了职业信心。建筑师这一行业，让你成为这些（大自然）资源的掌控者，你甚至可以说“要有光”；按照意愿，你可以使神殿里充满光，不然建筑将仅仅是满是阴影的栖居之所。

大教堂需要一个蔚为壮观的入口以震撼人心。所以我大胆地将入口的高度提高至拱顶的顶端，将其宽度扩大至与主厅相等。至于其他方面，我产生了一个新想法：将希腊建筑之美与哥特建筑之技术相结合。哥特建筑很好地用精细的手工活隐藏了支撑体，使得它们似乎是被某种奇迹之力支撑起来的。我打算在室内布置上借鉴这样的手法。而在支撑结构上，我打算增加窗间壁（pier）来支撑大穹窿和正厅、侧堂和礼拜堂的拱顶的重量，然后在这些巨柱外侧各个方向再设置几排柱廊；通过这种方式将观者的注意力从巨大的体量上分散开来，并且柱廊可以增强白天的光影效果，防止观者直接将建筑内部一览无余。此外，这种布置在结构上和装饰上都有好处：柱廊可以增加承重，并且间隔层再也不用那种丑陋的弦月窗，因此可以随意改变装饰拱顶的方式，绘画或者雕塑都可以。在这种情况下，拱顶拉伸至高于（入口）柱廊的高度，成为映衬柱廊的背景。巨大的拱顶扩大了整体的体量，呈现出一种极致的威严风尚。而柱廊没有被巨大的拱顶压在底下，也取得了应得的尊严，体现出高贵个性。这样，整个建筑实现了理想中的移步换景的效果。

至于建筑的穹窿，采光亭（cupola，穹窿的采光之处）以一种内外双层柱廊的方式为其增强了效果。这种双层柱廊既增加了穹窿的体量，还装饰了采光处的内部。拱顶的壁画一直延伸至柱子突出的实墙，似乎重现了“天堂”

〔6〕“光线”是部雷作品中最为重要的主题。

之广阔、荣耀之伟大。这样的采光设置还扩大了采光的广度，使得穹窿做到了极致的明亮和轻盈。大穹窿位于整个建筑的中心，以便给踏入这所神殿的每一位观者立即留下深刻印象，并久久地凝视着它的光辉、繁丽以及巨大的体量。这所神殿将摆脱那些当代教堂采用的阻碍以及减弱了主体部分效果的笨重柱子。侧堂的柱子和穹窿的那些交汇连接，更赋予了神殿以建筑层面最大的丰富感。无穷无尽的一排排柱子在梅花形的平面布置上增强了整体的效果，以至人们的视线会迷失在其产生的丰富性之中；光学效应和透视效果会拉长柱列，因而给予我们一种看上去无穷无尽的错觉。

以上所述的“包裹”方式来自神的启示，因为教区需要一座开放式的让人产生升腾感的神殿。这座神殿将会成为至高存在的圣所，而荣耀的壮丽将暗示神的存在。三排窗扇以柱廊的形式隐藏在穹窿上，使采光亭弥漫着最明亮的光线。观者看不见采光的方式，光线拥有了神秘感，漫射于拱顶的光线既光辉又惊人。拱顶上绘画的明亮色调发挥了它的优势，甚至在视觉上让观者难以承受这样的神奇效果。如是这般的天国景象，独独从大自然中获得了它“崇高”的个性，这又证明了一个事实：如果一门艺术使得我们能够更好地利用大自然，那么这门艺术无疑是所有艺术中最有价值的。

上文中，我表达了对人类无力竖立一座献给神的神殿的反思，这样来看，你一定会觉得我对自己的工作不满。不，我绝对没有。我所做的自夸（如果一个艺术家在此种情况下能够允许自己做出一点自夸）会使得我允许自己假设，我所设计的神殿，它的布置包含了一些目前明显没有达到的技术。这能够使得我的后继者们从中获益，就像我从我们的祖先那里得来的一样。我目前感到满意的一点是，我相信我是第一个开创了这种将光线引入神殿的方式的人。在这个主题上，我认为我的想法既新颖，又具哲思。

缺乏教养的争论者以及那些欺骗成性的人们或许会大声抗议：“这个作者究竟在声称自己给我们提供了什么原创想法？难道荣军院（教堂）的穹窿不是像这个作者的想法一样，在照亮教堂的同时，隐藏了光线的来源么？”多么无聊的反对意见啊！那个建筑的目的与我所追求的是多么地不同啊！难道那个建筑师的那点小目标还不够明显么——仅仅是为了引入日光，照亮里面的壁画。怎么敢断定他没有别的用意？因为事实就是如此：如果他有任何如我追求的那种特殊目的的话，他怎么会在采光亭上设置那些缝隙？这些缝隙损害了穹窿部分的装饰作用，甚至是与装饰作用相矛盾：它们使得观者无法连续地观看画作。而且，难道在荣军院教堂中，在小礼拜堂和主殿部分没有设置直接采光么？难道在这些地方光线不是像我们当代的那些教堂一样，因为光线不是为建筑里的物体特别设计的，并不有益于照亮这些物体，所以没能使它们发挥应有的优势么？在荣军院或者其他地方，礼拜堂里起装饰作用的主要人物塑像（一般是耶稣或圣母）都放置在祭坛上，并且从背后的窗点亮，这难道不是一种悲哀么？

这些事实证明了，这位建筑师（芒萨尔）的目的与指导我的哲学目标（能

3

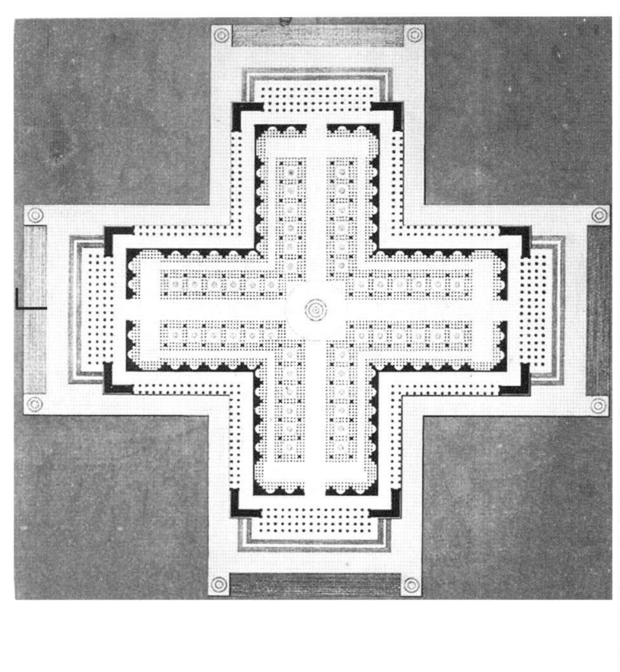

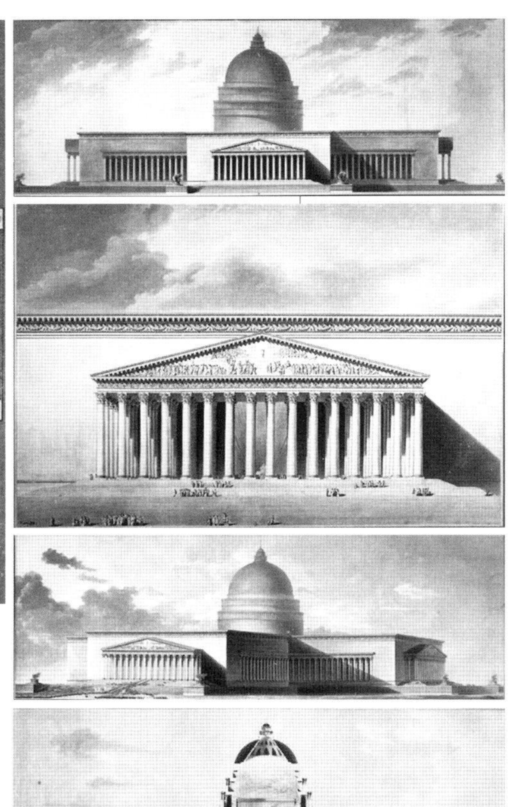

4

3 大教堂项目，左上：平面；左下：剖面；右上：立面；右中：入口立面；右下：透视

4 大教堂项目室内透视

够激发人们灵魂中的与宗教仪式相关的感觉）之间没有任何交集。当然，这不是我思考的唯一理由。关于这件事，我也必须给出一番解释。

当光线直接进入教堂的时候，（教堂内的）艺术是在与自然作对抗的，特别是当那儿也有绘画的时候。光线直射、反射下来，会刺痛（观者的）眼睛；又或者在明暗对比强烈的光线中，（室内的）物体（或艺术）被消解了。我的这套系统是与常见的那类实践完全对立的。我非常小心，避免艺术与自然产生冲突。我借用自然中的“神奇”效果，再应用到艺术上。正是这些大自然的馈礼使我能够将艺术拔升到“崇高”的境界。→3 4

四、剧院（Theatre）

剧院当是一座享乐的纪念碑，一座具有良好品位的神殿，一座由天才和良好品位结合而建立起的壮丽的圆形剧场。根据这些思考，我构思了这一剧场方案。方案发表后，从公众的反响来看还是很成功的。当时，我有可能在大革命花园（以前的皇宫）原来湖泊所在的位置落实这个方案。虽然这个场地有种种优势，比如人流量、围合的墙体，但我还是拒绝了这个场地，而更愿意在卡鲁索广场（Place du Carrousel）[7]实现这个方案。这个场地的边界是码头和一些相邻的街道，面积广阔，便于通达。相邻的两座宫殿，其中的一座（大概指的是卢浮宫）因其巨大的体量和丰富感已然装点了这个绝佳的场地。在演出期间，人们可以很自由地通达，因为宫殿的庭院有足够的地方给马车行驶。这儿可以将剧院与周边建筑隔开，一旦失火也不会殃及池鱼。因此它在各方面都比其他场地要方便、合适，然而美中不足的是这块地价格非常昂贵，甚至超过了建造费用。我在演出大厅四周安置了剧院的库房，通过一段地下的通道与演出厅相连，方便了剧院的运营。

确定这个场地之后，我开始思考更为重要的问题。在那个时代，欧洲很多大城市的歌剧院都发生过火灾，更不用说巴黎皇宫歌剧院的那场火灾。因此，对剧院来说，防火是一个最为紧迫的问题。对于这个问题，我首先考虑的是最快的逃生通道。在我的方案中，剧院的正门口有一片广阔的露天台阶，足有 200 英尺（20.96 米）宽，阶梯的平台与周柱式的过道相连，而在过道上设置了 42 扇落地窗（French windows），与一众包厢只隔着一条走廊和门厅。这使得一层的观众可以非常快速地转移到室外。而上面的三层用通廊连接，并且设置了 9 扇硕大的门扇，通向走廊后的小包厢和穹窿上的坐席，并且所用的出口与一层的出口区分开来。上层的楼座，则通过专门的楼梯下

〔7〕 卡鲁索广场位于卢浮宫和杜伊勒里宫之间，1806 年，拿破仑在此建起了一座小凯旋门，完全出于野心，而非对公众休闲的考虑。

到一层，并通过一层走向主要的入口台阶。特别的是，我在此运用了一个新型的机械装置，只要一发生火灾，通过拉动绳索可以同时打开 42 扇大门。此前，我已经将这个装置很成功地运用在了巴黎军事学院（Ecole Militaire）项目中。

接下来考虑的是建筑材料的易燃性。我设想在项目中不采用木材，全部用砖石来构筑。除了楼板和舞台场景，整个建筑都是不易燃的，所以即便失火，也不会造成什么悲剧。为了谨慎行事，我还额外在整个建筑下方布置了一大片蓄水池，如若起火，燃烧的木料将会掉落进去并熄灭。而穹窿上的所有舞台设备、绳索、装置都用金属，这样避免了穹窿燃烧。如果我的方案建成，我将亲自实验将地板和舞台场景点燃，来证明自己的防火措施是奏效的。[8]

在解决了安全问题之后，我就可以来思考布局和装饰了。首先，四个大型的前厅（vestibule）以梅花形设置在剧院四周，暗示着剧院的地面层入口。其中两个前厅通往底层的楼座，而正门口旁的两个前厅通往建筑主体内的两个最主要的大楼梯。三层内部的前厅（走廊）设置了通向其他三层楼座的楼梯。通过增加楼梯和走廊的数量，并且使它们互不干扰，由此，我认为可以避免同时代剧院的通病：在演出散席后，观众退场时总是充满着混乱、不安和困惑。

其次，在剧院的四周设置大量的拱廊。这些拱廊通往整栋建筑的各个部分，从而缓解了拥堵；同时这些拱廊使得剧院雇工们的后勤非常便利，并且有很好的隐蔽性。

通向一层楼座的门厅非常公共，因而需要装饰得很宜人，让观众在演出前和演出后经过时都感觉非常有趣。我将演出厅用相当密实的结构包围，因而将外界的噪声完全隔绝在外。同时，我还将内部的走廊布置在外侧，使得空气不直接流通至演出厅。我这么做是为了预防那些通过空气传播的可怕瘟疫。

演员化妆间在剧院紧邻人行大道的一侧，邻近的房间也是用于演出的其他工作间。这样，导演们在演出期间可以随时呆在剧院后台，控制着演出的进程。同时，我在剧院的顶层设置了两间演员休息室，一间给歌手，一间给舞者。这样，他们可以在任何时候进行必要的练习，而不会打扰到剧院的运行。[9]

歌剧院必须能够容纳艺术家构思出来的任何场景，因此舞台空间可以说是越大越好。但是舞台与观众席的比例必须做到恰如其分，因为也要考虑观众的视听极限。因此，剧院应该在可能的情况下做出最大的空间。在舞台的空间方面，值得注意的是，深度比宽度更加重要。我认为，进深更大的舞台在设置场景时可以做到更丰富和更有层次。然而也不是越深越好，因为在这

〔8〕 部雷在此毫无疑问想自己花钱来做这些预防实验。部雷对金钱的漠然在同时代建筑师中非常出名。

〔9〕 这段暗示了剧院和歌剧院的方案一致。

种情况下，舞台设计者需要考虑太多层面的设计，很难保证舞台整体的和谐，极有可能使得最终的效果变得非常单调乏味。我认为，在舞台设计方面，显著的反差是成功的关键，而这种反差差不多只需要在背景前设置两到三个舞台框架（即可实现）。这就是意大利歌剧院壮丽的舞台布景的秘诀。因此，我建议剧院的管理方重视舞台设计，并且投入更多资金请一流的艺术家来做这件事。是时候给予戏剧效果以更多的重视了。〔10〕

我认为，现在的技术仍然很难使剧院呈现完美的形态。经常有人嘲笑那些穿过舞台上方拱顶的横向肋条的设备线，或者是舞台布景中天空的不真实感。〔11〕我呼吁有才能的艺术家们可以更多地投入这方面的研究。

关于剧院的建造，还有一个重要方面尚未引起人们的注意，就是观众席的采光和戏剧内容的契合度。我认为，一座采光良好的剧院，如果需要演出悲伤的场景，因为明亮的光线，观众很难产生代入感；相反，一座采光不足的剧院，如果帷幕打开，出现一幕节庆般欢快的明亮场景，观众亦会如此。我觉得如果能够掌握这种调节光线的技巧，那么将无法想象那种舞台效果会是多么丰富。

我必须强调，我对剧院所做的装饰的目的是产生“多样性”。这就是我将剧院主体周围设计了带有柱廊的建筑物，创造出类似露天游乐场的空间的原因。我在这些周边建筑物中设置了舞厅和音乐厅，为这片场地增加了更多的娱乐气氛，并且和周边的两座宫殿形成奇妙的对比。

至于主体建筑，我采用了围有一圈科林斯柱式（Corinthian order）的圆形建筑（Rotunda），因为这是最宜人、优雅的柱式及建筑形制，非常适合剧院。而四周设置的四个前厅，承载着四尊戏剧艺术的名人雕像。前厅的顶部与大阶梯的平台等高，形成了建筑的基座。此时我想象了一个美好的画面：在一个美丽的日子里，剧院正门的大阶梯上站着一众衣着优雅的女人们，散发着法国女人特有的魅力。

在平面布置上，我将观众席设置为半圆形，这种形状不仅优美，而且非常适合剧院，因为它在视听方面对观众能做到平等。更重要的是，这种观众席的形状可以让我做一个球形的穹窿。这种穹窿不仅形状完美，并且声学效果极好。在室内方面，我将不吝使用最丰盛的建筑装饰，包括各种柱式。至此，我认为在这个建筑上，比例和布置都已经做到了适当、宜人并且充足，因而可以思考建筑物的整体外观了。而在这一点上，我认为参观者就是剧院最好的装饰：他们盛装出席，点缀了这个建筑物，更加使得它实现了优雅的“个性”。→5〔12〕

〔10〕部雷和他的老师勒热就曾做过舞台设计，这一段可能是那次设计经历的心得。

〔11〕这段描述针对洛可可风格中倾向于把结构构件隐藏在精心制作的仿照垂褶布的粉饰灰泥中。

〔12〕这表现了部雷对使用装饰的谨慎态度。在他所有理论项目中，剧院是最世俗的一个，但是他仍然不想多做装饰。

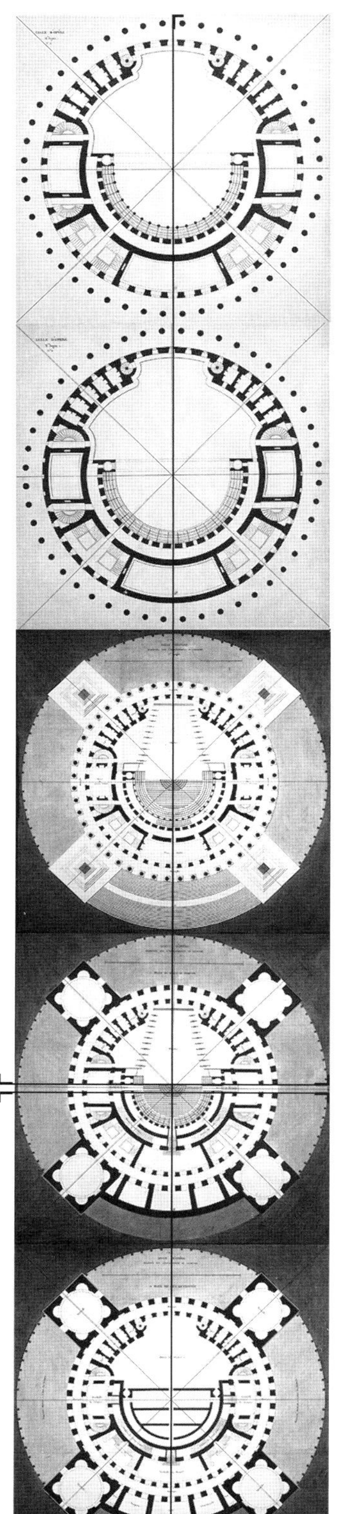

5 剧院方案，左一：外观透视；左二：正立面；左三：剖面一；左四：剖面二；左五：剖面三；右侧为从低到高的五个标高处的平面

五、君主的宫殿（The Palace of the Sovereign）

“君主的宫殿”这一项目在大革命之前很久就已完成了，我认为在书中应该保留这个项目，首先，因为我并不只为法国工作，我认为一个艺术家的理念应该为任何觉得它有用的人服务；其次，我万分确凿地认为这个项目包含了一些可以应用在其他纪念性项目中的理念，而不是仅仅只作为一个君主的住所！[13]

在设计君主的宫殿的时候，需要运用建筑中包含的所有丰富元素，充分利用高尚的艺术来完成“富丽堂皇”的“个性”。

古代人利用围合的墙体赋予他们的纪念碑以尊严。但是，什么样的围墙可以提高整体的效果呢？首先，我们来讨论一下“富丽堂皇”的效果是如何实现的。我认为是通过对物体的排列来激发人们的敬仰之情。因此，我决定用宫廷权贵的宫殿作为围合的边界。这是唯一合适的围墙形式，并且这个巨大、威严的建筑群将会产生强烈的效果：它的广阔首先就给人留下了非凡的印象，让我们的视知觉更加接近无穷；它的壮丽给人强烈的冲击感，甚至使人眼花缭乱；最后，壮美的建筑以群体的形式排列，产生出辉煌感，激起人们心中的惊叹。以上这些就是我对君主之殿设计的基本理念。

我反复思考这样一个问题：这么多宫殿，如果为了完美的对称而将它们的样式和高度做成一样，会不会显得单调乏味？但为了多样性，将它们做成各不相同的样式和高度，那会使这片建筑更像一个小镇而不是宫殿群。因而，我认为，皇家宫殿建筑的核心要旨是整体性。但是，如果仅仅为了对称而将所有形式做得一致，那么效果将是单调的。我觉得必须找到一种方法，在不失规整性和对称性的前提下，给方案增加多样性。

这时，我们考虑方案的选址。我认为，这么大片的宫殿群，选址在一片平地上将失去本该有的气势，因为近大远小的原因，前面的建筑会挡住后面的，看不出本该表现的整体感。所以应该选址在一座圆形的坡地上，像古时候的露天歌剧院那样。我认为最理想的地点是在圣日耳曼昂莱（Saint-Germian-en-Laye），因为维特鲁威的原则中有一点是非常正确的，就是有益健康，而圣日耳曼昂莱的空气非常纯净。我打算将这个方案安置在圣日耳曼昂莱的一片广袤而壮丽的圆形场地上，形成一幅天堂般的景象：虽然贵族们的宫殿都在高处，但君主的宫殿仍然占据着制高点。这时，观者站在一定距离外，看到的将是一座座宫殿形成的建筑群。

正是这样的合适的场地，使得我在保留完美的对称性和良好的规整性的前提下，能确保建筑群不致落得单调乏味。

虽然时间湮灭了很多传统，但有些还是幸存了下来。就拿君主的宫殿来

〔13〕在“君主的宫殿”这一节中，开头是以第三人称写作的一段解释，大约是以求在大革命之后的法国政治语境下得以通过。

6 君主的宫殿，上为透视，下为总平面

说，它们的外观虽然随着当时的潮流在不停地改变，但是总体布局，因为象征着王位的威严，可以说是永恒不变的。就这一点，在接下来“关于重建凡尔赛城堡的备忘录”章节会进行详细的解释。

我决心在这个项目中放开想象的缰绳。我认为蒙田（Montaigne，1533—1592）关于教育的思考对我很有启发。蒙田认为，对孩童的教育应该摒弃一切观念上的框定。蒙田曾说过，自己小时候在拉丁语的环境中成长，对拉丁语的掌握可谓完美，但却从未意识到这件事。我认为这种耳濡目染的教育是最为合适的，而不是用塞给孩童任务的方式。我认为蒙田对教育的观点会促进当时法国教育的发展。[14] 对这件事，我的观点是：人们受教育的程度越高，将会越快乐。[15]

因此，我打算将所有的学会都放在这片宫殿群中，这样，不仅年轻的王子们可以与各个专业的博学之人进行耳濡目染的学习，而且君主自身也能从与这些颇有见地的学者的对话中获益。并且，由于君主的尊严来自王位的正义，因而年轻的王子们应该在特弥斯（Themis，司法律、正义的女神）神庙中学习，我也将其放在宫殿群中。并且，借鉴古人的方法，我将安排那些锻炼王子们体力的场所。

在方案的总体规划中，我从南泰尔村调来水，做成一条长达二里格（约17千米）的运河，穿过当地的一片树林（Vezinet woods），到达宫殿群的面前。这条运河成为映照这些建筑的一面最壮观的镜子，在水面上，大自然呈现出千变万化的姿态。在运河边，我设计了一条林荫大道，它成为通往宫殿的最壮观和宜人的方式。

在这个美丽的场地里，我总是情不自禁地想添加细节。为什么我们的生命这么短暂！→6

〔14〕部雷自己在最后的章节中亦有对教育的思考，因为部雷自己就是卓越的老师。

〔15〕部雷这一观点与启蒙运动的观点一致。因而，部雷是那种生活在适合自己的年代的幸运的人。

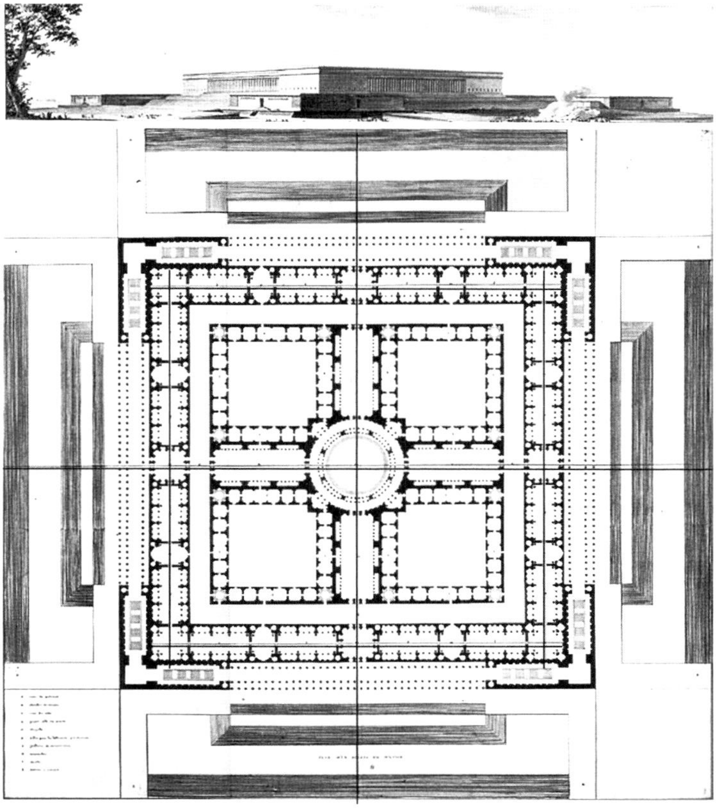

7 正义之殿，上为透视，下为总平面

六、正义之殿（The Palace of Justice）

正义之殿的“个性”应该是威严的、令人印象深刻的。但是由于很多类似的纪念性建筑都有这种个性需求，所以我决心通过某种方式赋予这个建筑独特的性格：将监狱的入口放在正义之殿的下方。我认为将威严的神殿放置在罪犯那阴暗的囚室上方，不仅通过强烈的对比表现出神殿的高贵，而且给人以正义凌驾于罪恶之上的暗示。

为了烘托神殿威严的形象，它位于周围建筑中的制高点。我将监狱的入口放置在地面层，让它们看上去仿佛是罪犯们的坟墓。我认为，建筑中高贵的威严感源自形体的简洁，所以我要使神殿的立面保持完整。神殿的外部呈现出完美的正方形，而内部则是希腊十字平面——这里容纳了所有的皇家法庭：议会法庭位于中心，税收和审计的长廊则放置在两边。礼拜堂位于建筑背面的长廊，而律师的房间则设置在正面。在这些主要功能空间与形成立面的安置各种司法权的空间之间，设置了一个长廊环绕整个建筑。人们可以通过这个环廊在整个建筑中自由移动。四个角上的庭院则引进光线和空气。整个布局简洁而便利。我觉得代表正义的神殿需要强烈地震撼人心，因此我将尺寸做得尽可能大。→7

七、国家之殿（The National Palace）

我认为将诗歌艺术融入建筑是非常重要的，特别是当对象是公共纪念性建筑时。而在国家之殿这样的主题上，建筑学中如此丰富的元素也显得贫瘠。因而，我想出了一个将诗意融入建筑的办法：将宪法条文铭刻在这座建筑的墙上，因为宪法正是这个国家中人心之所向。在装饰立面的时候，我想融入一些当时发生的事件的群像：在建筑的基础上，我设置了两道柱基，上边设置有两排人物雕塑，分别代表着法国的各个省份。他们手里拿着一本民众所赞同的政令书，似乎正在宣读。

在立面的上方，我设计了一个阁楼层，上面设计了代表法国各个节庆的浅浮雕：我认为，这是用一个国家最伟大的胜利——自由，来为这座建筑加冕。

我有信心，我已经为这个主题的建筑找到了一种合适的形式。然而，我并没有自大到认为那些天才艺术家不会想到更好的方法。我希望他们都能参与到这个主题的创作中来，并且不要忘记希腊共和制的不朽之处。

开始做这个项目的时候，我认为需要在经济上有所收获，所以便接下了一个修道院的委托。然而，我认为在这个方案中，自己仍然受困于古代建筑的形制，并且为了满足各种功能要求牺牲了很多灵感。这时，我的灵魂做出了反抗。

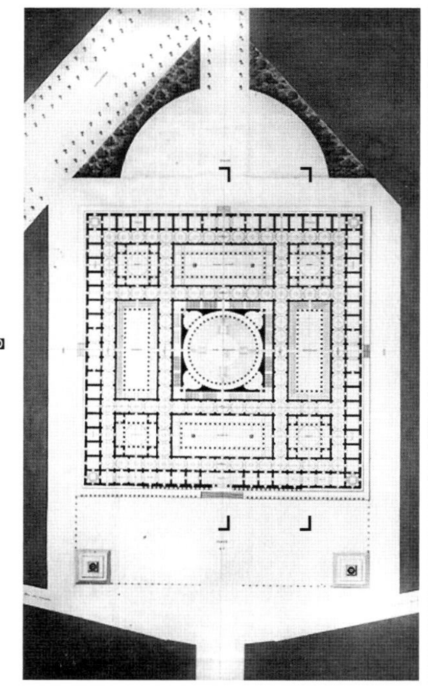

8 国家之殿，左：平面；右上：立面；右中：剖面一；右下：剖面二

为了使自己的想象力不受任何限制，我设计了第二个方案。[16] 将两个方案相比较，就会发现，限制艺术家的天才简直就是在糟蹋大自然对他的恩赐。➔8

八、市政厅（Municipal Palace）

我在做市政厅这个项目的时候已经六十四岁了，但我丝毫没有感到力不从心。首先，我认为对于市政厅来说，最明显和重要的特点是：市政厅不仅仅属于地方行政官，还属于所有市民。这是市民们宣泄怨言、参加重要辩论的场所。所以我认为，在市政厅四周布置武装力量是比较合适的。

接着，我开始思考这种纪念性建筑适合的装饰。我认为，应该赋予市政厅以“骄傲”和“阳刚”这两项个性，因为它们对共和党来说恰如其分。我打算在这个建筑中不运用建筑的丰富元素，也不追求其宏伟壮丽，而让两项个性显得格外突出。[17]

首先，为了表现建筑的纪念性和诗意，我将武装力量的场所设置在建筑基座的四周，[18] 隐喻着维护公共秩序的力量是社会的基础。

为了表现市政厅属于所有市民的个性，我设置了连接所有地方的连廊，以及不计其数的洞口，这样成群的人们可以在这个建筑中来去自如。但是这样使得我在立面设计上遇到一个进退维谷的难题：市政厅的开放性决定了需要设置许多进出口，就像蜂巢一般，市政厅可谓是人的蜂巢；然而当许多开口表现在立面上的时候，就会使立面显得破碎；而阳刚的个性则要求光滑的大片实墙。这时候，我想出了独创的破解方法：如果在立面上的横向不能实现这一点，何不在纵向实现呢？这就是为什么我在这个方案的楼层之间设置有非常宽的实墙衔接。

我认为没有被定义过的、甚至是从没出现过的那些建筑类型，才是最难做的方案。仅仅追随前人的足迹就无法在艺术上获得自己的成就。如果艺术家成功地赋予这种新的类型以“个性”,以及易感的冲击力,那么这才算是真正的才能。

在诗歌、绘画以及建筑学中，有一些类型是被偏爱的。比如，在建筑中，剧院、陵冢或者庙宇，这些都是早已被典范的案例定义过的建筑类型，稍有才能之手就能将一座这种类型的建筑特征化。住宅项目是不毛之地：唯一能够让其出彩的方法是或多或少地丰富它的元素；这类项目很难引入建筑学的诗意。[19]

〔16〕笔者没有找到前一版本方案的资料。

〔17〕部雷认为立面没有装饰能让建筑物更加突出，从而体现纪念性质。

〔18〕他不断地重复这种手法。

〔19〕这里表达了部雷对住宅项目不感兴趣；这与勒杜有很大区别，后者的作品中住宅数量之多，显示了他对住宅浓厚的兴趣。罗西根据这点认为，部雷的这一观点是“住宅是居住的机器”的先声，即关注点在公共建筑，而住宅则是完全功能主义的。

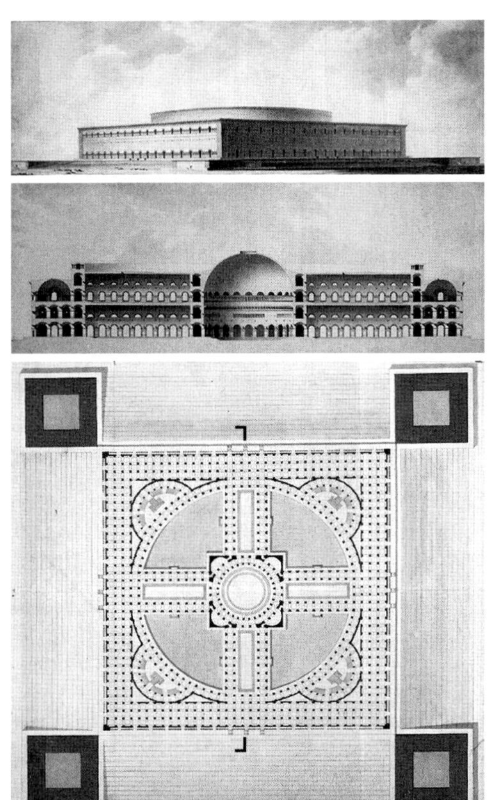

9 市政厅项目，从上到下依次为：外观透视、剖面、平面

市政厅这种类型，描述起来容易，建造（设计）起来困难：人们可以很容易感知雄辩家在演讲中想要表达的主题，却不容易觉察建筑师在设计中想要表达的个性。不过，即便冒着被指责虚荣的风险，我仍然认为自己在这个方案中适当地表达了它的个性。

在设计方案平面的时候，我觉得应该学习意大利的宫殿：在高的地方布置最好的楼层。根据需求和规范也只能这么做：整个一层都应该是公共空间；主要的大厅占据了建筑的中心，在它前方布置等候室和会议室。我将所有办公室放在了夹层，而整个上层都是地方行政官的空间。只有在高处才能看见美丽的全景，呼吸纯净的空气。这些考虑使我觉察到一层不应该总是偏爱的重点。→9

九、竞技场（Coliseum）

在我眼中，罗马斗兽场是意大利最美的纪念性建筑之一。但是，我认为它的装饰与建筑的美不相匹配，因而，对这座建筑的重新装饰设计将是最好的建筑学研究。一开始，我的意图只是单纯的修缮工作；但是多加考虑之后，我觉得这座纪念性建筑也适用于法国的传统。法国缺少平民化的节庆，法国的节庆总是太过奢华，以致市民们消费不起，这对市民来说是一种羞辱。我认为一百个市民中顶多有一个能够去巴黎市政厅（Hôtel de Ville）举行的节庆：那里的空间如此局促，能塞下国王的马车队和侍从们就已经不错了。能够接待君主的只有市政府的官员们，其他人都被排除在外。

并且，在协和广场（Place Louis Quinze）举行节庆时发生的惨剧仍然让人心有余悸。[20] 在欢乐庆典上的灾难不仅骇人，而且还会传播流言蜚语，造成行政上的麻烦。

〔20〕这是典型的部雷式的思维方式：首先，放大一个不起眼的主题；同时总是思虑着社会和道德规范的价值。他在这里对过度拥挤可能发生的灾难的暗示，很有可能只是方案做完之后想出来的，以便吸引潜在的赞助。在这里，他影射的灾难是 1770 年王太子和玛丽·安托瓦内特大婚时在协和广场发生的事故。

因而，作为一名好市民，我决心设计一个让巴黎的居民们不用担惊受怕、尽情享受娱乐的建筑。并且，相比惩戒，公众娱乐更能提升人们的道德。[21]那么，什么形式的公众娱乐能达到更好的效果呢？无疑是国家庆典了。我认为，感知上的欢乐源自灵魂，国家庆典无疑能够起到一种激励和维护道德的作用，使市民的灵魂升华和净化。古代的立法者们认识到了这一点，就实行了这样的权宜之计，达到政治和道德上的双重目的。为什么法国不可以采取这样的方法，通过享乐的吸引力来恢复道德，而不是一味地要求牺牲献祭？

我想象着一幅竞技场中坐满了观众的画面：三十万人集聚在一个露天圆形竞技场，大家都坦然面对着彼此。观者本身成为这幅奇景的元素，增添了建筑物的美。不仅如此，这场盛大的庆典将会提供各种不同的乐趣：还有什么能比青年人努力在各项体育活动中获得成功更有趣呢？例如，在赛跑中谁更敏捷？或者说，在军事演习中谁能证明自己更具保卫国土的能力？并且，各种奖项也将在这里颁布。从最优秀的作家，到最勤劳的农民，都将在这里获奖；甚至是画作和待建的建筑模型都能在此展示。[22]有那么多的方式可以激起市民们的兴趣，让他们思索怎样行动才能为国争光，并且让他们产生民族自豪感。

我不打算详细介绍自己的方案，因为画作将比文字更形象。这个项目，我选址在香榭丽舍大街顶端的一个叫作星形广场（Étoile）的地方[23]，这样公众可以从四面八方抵达。因而，这个建筑向四周开设大门。我在阶梯形座位下设置了众多的楼梯和有遮盖的走廊，并且提供了阶梯形座位的结构支撑。

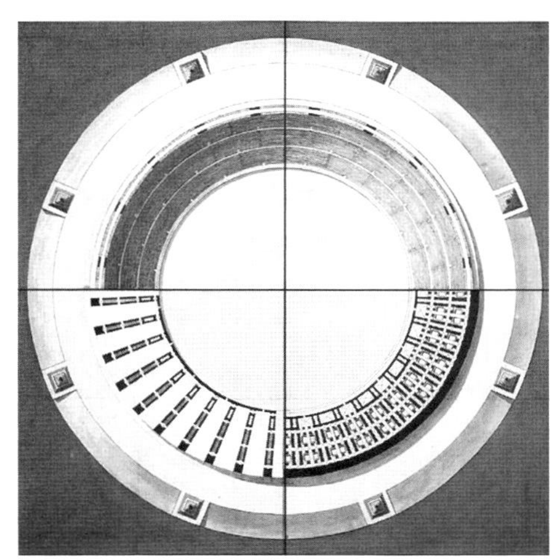

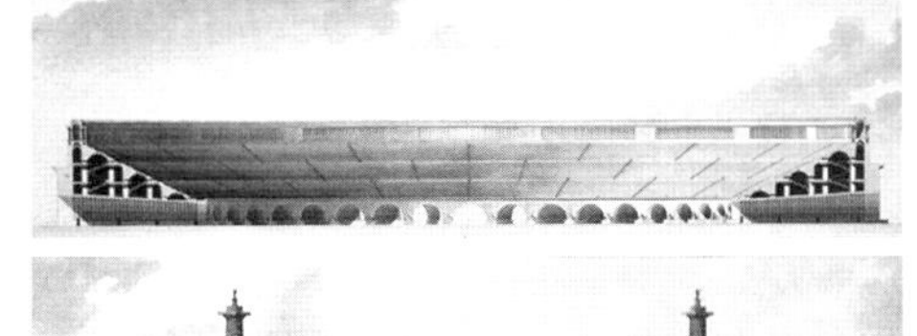

10 竞技场项目，从上到下依次为：平面、透视、剖透视一、剖透视二、立面

〔21〕这里又出现了部雷认为快乐源于受教育的观点，这一观点与裴斯泰洛齐的观点有相似之处，然而裴斯泰洛齐认为快乐来自道德，而部雷则认为道德来源于快乐。

〔22〕有趣的是，在最开始的现代奥运会中，确实有建筑和城市规划项目参赛，如部雷想象的一般。这也说明了部雷的想象力是何其丰富与超前。

〔23〕这个地方后来成了著名的戴高乐广场。

方案展出之后，一些艺术家对我的评价不错，因而我觉得自己出于爱国心，成功地赋予了这种建筑类型以个性。当我把方案给我在建筑学会做教授的朋友勒·罗伊先生（Julien David Le Roy，1724—1803）看的时候，他说他发现方案与波特（Brotier）神父所写的一份备忘录有相似之处。我找来这篇文章读了，认为非常精彩，遂在本章节中对那篇文章进行了摘录。→10〔24〕

11 公共图书馆项目，右上：立面；右下：剖面；左：平面

十、公共图书馆（Public Library）

如果说有一类项目既能让建筑师愉悦，又能燃烧他的激情和才能，那么非公共图书馆莫属。一个图书馆项目是对那些诸代天才作者们的一种致敬。那些伟人们的著作引起人们的高层次思考：当人们经历过那种高尚精神附体之感，那种崇高的推力仿佛要把灵魂从身体里唤出一般，人们就会相信自己因这些伟人的影子而受到启迪。

我对拉斐尔的著名画作《雅典学院》印象深刻，在这个方案中，我试图还原那一场景。〔25〕因此，这个图书馆的成功应该归功于拉斐尔非凡的创意。

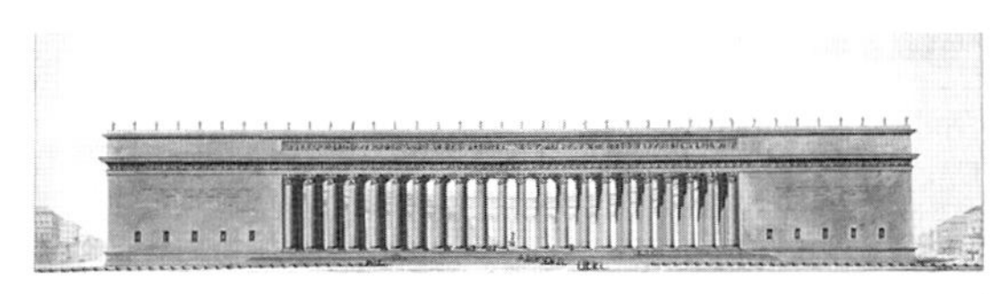

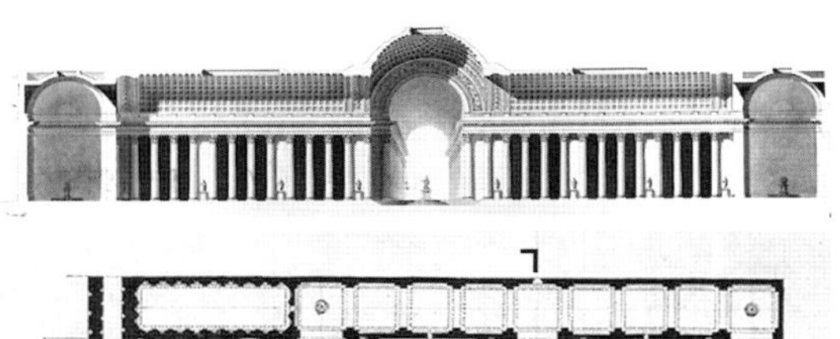

11

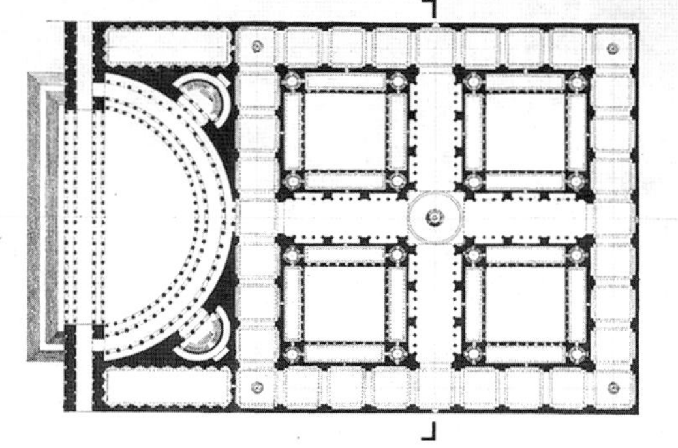

在详细介绍这个方案之前，我想先讨论一下我在这个项目中为满足委托人的要求而需要克服的种种艰难。这个项目的基本思想是：给自己一个基本的限制，就是尝试安排好现存的建筑，这就已经很难了；更加困难的是，找到一种既高贵又有冲击力的装饰。不仅如此，这个建筑需要尽可能减少开支，这一点，我觉得自己没法做到。〔26〕我的处境极其微妙，无论如何深思也没能使我获得信心。接下来的备忘录，附上了我为这个项目所作的画作，作为对这个作品的介绍，这些画作

〔24〕因为该文内容大略是介绍罗马斗兽场的辉煌历史，基本没有涉及建筑问题，遂本文不予翻译。

〔25〕种种迹象似乎都表明部雷曾经去意大利旅行过。他对圣彼得大教堂尺度以及拉斐尔的湿壁画，似乎都有身临其境的印象。

〔26〕这点上，部雷似乎一点也不强求自己。这更能够突出他喜欢自由的设计过程甚于实践或者说金钱。

给出了我认为算是足够清晰的判断。→11

十一、备忘录（Memorandum）[27]

“备忘录”主要阐述了为国王的图书馆项目增加合适的优势地位的各种方法。

对一个国家来说，最重要的建筑莫过于存放知识的图书馆了。一位开明的君主总是会从艺术和科学的进步中寻找方法。在路易十四统治时期，图书馆里的馆藏增加了七万册；在路易十五时期馆藏又进一步扩大了，直至当时，皇家已有三十万册的馆藏。因而，当时的图书馆已经放不下那么多馆藏。因此大臣们考虑在圣奥诺雷路修建一座新的图书馆。接着，他们又开始讨论将图书馆转移至卢浮宫。最后，又有人提出在原址扩建的建议。

转移到卢浮宫的方案受到了热烈的欢迎，看上去似乎也是最佳的选择。但是，学者们颇有异议：尽管卢浮宫规模足够大，也极具吸引力和丰富性，却不适合用作图书馆：这座宫殿里有着在不同方向上的一个接着一个的连廊，后勤不便；流线过长、连廊太多，使得监控不利。至于在原址扩建的提议，所有提交上来的方案都展示出一组没有吸引力的建筑群，不仅平面布置不便，并且还要拆除已有建筑，产生额外花费。

当时的财政大臣委托我为巴黎证券交易所设计一座新大门。我之前的项目似乎受到了这位大臣的赏识，所以我加倍努力地做了这个设计。这位大臣以及一位对艺术很有兴趣的内政大臣应该都认识到了图书馆项目的重要性。当时的建筑主管也明白这个项目的紧迫性，遂指示我在圣奥诺雷路设计一座新的图书馆。但是，对这个项目的所有细节进行过考虑后，我得出新建图书馆的经费将超出预期这一结论。所以我放弃了新建一个图书馆的意图，开始思考如何克服扩建图书馆的困难。这次，我对自己做出来的方案非常满意：无论是平面布置，还是花费都非常合理。让我来具体说说方案。

原有的图书馆有两个缺点：空间不足，流线过长。而我的方案是把原本的庭院（长 300 英尺［91.44 米］，宽 90 英尺［27.43 米］）变成一个采天光的巨大的巴西利卡。这个方案不仅能够装下现存的馆藏，还有剩余的空间以便继续补充。我准备将拱顶搭建在现有的墙壁上，而原先的建筑将会被保留，分别用作手稿贮藏室、打印 / 印刷室和奖杯存放室（同样存放有地球仪）。通过区分不同的功能空间，将避免出现混乱的情况。

我在深化方案的时候，觉得必须要赋予主体建筑——巴西利卡以纪念性建筑的个性。阶梯式书架是最好的办法，因为这种做法让建筑内部显得广阔、

〔27〕“备忘录”对应皇家图书馆扩建项目。

12 图书馆扩建项目，从上到下依次为：平面、纵向剖面、横向剖面、室内场景

13 图书馆扩建项目，三种立面

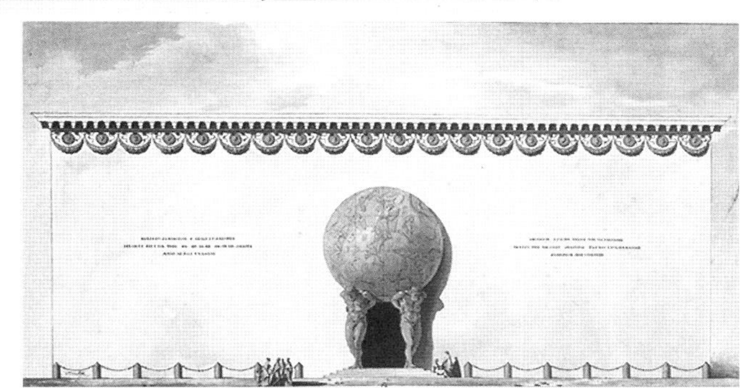

高贵和非凡，给人一种壮丽的印象。这种方式不仅后勤便利，甚至还省却了楼梯带来的危险。阶梯书架的顶部设置一排柱子，我将其设计为那种简约的形式，这样人们的眼光仍然停留在众多书籍产生的奇观上，但又为这个美丽的空间增添了必要的装饰，让其更显光辉和高贵。这座巴西利卡的两端设有两个凯旋门，在它们之下竖立着两尊寓言式的雕像，其中之一必然是密涅瓦（智慧女神）。

就算把我的这个方案与卢浮宫列柱式立面以及巴黎荣军院等著名建筑做比较，我也有自信，如果这个方案得到实施，效果将比两者更加震撼、更加非凡。加上这个方案花费小许多，因此，我认为自己所做的这个项目综合了所有的优势。我为这个项目估算的花费是 120 万到 150 万里弗尔，而新建一座图书馆将会花费 1500 万到 1800 万里弗尔。有人提出用石材做拱顶，而不是我设想的木材，因为木材似乎不够结实。我认为只要将保留墙壁上加上 36 英尺（10.97 米）（厚）的扶壁，就能支撑更重的拱顶了。→12 13

十二、陵墓纪念建筑或衣冠冢（Funerary Monuments or Cenotaphs）

死亡的神殿！只要瞥上一眼，就足以让我们心生寒意。艺术家们，请驱散天堂的光亮，为坟墓洒下死一般苍白而阴森的光线吧！

显而易见的是，丧葬建筑的唯一目的就是极致的纪念性：使容纳的对象——那位伟大的死者在人们的记忆中不朽。因而这种建筑需要有经久耐用的品质。在这种类型的建筑上，我比较倾向于埃及的那些出众的金字塔。身处不毛之地的金字塔唤起了一种忧郁和永恒的图像。

这种建筑类型，相比其他建筑类型，更加需要建筑上的诗意。正是这一点格外吸引我，使我竭尽全力在设计中融入诗意。我在构思陵墓入口的时候，突然有了一个新鲜而大胆的想法：创造一种“被埋葬的建筑”的错觉。在不断的思索中，我意识到，想要创造出这种错觉，就必须使用低矮的、下沉的线条。建筑的要素是完全没有装饰，空白的墙体。并且，要想实现下沉建筑的效果，必须要使整个建筑物看起来是一个整体，但实际上又在暗示观者，有一部分建筑埋在了地下。

有了这个总体的概念之后，我开始了设计的尝试。在这个阶段，我感受到了比以往更加困难的过程。因为不仅要暗示观者有下沉的部分，还要把观者能够看见的那部分做成一种没有装饰、光秃秃的墙体的形式。我认为，这种特征的建筑是没有先例可循的。所以，就算是我也花了很长时间构思草图。这种概念难以实现，恰恰就是因为要素太过简单。

接下来，我们讲讲方案的总平面。[28] 在这个方案中，我用一圈围墙将主体建筑围在中心位置。这一圈围墙由尸骨存放所，以及给死者做最后仪式的礼拜堂组成。为了实现完美的对称以及整体形式的协调感，我将大门和尸骨存放所设计成同一种体量。然而我打算赋予礼拜堂以不一样的形态和装饰。

主体建筑衣冠冢，竖立在场地中央，被赋予古代的形式——四边形的金字塔。我将其献给一位民族英雄——蒂雷纳子爵（Maréchal de Turenne），他在一次拯救了法国的战役中身亡。我用成排的柏树来象征胜利，并且在衣冠冢的入口采用了凯旋门的形式。我认为这些元素歌颂了伟大的胜利，表现了这位英雄的荣耀，并且留存了爱国之记忆。因为这种纪念碑要求一种悲戚的印象，我在设计中完全避开了建筑中的复杂元素。我甚至不能对这个体量进行分割，以便保留它那种永恒的图像。我将建筑的立面做成等边三角形的形式，其绝对的规整性展示出了美。

一般的纪念性建筑总在柱廊顶部放置拱顶。但是，在我的陵墓建筑中，明显的特征就是取消了柱廊，直接将拱顶放置在地面层。这样做的缘由是：根据上文所述，我的总体概念是，建筑的轮廓线要低矮、下沉，并且要让

〔28〕这个方案实际指的是蒂雷纳衣冠冢。

14 蒂雷纳元帅衣冠冢，鸟瞰

15 蒂雷纳元帅衣冠冢主体建筑，上：立面；中：剖面；下：平面

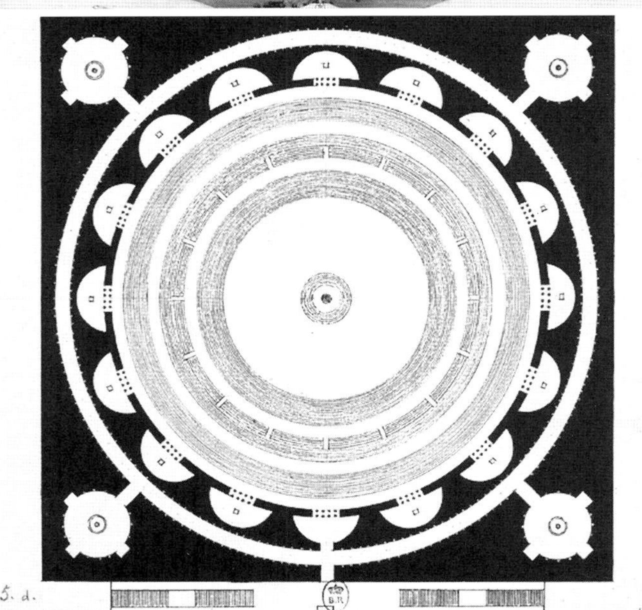

16 截圆锥形衣冠冢项目，上一：外观透视；上二：陵园大门；上三：遗体告别堂；下：主体建筑，下一左：立面；下一右：剖面；下二：平面

17 下沉建筑、阴影建筑

观者产生有一部分埋在地下的感觉。由于取消了柱廊，习惯了一般纪念性建筑的观者确实会出现这样的感受。以上就是我对“下沉建筑”（sunken architecture）的定义。

接着，我将不再赘述这类圆锥形的衣冠冢，虽然我关于这个主题做了很多个方案，但都基于相同的原则。具体装饰细节，我决定留给公众去评判。这时，我想说说另一个新想法：“阴影建筑”（ architecture of shadows）。

当建筑背光时，其阴影重现了建筑的体量。光线的布置更是绘画的源头。我认为，艺术家和一般人的区别在于，一般人漠视自然现象，因为习以为常，而艺术家则会从中不断地发现灵感。我正是由于一个偶然的发现而产生了“阴影建筑”的想法。当时，我在乡下的一片小树林里，月光在我身后投下了影子，而我因为当时心中特定的情绪，觉得这样的景象非常悲戚，好似自然在传达一种哀悼之意。我被这种景象震撼了，开始思考如何在建筑中实现这个效果。我试图做一个以光影效果为主题的作品，为了达到这个目的，我将光想象成可以根据想象来自由掌控的事物。我认为这种技巧在赋予丧葬建筑以个性方面发挥了很大的作用。没有什么建筑能比它更加悲戚了：一座有着平坦、空白而不经装饰，由吸光材料制成的表面的建筑，完全没有装饰细节，唯一的装饰就是光影的变换，以及轮廓线上那更加浓郁的阴影。

总而言之，这种对伟人们的哀悼给人们以满足感的原因，在于我们总是希望有一些人能够达到自己无法企及的高度，而我们致以的崇敬使我们产生了自己与伟人之间没有距离的错觉。这是人类追求完美的一种表现。→14~18

十三、牛顿衣冠冢[29]（Newton Cenotaph）

崇高的灵魂！博大精深的天才！非凡的人！请屈尊接受我微薄的才能向您献上的敬辞吧！啊！假如我大胆到了将之公之于众的地步，那是因为我相信自己在这个项目中超越了自己。

哦，牛顿！当您用广阔的眼界和高绝的天赋，决定了地球的形状，我产生了一个想法，要用您的发现来包裹您。这就像将您包裹在您自身之中一般。除了您自身，我又怎能找到配得上您的其他形式呢？正是这样的想法使我采用了地球的形状——球体。我借鉴了古代的方式，用鲜花和一排排的柏树包围着建筑，向您致敬。

同样，在建筑内部，我也要用牛顿的成就来致敬牛顿：用牛顿创造的体系（太阳系）作为原型，设计坟墓里的灯。这是建筑内部唯一的装饰。

19

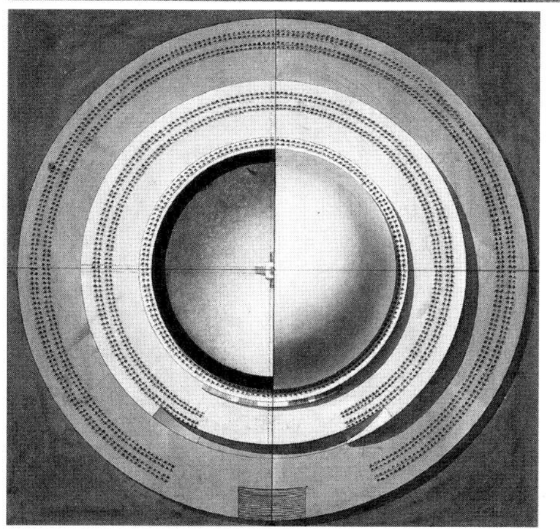

我认为其他的装饰都将是对伟人的亵渎。

做完这个设计，我也在某种程度上对其失望过。我翻来覆去地想象大自然之壮丽，为不能重现这种壮丽而叹息。因为我想赋予牛顿一个不朽的安息之地——天堂。

然而，我还是认为自己在某种程度上实现了不可能的效果：身处纪念堂内部的人，将感觉自己仿佛中了魔法而漂浮起来，接着，他感受到了接踵而来的广袤空间的

〔29〕敬献对象从蒂雷纳到牛顿的转换，从军事英雄到科学家，是那个时代的特征。整个社会对战争的态度发生了转变。那时的人们渴望着基于现代科学的世界和平。

图景，承受着它们带来的冲击。我认为，这种场景难以用建筑画表现，图画仅仅只能略廓其形。所以我决定用语言来加以补充：

如你所见，纪念堂内部的空间是一个广袤的球体。在基座上，放置石棺的开口正对着球体的中心。这种形式的独特优势就是，无论我们从哪个角度去观察它（正如在大自然中一样），我们只能看到一个既没有开端也没有末尾的连续面，而且凝视得越久，它就显得越大。这种形式从未被运用过，并且是这座纪念碑唯一合适的形式。因为曲面保证了观者到达不了他看向的地方；他就像被一百种外在条件控制了一般，只能被迫站在他能站的地方；而那个地方占据中心位置，让他保持了创造错觉的足够距离。他在其中感受到了兴奋，而且不会出于空洞的好奇心而想靠近球面一点，从而毁了这效果。他独自站在那儿，眼睛只能注视天空的辽阔。那口石棺是唯一的物质实体。而纪念堂里的采光，将与行星和恒星在晴朗夜晚照亮天穹的景象相似。

星星的位置都是按照自然法则排布的。它们通过刺穿穹顶的漏斗形的开口确定形状。阳光通过这些孔洞渗入幽暗的室内，用明亮而闪烁的光线勾勒了孔洞的轮廓。我认为这种采光方式是对星夜的完美再现。

我将这种运用自然来再现自然的创作归功于建筑学的独特性。没有其他的艺术能够实现这种效果。即便是我最心仪的绘画也不能够，再多的色调和技法都不如大自然亲自上阵来得有效。

为了在这座纪念碑里获得大自然的色调和效果，必须诉诸艺术的魔力，并且用自然作画——也就是说运用自然。我认为这是属于我的发现。如果有人反驳，那我的观点是，手法不是关键，结果才最重要。我也许比牛顿更早看到了苹果掉落，并且思考过其中缘由，然而是牛顿解开了谜题；傻子和天才书写的时候用的都是同样的墨水，等等。→19 20[30]

十四、军事建筑（Military Architecture）

首先，在严格意义上，军事建筑是指出于防御目标的工事。所有超出这个目标的都属于民用建筑范畴。正因如此，人们应该在第一眼看到它们时就会激发相应的感知。它们包括：城门（city entrance）、防御城市的城门 (gates of fortified cities)、武器库、堡垒等。我认为这些建筑应该有自己的个性，给我们留下各自不同的印象。而这种个性的创造只能诉诸艺术的诗意、诗意的艺术。而这又进入民用建筑的范畴了。这就是我在做军事建筑时需要解决的问题。此外，我认为自己发现了一个关于老问题的全新解释——为什么建筑学中的技术方面相比艺术方面获得了更多进步？

这一新的解释是：只要有人发动了战争，他们就被迫用尽一切办法来实现防卫；因此，防御工事的艺术就变成了一种更高级的需要。为什么上文列举的那些军事建筑包含的建筑类型总是忽略艺术的一面呢？因为做苦工的人从未留意过艺术，这是必然的。并且，科学的进步是连续不断的突破，并且因为能够验证而得以传播交流。相反，人们却无法像数学定理那样证明艺术之美，不是每个人都拥有转译自然的天赋，因此，艺术之美才会落得如此罕见。[31]

十五、城门（City Entrance）[32]

我认为工程师在建造城门的时候，只是考虑了墙体的厚度是否足够围起

〔30〕为了说明自己的原创性，部雷在此激动地举了好多例子。

〔31〕部雷对于艺术相比科学缺少进步这一点所表达的遗憾，也是我们当代的现状。这也表明了部雷思想的超前特性。

〔32〕“城门”这一节描述，对应着一个设计。

居民，却没有考虑过要赋予城门以力量的印象。对这种纪念性的考虑，属于民用建筑的范畴，因而工程师是不会考量的。

21

想要实现强有力的印象，合适的做法是将一切表明最强防御的事物展示出来，并融入装饰中。在我的这个城门设计中，城墙看上去似乎不可摧毁。在装饰墙体的台基（stylobate）之上，我布置了一排看上去似乎所向披靡的战士雕塑。我设计这排战士雕像，意在唤起古代斯巴达人的那种英雄主义。这些战士们似乎在跟注视他们的人说：这些城墙不算什么，需要小心的是墙内居民的勇气。→21

十六、城门内侧（Inside the City）[33]

我认为面向城市内侧的城门应该与外侧以不一样的方式装饰，引导人们关于双层墙体的猜想。在我看来，这种双层的防御不仅使城市显得不可战胜，还可以增加建筑物的丰富性。→22

22

十七、防御城市的城门（Gates of Fortified Cities）[34]

这两个设计的共同点是墙体把两侧的塔楼连接了起来。其中一个设计中，

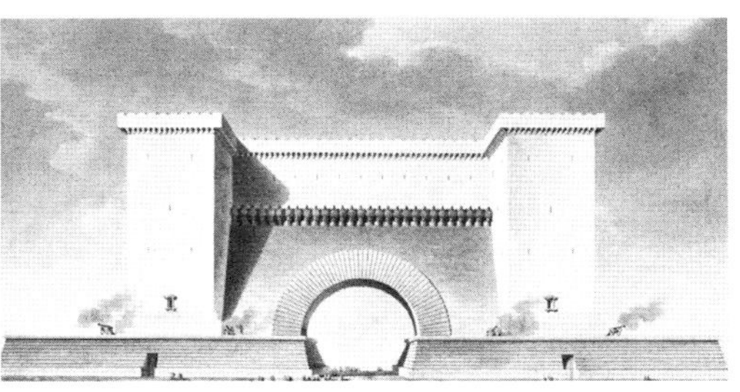

23

〔33〕“城门内侧”这一节则对应着另一张建筑画，描绘的应该是上一个城门设计的内侧，虽然细节有些出入。

〔34〕“防御城市的城门”对应着至少两个设计。

城门的基座由加农炮与补给弹仓组成，而基座之上竖立着手持武器的巨型士兵雕像；而拱券，或者说拱门饰（archivolts）则是由炮筒组成。→23

十八、堡垒 (Fort)[35]

堡垒由一个圆柱体的主塔楼在对角处（四叶草形）与正方形塔楼相接。方形塔楼之间的空隙堆叠着加农炮弹，这样，这些炮弹形成了一个圆锥形的塔楼主体。[36] 而城门处的门扇采用的形式则暗示了阿喀琉斯之盾（the shield of Achilles）。通过这些成堆的军需用品的使用，我试图赋予军事建筑以个性，同时开创（军事建筑的）艺术。

我的原则是，建筑师只有通过描绘现实才有可能获得成功；而只有将现实活生生地呈现出来的艺术，才是建筑师成功的保证。[37] 但是我担心自己运用的方法过于生动，会给自己的建筑带来戏剧化的性质，而不是我所希望的纯粹。我认为丧失了纯粹性的建筑都有一种无法容忍的罪恶，而这种罪恶是我自认已经极力避免了的。→24

十九、桥梁 (Bridges)[38]

我认为，负责建造桥梁的工程师们在技术方面创造了奇迹，却完全忽视了艺术方面。所以，那个时代的桥梁装饰丝毫没有美可言。

我接到财政大臣的命令，让我为路易十五宫殿的桥梁改进装饰。我认为，我必须完全遵循工程师的方案，因为我尊敬他的才能。在这种情况下，建筑师的发挥空间非常小，势必限制想象力的空间。然而，我认为自己在这个项目中将艺术与科学的领地划分开来了。[39]

〔35〕部雷在军事建筑中不断出现这种甚为奇特的做法：堆砌军用物品，代替建筑材料。

〔36〕同上。

〔37〕此段原文是：J'ai pour principe que c'est par le tableau de la realite qu'un auteur peut esperer des succes. Ce qui les lui assure, c'est, selon moi, l'art de la rendre sensible.

〔38〕“桥梁”对应着一个实际的委托项目。

〔39〕将艺术与科学在项目中分开实现，这一点似乎让部雷很兴奋。

我在装饰方面的构思，回溯到桥这个物件最原始的概念——用船相接形成一条通过河流的路。并且，我落实了工程师的想法——创造一座平桥（flat bridge）——而它的装饰却极其宜人；甚至我还在方案中巧妙地融入了巴黎城的武装元素。

我在这个方案中最自得的一点是设计上的简洁利落。我在处理军事建筑的时候，思路都非常简洁——增加装饰。这就是我在军事建筑中引入的艺术方面。我的目的很简单：让它们引人注目，成为审美对象，而不是完全被忽视审美价值的一种建筑类型。这也是我在这里不再赘述其他两座战时城门和一座凯旋门的原因。→25

二十、凡尔赛宫改建（Restoration of the Chateau of Versailles）[40]

首先，我认为，设计一座宫殿本来就很考验艺术家的才能了，而又要考虑扩建部分与原有建筑的关系，就更是难上加难。并且，造价上的限制条件还会限制才能的发挥。尽管如此，这个项目最大的难题却是，我想要超越原本的设计者，那批来自光辉时代的伟大建筑师。因此，尽管困难重重，我仍迎难而上。

一座宫殿的外部装饰必须豪华、高贵、优雅，尤其要做到庄严。建筑的外形没有其给人的印象重要。内部装饰需要有美感、优雅而高贵。整体的布局除了需要宏伟之外，还要求流线的通畅和在流线上行进的仪式感：设计应该方便贵族们和民众们在节日里自由地出入，却不会造成王室的不便。我认为应该区分公共和私人区域，而私人区域应该具备所有便利设施，且不与公共区域重叠交叉。

高贵是由宏伟的印象产生的。就拿镜厅来举例：当参观者穿过一连串装饰满艺术品的房间，认为再也没有什么能更美了；这时他走进了镜厅，一定会彻底地叹为观止。

我认为凡尔赛宫现在的布局是不合理的。由于功能过于碎片化，本该

[40] 在《论建筑艺术》中，论述凡尔赛宫改建方案的章节，可以看出它是较早完成的。这一章的标题叫“有关凡尔赛宫扩建的备忘录”，由其内容判断，很有可能是在 1780 年呈上凡尔赛宫改建方案的时候写下的。所以，这一章节与其他多数章节体现的设计逻辑并不相同：其他设计方案都是根据建筑的类型决定建筑应该具有的“个性”，然后再进入形式语言的组织。而凡尔赛宫的项目不得不抛开这些，首先考虑原有的建筑功能和造价等问题。不过仍然可以看出，部雷在设计第一阶段热衷于考虑类型和个性的倾向。

非常公共的镜厅成了私密和公共重叠的尴尬所在。所以，在我的新方案中，我拆掉了两条伸入入口庭院的侧翼，在入口处设置一个与镜厅平行的前厅，中间设置一个中庭，而两侧上层是国王和王后的寓所。这样，主体建筑的一层整个作为公共空间，从而实现流线的畅通。新建的前厅处于立面的中央，作为入口，比原来的入口规模更大，公共性更强。我设想在这个中庭内实现民众与王室的互动：民众可以在镜厅中遥望国王生活、用餐，而国王如果离开寓所，参与到人群中来，将会使人们非常欣喜。

以上只是对我的方案平面的一些表述，最后的布局还要等国王首肯。我这个方案看上去造价高昂，实际上会比其他两个方案更为省钱。→26〔41〕

26 凡尔赛宫改建项目，上：透视；下左：改造步骤一；下右：改造步骤二（黑线为原有建筑，红线为改动和增加）

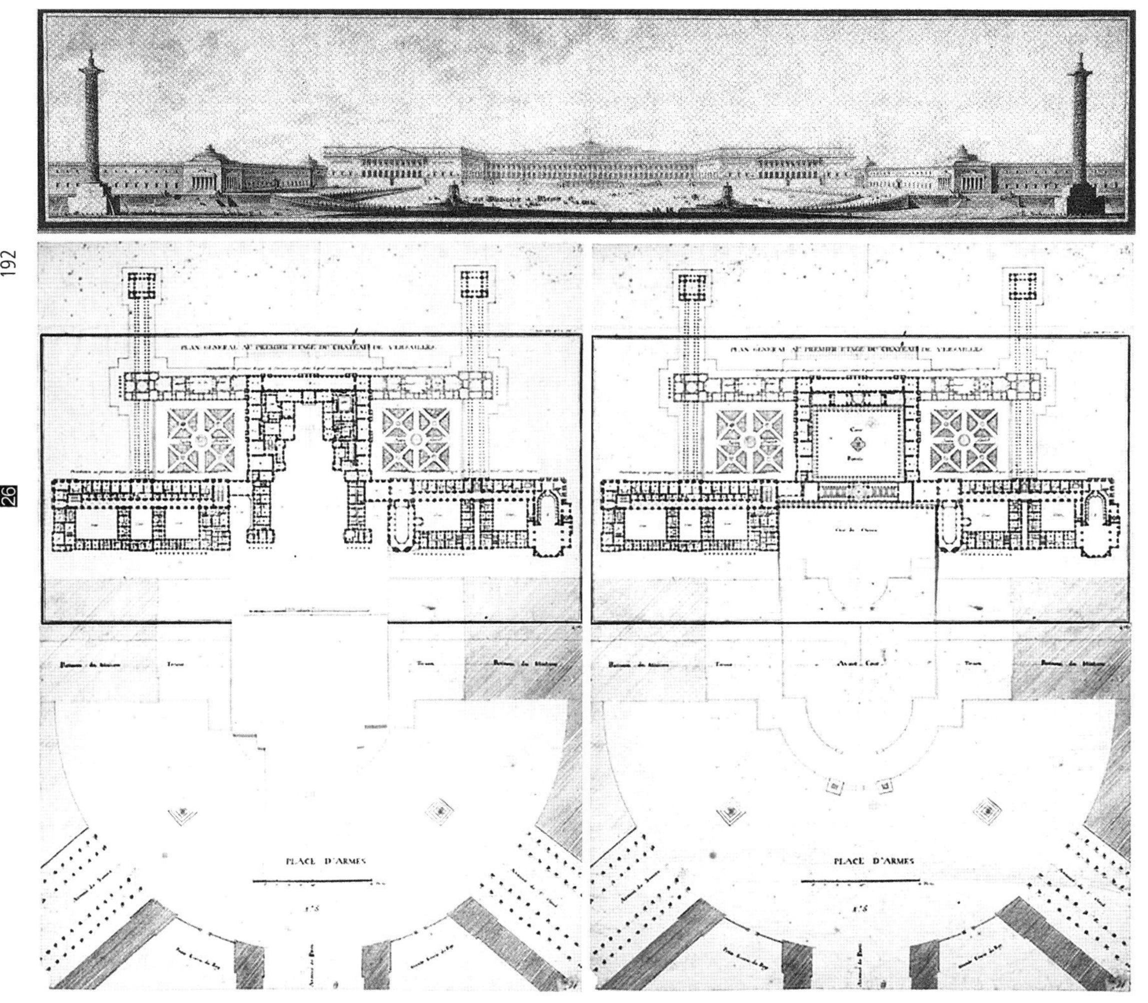

〔41〕接下来的段落，部雷具体说明了他的方案在造价上的优势。由于与其理论无关，不予翻译。

9

Aldo Rossi's Drawings

Paolo Portoghesi

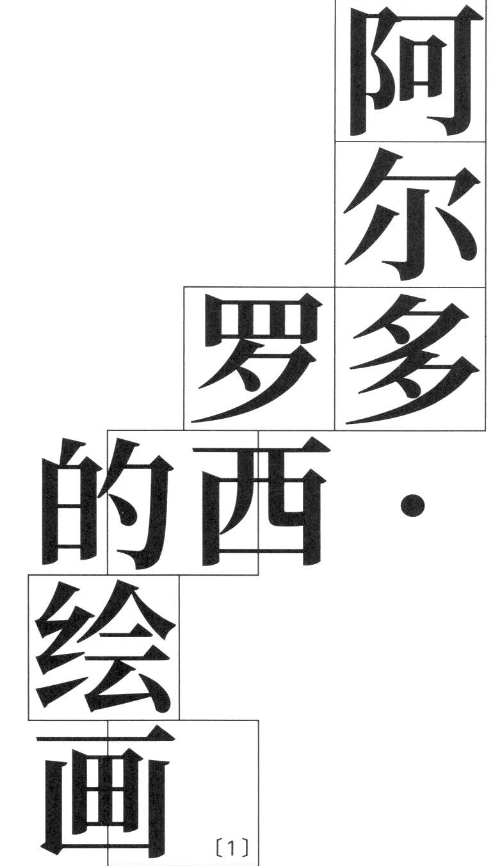

阿尔多·罗西的绘画〔1〕

保罗·波尔托盖西
（孙 陈 译）

〔1〕 本文译自 *Aldo Rossi: The Sketchbooks 1990–1997* 一书的序言。

当有人让阿尔多·罗西评价自己的作品时，他回答道："归根结底，我所钟爱的建筑，它的材料、它的起源、它自身相对短暂的生命等特征都太像人类、太动人了，以至于我们必然会充满激情地去思考它。"研究罗西的绘图时，我们同样会发现这句话提及的拟人化方法，通过这种方法，罗西的理念第一次找到了形式，且逐渐开始成型，下文是这段绵延不止的故事中的几个片段。罗西还在读大学的时候，有一位教授尝试让他放弃"继续走建筑这条路，成为一名建筑师"，教授告诉他"你的绘画看起来就像出自砖匠或是粗俗的建筑工人之手，画出这种画的人最多只能摆摆石块，大致标出窗户的位置"。这样的批评并没有让年轻的罗西沮丧，反而让他兴奋不已。他已经意识到，别人所评判的"无经验和愚蠢"（inexperience and stupidity）恰好是他视为"画之愉悦"（pleasure of drawing）的东西。这是他向自己表述源源不断的理念的一种方式，这些理念足够用一生去研究，在长达四十多年的时间中，这些理念绽放成为精美的、出人意料的建筑群，如花粉般分散在世界各地。

很长一段时间，对于罗西来说，绘画是建筑创造的唯一方法；绘画不仅是建筑设计方案的手段，还是处理其想象力果实的工具。他诱导出这些想法，好似它们是被赋予实体和活力的小物件。罗西通常将理念铺陈于书桌上，并通过颜色来表达这种可触碰的实体性和活力。有时颜色迷失在浓重的阴影中，有时它们以犀利和纯洁为乐，例如我们在罗西草图中发现的他为位于摩德纳（Modena）的墓地挑选的"天空的碧蓝色"。

典型的"罗西式"绘图不具备那种写实倾向的精确。手和眼并不在纸上刻画清晰可读的图像，相反，手和眼是罗西研究的工具。直线分裂成两段、多段，不断分裂直至它让人想起一种形式——这种形式不属于由因循守旧的观点定义的空间，相反，它属于一种理想化且灵活性强的空间，这种空间经常融合不同的观点且在轴测投影、透视投影和正交投影三者间波动。→1

1970年代，罗西的绘画技术和现代绘画艺术之间有相似性。他的绘画和马里奥·西罗尼（Mario Sironi）的作品尤其相似，除此之外还和立体主义、形而上画派以及"色调派"（tonality）相似。早在1970年代，罗西就在绘画中使用拼贴手法引入脱离背景的历史暗喻，之后他才把这些暗喻翻译到建筑的设计和建造中。他使用希腊神庙的山花为某建筑加冕，用精确且有秩序的方孔强化整座建筑；用类似于佛罗伦萨斯特罗齐宫（Palazzo Strozzi）的精致飞檐装饰建筑正面顶部，让人想起加拉拉蒂斯（Gallaratese）的住房建筑项目。这一切都被放置在烟囱和桁架组成的景观中，并被统一在赛格拉特（Segrate）纪念碑喷泉中的三角柱体之下。

这些草图都属于系列图纸的一部分——虽然这些草图和真正研究项目之间没有严格意义上的关系——它们与罗西在其名著《城市建筑学》（*The Architecture of the city*，1967）中展现的原则和叙述（racconti）一起，为理论争鸣做出了重要贡献。它们论证了一种纯思考式且同时是诗意表达的研

SEA

GLI ATRIDI
CLITEMNESTRA ELETTRA ORESTE
ALDO ROSSI L'ESTATE 1992
PER FRANCESCA

究；这是片段的诗学，更贴切地说是片段的“蒙太奇”——当片段等待着被重新组合的时候，它们之间会互相交流。实际上，“等候”这个词似乎是罗西绘画中的主导主题。在其早期作品中我们能发现这个主题，如赛格拉特喷泉的绘图、帕尔玛（Parma）剧院的绘图和摩德纳墓地的绘图等，这些图纸更加清晰展示了他受到德·契里柯（De Chirico）和形而上画派的影响。

契里柯在其著作中讨论了形而上学方法的两种孤独[→2]：“一种可称之为固体的孤独，这是一种源于冥想的愉悦，达到这种境界要通过思考设计独特的建造物，思索形式、材料和摇摆在生命及死亡边界的元素，如静物的他者性（静物并非指可作为绘画对象的物质，而是指人们有时在物体中发现的想象中的生命，这是一种幽灵般的存在）。第二种孤独是符号的孤独，具有显著的形而上学性……一个作品的形而上学性取决于其展现的宁静的程度；然而它给人的印象是：一些新的事物即将发生，即将打破宁静；除了那些可视符号以外的符号即将控制画布。这些就是已存的深奥意义将被揭示的征兆。”

和他的许多建筑项目一样，罗西的画作中，“等候”这一概念正是由形而上学式的孤独造就的，但几乎每次都能征服悲伤，用幽默感征服，或是用观察熟悉的想象世界片段时内心的喜悦来征服。有时，在炼金术师的魔咒下，建筑物失去了所有的尺寸，因为建筑物代表想法，而想法不具有维度，所以它们看起来就和咖啡机或咖啡壶一样大小；思想无法被测量或量化。在投入到完成建筑的真实空间、进入“几乎无物的刚硬世界”（that rigid world of few objects）（这是罗西给自己的诗意世界起的名称）之前，罗西用他的绘画表达出他对析取（disjunction）的坚持。他将自己的想法转换成各种模式来享受、抚摸和玩耍，把自己的想法涂上华丽的颜色，加上条纹或方格或是边界，使人想起水手服。罗西直到四十岁的时候才看见他设计的几个项目建成，五十岁时才大致成为一个几乎没有建造经验的理论家。一整代建筑师一直研究他的绘图，这些绘图完全有资格让研究者狂热崇拜，它们也揭示出罗西私密的一面。

从 1980 年代中期开始直到罗西英年早逝，在国际著名建筑师领域，他成为最出名、被模仿最多的建筑师之一，这也使他很少有时间进行独自冥想。他可以吹嘘自己去过四大洲的许多地方，急迫地渴望自己的项目快点完成。为了做到这点，罗西发掘出一个意料之外的才能——在保证高产量的同时保证作品的高质量。带着这种新的观点，罗西的画有了新的角色。罗西不向职业要求和对快速的强调低头，让绘图进入了一个相对受保护的领域——研究领域，在这里绘图毫无争议成为重要思想的载体。罗西后期作品缺乏其中期研究时的强度和活力，这是他的一个缺点，但是有一个很好的相反效果：那就是他为了配合业已建成（有的是正在建设中）的杰作创作的绘图。这些绘图保证了罗西的历史地位，使他成为 20 世纪最有影响力的意大利建筑师之一。此时必须指出，罗西设计的所有作品都将会按照他所设想的样子完成。1970 年代时，他的绘图通常会暴露出他对在现实城市中实现其构想的不确

Così per il palazzo dei Congressi è
anche la prima volta che presento
un progetto milanese — È il riuso
forse solo apparente di altri
progetti è anche e soprattutto
il riuso delle forme della
città —
Ogni volta penso alla sintesi di altri
progetti ad una sintesi definitiva
o sovrapposizione o tempo unico —
Ma in tutti i progetti non so
dove questo sia avvenuto e non
so come possa avvenire —
Di fronte a grandi progetti potrebbero
essere le cabine il luogo ricorrente
della memoria e del progetto
con i loro spostamenti e le
loro riduzioni — Rossi dice che
ridisegnarle è come rivedere un
pensato o che la loro forma
è ormai per me fortemente
affettiva — Ma non so perché
è come tornare a distinguere
in queste cose e anche
il concetto di conclusione
L'edizione americana della
autobiografia scientifica mi

信。然而，从 1990 年代开始，他转变为专注于使作品得以实现的设计图纸。因此，他的图纸对材料、质地和颜色的涉及越来越多，而对图像本身参照意义的关注越来越少。→ 3

在表达自己的想法方面，罗西突出地表现了他俯瞰事物的能力——增加体积、阐明关系。他不想阻碍观察者，同时也很确定自己图像的力量和潜力，他从一个艺术家的视角，通过扭转的方式（torsione）来区分毗邻的体积，加强它们各自的自主性，从这里我们能明显看出罗西对三维空间的追求。他倾向的轴测式鸟瞰方法和多视角运用手法（在再现现实上）相互矛盾。他避免创造出一种过于现实主义的效果，设法保持一种超现实的氛围，这种效果从他的设计图开始并完美呈现在建成建筑中。有人会说罗西绘图中表现出的“扭转”是他对德里达（Derrida）的解构理论思维方式做出的最大让步，因为关于自己的项目罗西写道：“至于形式，我一直都被闭合的、完美的形式

3

所吸引，同时也被形式的失败吸引。也许这就是难以理解之处，但是我相信二者之间并没有那么大的差别。这就好似抽象和自然主义之间的分界线一样；每一个优秀的建筑师都有一定的自然主义倾向，换言之，就是重塑现实的渴望。当建筑师成功重塑了现实、引入了自己的一些辅助的改变和变形时，这会变得尤其有趣。亨利·詹姆斯（Henry James）是美国最伟大的作家之一，他就是一个极好的例子。你可以说詹姆斯所写的一切都是绝对真实，真实得有一些无趣，但是它永远都是'扭曲的'（twisted）。他呈现事物时的角度是不同寻常的，正是这种不同寻常具有非常重要的作用。" →4

关于"扭转"，我们需要记住海德格尔在写形而上学和人本主义时将"扭转"（Verwindung）看作是克服障碍的方法；扭转对于现实意味着认清虚幻、从病态中恢复、对即将被抛弃的东西负起责任。同样，对于罗西来说，"扭转"是和记忆保持联系的方法，不抛弃记忆也不需要任何赎罪的假象，也没有虚

无主义。1985 年，丹尼尔·里伯斯金（Daniel Libeskind）认为罗西有虚无主义的特点，事实上，当时他说的似乎更是自己而非罗西。

最近几年，最能显示罗西“扭转”的绘图是他为马赛港、纽约白厅的船运码头、巴里（Bari）的奥林匹克体育场和柏林兰茨伯格大道酒店（Berlin Landsberger Allee）所做的设计。然而我首先要仔细研究威尼斯利多（Lido）的电影宫（Palazzo del Cinema），考虑到威尼斯文化，这幢建筑着实是一个被浪费掉的机会。在设计图中，罗西通过“扭转”将建筑从纵向的僵硬中解放出来，使它更像一尊活物，具有既稳定又紧张的结构。罗西写道：“每一个优秀的建筑师都有自然主义倾向。”毫无疑问，自然主义倾向通常淡化在完美的建筑中，但是在设计图中却非常突出，以一种极度纯粹和强化的姿态出现。罗西画的关于马的骨架的草图（和他给吉隆坡项目画的草图类似），他建立在“控制轴线”（regulating axis）基础上的拟人化设计，例如清晰展示了拟人手法的摩德纳墓地项目，都采用了在中心设置脊柱的“骨骼式”结构。罗西后期作品中的主角毫无疑问是威尼斯这座城市。它给作品提供了背景环境。它不是一个结构明确、需要填补空缺的城市，而是一座充满隐喻的城市，是刻在记忆中的建筑的综合体，用“民用建筑学”（civil architecture）术语来说，这座城市就是一个集合，集合了能够定义它的最佳建筑元素。→5

罗西建筑构建思想中另一个基石是引用其他建筑的主题。这证明罗西认识到人性状态的重要性，这种人性正是 20 世纪后半叶的特征，这时我们已经完全从现代性的虚幻界限中解放出来。正如我们所知，早在 1970 年代，罗西最早的作品中就存在大量对别的建筑的引用。这是为了让人想起熟悉的图像，并且罗西使用拼贴图的碎片和报纸的纸张来对比日常情景和更加高贵的图像；由此表现出与立体派绘画之间松散但重要的联系。1990 年代，这些引用以不同形式催生了一批精良的建筑。这些都能在菲拉雷特塔（Filarete tower）唤起的分类学中找到，这座塔被认为附加了棱镜、圆锥以及截短的金字塔的结构，越往高处这些结构越挤在一起，造就了一种（终极抽象的）伸缩结构。法尔内塞宫（Palazzo Farnese）庭院中有更加直白的引用，这种引用也被罗西用到了柏林苏城街（Schutzenstrasse）上一幢建筑的难以置信的、富有智慧的拼贴中。

引用和自我引用首先是为了联系罗西的作品以及他所创造的网状的、系统复杂的、不可思议的世界。它们也表达了一种非常个人和任性的内部二分法：悲观和乐观之间的持续波动、激情和怀疑之间的持续波动、对未来的信任和对过去的怀念之间的持续波动。1975 年那幅著名的绘画体现了典型罗西式结构的主要特点——被简化为瓦解了的碎片，同时，这幅画有一个令人不解的标题：“今斯已逝”。有时候，这样的说法似乎和建筑学能制造奇迹的能力相矛盾。有时，在稍纵即逝这个层面，它又有具体体现；瞬间性会侵蚀想象中的建筑。有时候又能在某些绘图里令人着迷的背景光线中发现它的踪影，绘图中的阴影似乎是被召唤来用以提供一种保护，使建筑不受强敌（坏

Berlin Schützenstraße
AR dic 92

天气，有时也有可能是官僚和嫉妒心强的同行等）的侵害。→6

然而，艺术的神圣领域和失去（的可能性或是威胁）是相对立的。建筑—思想展（Architettura-Idea Exhibition）具有拉斐尔作品《雅典学院》的特征，关于这个展览，罗西写道："拉斐尔希望在学院派众多人物中展示自己、达·芬奇、米开朗琪罗和伯拉孟特的想法并不奇怪。在一群伟大的思想家中加入这些艺术家，这种做法有着浓重的人性味道。如果思想和知识的代表者能够栖息于可以被感知的空间中，以一种近乎神圣的方式集合他们的创造、实物和朋友，那么为什么艺术家不能也栖息于此呢？为什么不能在这里辨认出真实环境中的大师和朋友呢？图像的固定性再次创造了一个存在的历史，几乎是一个自传史和编年史。我们可以认为拉斐尔的壁画确实是在宣称：我们属于一个艺术和科学的世界。"

由此，（在建筑中运用）"引用"手法的作用就是建立关联、揭示友谊并且向所有观察者指出——时间之手控制了建筑和城市；人们可以说引用将城市变成了一个可以让不同年代的人互相交流的地方。因此，建筑希望被认为是"城市的"（urban），是城市建设中不可或缺的基本成分，若想达到此目的，建筑就必须成为一种充满关联的建筑。建筑应当公开地夸耀自己，不要隐藏自己的影响、对别的建筑的借鉴，以及指向其确切立场的"恒星"（fixed stars）般的参照作品。引用别的建筑物既不是为了获得依靠也不是要寻求安慰；相反，尽管它从不损害"变奏重复"（repetition with variations）的和谐程度，却甚至能够打破平衡。不同于人们广泛接受的解构主义打破整体的方式，引用挑战了新生建筑中广泛存在的肤浅的乐观主义。西蒙娜·韦伊（Simone Weil）认为，以脱离过去来创造未来的这种幻想"是不可能实现的……在所有人类灵魂需求中，最生死攸关的就是对过去的需求"。→7

苏城街上的大面积住宅建筑是一个出色的例子，它证明了引用元素具有强烈的表达潜力。一系列不同建筑物的正立面毗连在一起——（除了塔楼以外）具有统一的高度和不同的宽度——这类似于一种古典音乐主题的变奏。正如巴赫在《音乐的奉献》（*Musical Offering*）中使用的赋格一样，音乐的主题既定；对于罗西的建筑来说，既定的主题就是柏林威廉明娜（Wilhelmine）的建筑正立面。变奏不断简明扼要地重复其主要元素，但是由于它们赋予了整个项目丰富的含义，所以达到了一种丰满的效果，形成了一种不能用功能性要求来衡量的理想的人性维度。当这种丰满展现在众人面前时，它使人想到"宫殿中的殿堂级宫殿"（palace of palaces），正如米开朗琪罗给法尔内塞宫冠以一层让人难以忘怀的阁楼和飞檐。同样，这里的引用传达了一种已失落的意义，同时又暗示了艺术的宣泄净化价值。在其多维度的双重属性中，艺术能够将乐观主义隐藏在悲观主义的面具之后——反之亦然——同时也能够宣告城市的瓦解和重生。→8

罗西作品的特点就是有许多双重属性，其中最吸引人的是生与死之间的

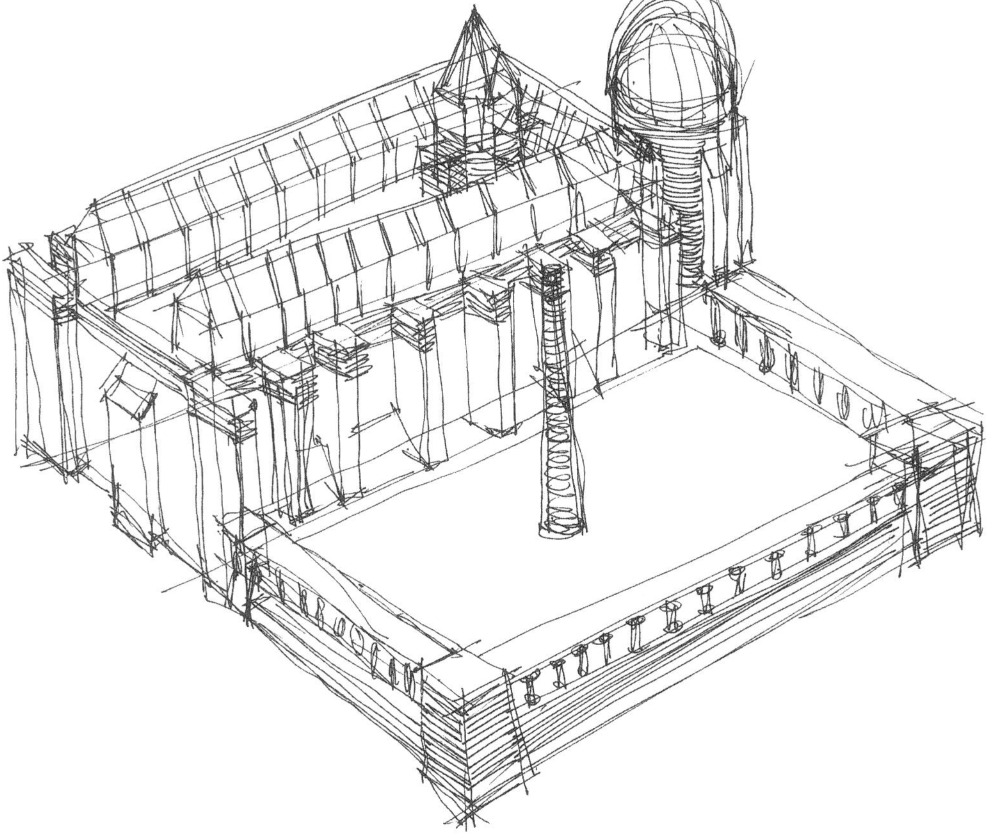

联系；他将审慎和悲伤、快乐和幽默等元素同时展示在一块透明玻璃硬币的两面。罗西在紧张的工作期间突然死亡，让人始料未及，这真是最陈腐的剧情。然而，死亡一直以来都吸引着罗西，死亡的符号也一直都是他想象中不可或缺的部分。值得玩味的是，罗西曾经多次重复美国歌曲中的歌词“请不要爱我，因为我爱你”，他私下里希望通过言说这些，让可能发生的事情不会发生。

由此，我们需要思考的是，除了本身具有的双重意义，罗西的所有绘画作为一个整体是否确实对我们有价值？在这个必然逐步走向自我毁灭的大环境下，人性被困于经济假象的幻觉之网中，整个世界似乎都在新千禧年伊始时逐步滑坡，此刻我们正需要思考这样的问题。或者，与作品兼具的双重属性正好相反，也许其中蕴含的主要驱动力正在于提供了一组严密且一致的矛盾，这种矛盾不接受调和，不理会不可实现的持续性，却重视对过去及未来的责任感。空间和图像不可能对这些问题作出清晰明确的回答。然而，这本书中最美丽、最有趣的两幅绘图却明确显示出罗西应该更加偏爱用第二种表述来总结他所取得的成就。第一幅图是威尼斯的新凤凰歌剧院（Fenice

Opera House），帕拉第奥的维琴查巴西利卡的骨骼状结构被表现成为“城市炽热生活”（heated life of the city）的冷酷背景。另一幅则是兰茨伯格大道酒店的完美绘图，由两根完整的多立克式柱子限定出通向内部庭院的入口主题，并重复使用此主题创造出一个留白与房屋交叠的舞台，有一种墙式带区环绕着一座“开放之城”（open city）的感觉。仿佛越过这座城，人们能够窥探大自然。自然与历史融合到一起，表达出对过去和未来的责任感。这样的设计重新发掘了乌托邦式价值观，并且探索了一个思想发展的可能性，堪称建筑师的信念之举。→9

到此，我们需要引用圣保罗（St. Paul）的话：“Est autem fides sperandarum sperantia rerum, argumentium non apparentium”，但丁将其解释为“信念是所期待事物的精髓”。

在我看来，罗西的遗产，就是信念的秘密之举。

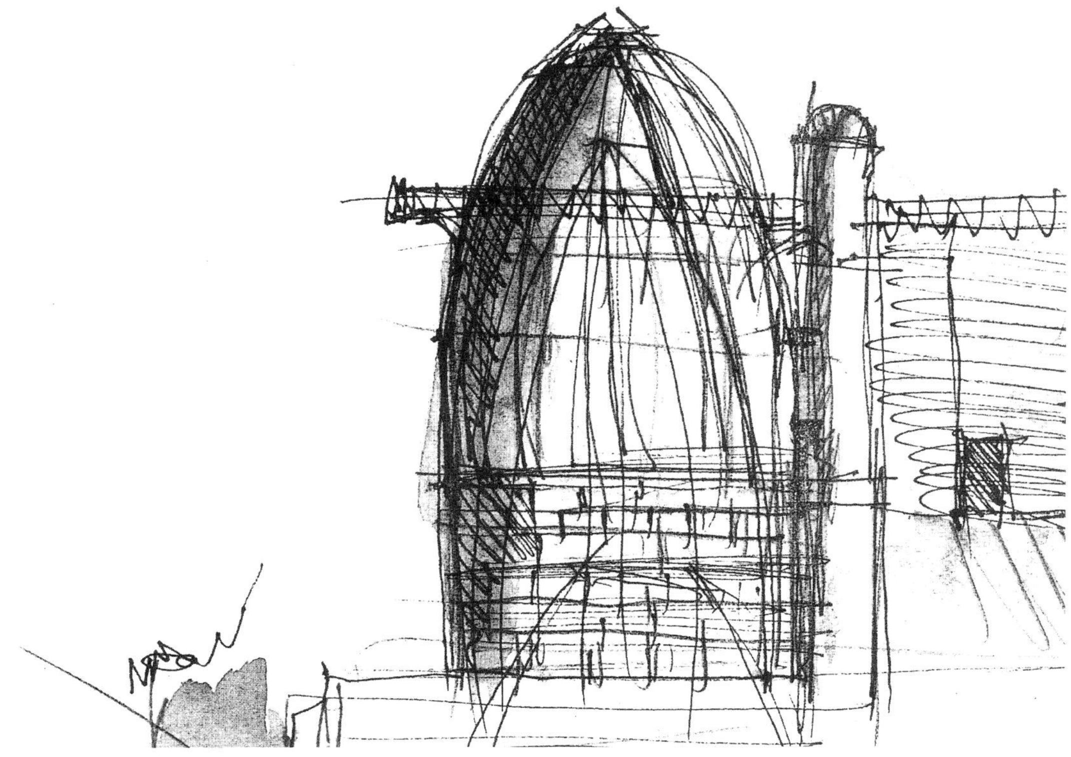

9

10 Out of Time and Into Space

John Hejduk

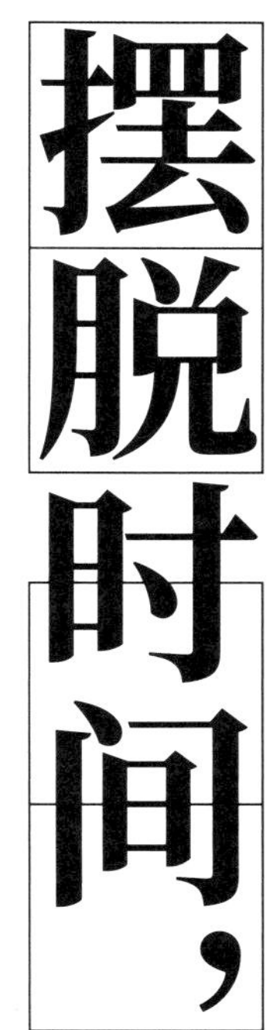

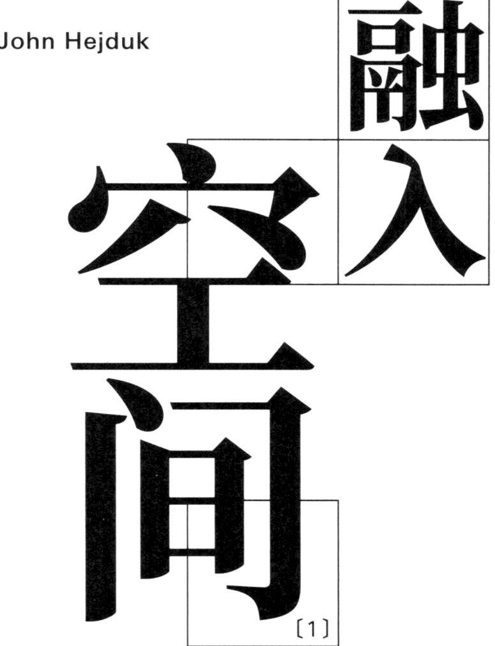

约翰·海杜克

（范 路译）

[1] 节译自海杜克的《美杜莎的面具》（*Mask of Medusa*）。

艺术具有某种独特气质，能漠视精确的时间顺序。它在时间框架上前后跳跃，与历史学家的得体感受玩捉迷藏。关于风格的一再讨论，能引起研究者的关注。而对形式创造者和批评家来说，这只是无关紧要的消遣。事件与事件关联时才重要，而这种关联在于空间而非时间。因此，柯布西耶设计的哈佛大学卡朋特视觉艺术中心（Visual Art Center at Harvard）证明了一个概念的持久力量，即建筑学中立体主义空间（cubist space）的观念。

卡朋特艺术中心在视觉形而上学上的深度，引发了之前出现的所有问题。人们可以喜欢这栋建筑，或者讨厌它，这无关紧要；事实是人们无法忽视其中展现的观念；人们可以干脆地察觉并理解这些观念。其中的问题和论证变得无穷无尽；它们就像一篇重要的论文——一篇关于同时性（simultaneity）的论文。同时性总是复杂现象，该现象有关在视网膜上保持获得千变万化关系的能力。头脑或许更倾向于接受模糊的要素，但当操作单幅静止画面时，眼睛则如同相机一般；当连续两次按下快门，在同一帧画面内插入同一个影像，就能得到有趣的效果。尽管在这一过程中，最初的形式变得模糊，并有可能不可挽回地丢失了。

人身体附属的感官和大脑活动能力，使建筑卷入空间运动和动力学之中。如果不释放出现于我们这个世纪（20 世纪）早期的视觉革新的幽灵，人们便无法理解卡朋特视觉艺术中心。旧的大门被撞开，准许毕加索（Picasso）、布拉克（Braque）、莱热、格里斯、蒙德里安进入——他们都是现代艺术的著名领袖与先驱。

首先，这座建筑在场地中的放置方式似乎十分古怪、不合常理，有违层级化法则（hierarchical laws）的好品味。从总图上看，基地南北两侧街道和周边两座建筑的肌理都是横平竖直的，而艺术中心的布局却是斜的，相对正交格网偏转了一个锐角。当然，这条街道上的大多数房子都很明智地将自己最好的立面向外呈现。为什么这个法国建筑师要执意打破拘谨严苛的姿态？这是蛮横无礼还是古怪念头？其实都不是；这是对所有相关要素的强化。这是基于两个层面的操作——外部的和内部的。一般情况下，外部是先于内部的；而对此处的艺术中心来说，外部和内部被结合成同一个有机系统（organic system）。

立体主义的视觉与新英格兰风格的体面或许永远无法兼容。问题不在于如何联系它们，而是如何让它们相互脱离、保持各自的主权。这就是柯布西耶所实现的；他不仅和解了艺术中心与其相邻建筑的关系，还在设计过程中利用了这些邻居。通过让艺术中心扭转角度，他设计了一个共生的系统。这还是次要的理由，更主要的原因则涉及胡安・格里斯风格的网格处理及其空间含义。这种网格系统由 90°、60°、45°和 30°的格网组成。

当方形被扭转 45°，它就失去了之前的静态方向性，其四角立即变得紧张，充满最大的张力。彼埃・蒙德里安了解这一现象。柯布西耶也知道这种充满紧张感的效果。当柯布西耶将主要的中心阁楼体块移到扭转的轴线上，建筑角部一下子就变得紧张并充满活力。这时，人的注意力被集中到建筑角部，于是形成了迷失方向的感受。

作为一个经院哲学家，柯布西耶意识到仅表达一种命题过于简单，必须同时增加反命题。因此，他在外围布置了曲线形体。→1 曲线形体被剪切并置，充当中心体块的侧翼。从外部看，这两个球根状封闭形体压缩了中心体块，暗含了直角系统，重建了与周边建筑的联系。这个被劈开、剪切、反转的曼陀林是两个争斗者之间的外部过渡，顺畅了通道，容许路人穿过建筑。它们还是视网膜的社会抚慰者。观察者的视线不断从福格博物馆（Fogg

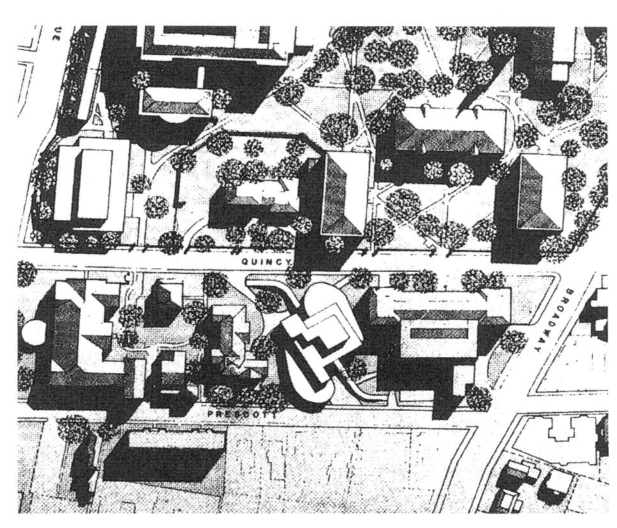

Museum）和哈佛教师俱乐部（Harvard Faculty Club）的外表面跳回到艺术中心。眼睛从不试图在两者间建立联系——它从未有过时间——它必须聚焦在一座建筑或另一座上，但永不同时聚焦两者。

首先，对我们从前的理性主义学生来说，艺术中心稍显紧张不安的形体轮廓带来了某种视觉冲击。但通过进一步仔细观察，我们发现受控制领域的旧原则依然发挥着作用。直线构成的形象因形体暗示而完整。主入口坡道的起点确立了这一必要的完整性。插入的 Z 字形条状形体是立体主义构成的生成核心。它穿过形体中心，带来离心的加速度。坡道三维扭转；而呼吸依靠心脏的主动脉。整个建筑就像自行车踏板，当在终端施加压力，它就开始旋转起来。曲线形的形体则是调节器，以拧紧又放松的方式固定逃逸的空间想象。

基地设计完成于步行网络和弯曲的斜面。坡道上的轴向视线一端终结在杰克逊式入口（Jacksonian Portal），另一端结束于波士顿的环境失配（Bostonian misfit）。通往核心主体的道路现已准备就绪。

为了充分理解艺术中心中空间视图的含义，观者必须明白立体主义绘画作品，尤其是胡安·格里斯的形式合成。→2 立体主义的建筑学分支，

4

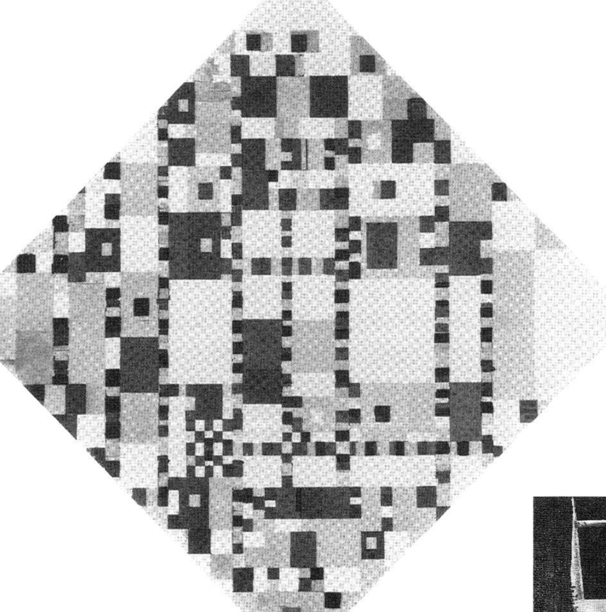

3

2

才能解答新艺术中心的秘密。在进入这一神圣领域之前，需要指出，艺术中心中遍布的概念早已封存在1920年代早期的巴黎的定时炸弹之中，而它最终于1963年在马萨诸塞州的剑桥爆炸。而在该炸药之前，另一炸弹已被引爆。它更小但威力更强，更具毁灭性。它以柯布西耶的加歇别墅（Villa Garches，1927）→3 和蒙德里安的《胜利之舞》（*Victory Boogie-Woogie*，1943）→4 的形式出现。为了解放未来，或许有必要把炸弹扔回到过去。从第一场景开始，这一辩证法的发展就伴随着艰苦练习和蒙德里安画布上的成就。

柯布西耶十分清楚立体主义和新造型主义（Neo-Plasticist）的观点。他的建筑就像钟摆一样，摇摆于两个空间磁力的极点之间。如今，人们更重视其立体主义的视觉，尽管简洁、扁平、紧张、浅进深的形式构成保有魅力。加歇别墅最充分地体现了笛卡尔式的几何；它依然是建筑空间新世界的经典作品之一。

充满蛮力的独眼巨人再次具有挑战性。激发进一步空间冲突的因素依然存在。

在考察研究中，格里斯题为《吉他、玻璃杯和瓶子》（*Guitar, Glasses and Bottle*，1914）→2 的构成作品将被用作原型。而《小提琴与报纸》（*Violin and Newspaper*，1917）→5 同样也能看作是发生器。

5

首先是场域（field）问题。在绝大多数立体主义绘画中，画面中的场域常常是有方向感的；它不是强调竖直向就是侧重水平向，但都垂直于观看者的视线。在上述绘画作品中，场域是竖直向设置的。立体主义绘画很少采用正方形画布。画面基本组织也具有某种优先的方向性。与之形成对比的是，蒙德里安的画布常常是正方形的，其场域也是无方向性的。他最在乎的是均衡。而卡朋特视觉艺术中心的设计主要运用了立体主义的视域。

该建筑平面上的主导方向感被坡道和结构开间的设置所强化。宽开间与坡道平行，而窄开间与坡道垂直——因此，这就引入了被压缩的空间和更密集的渗透。→1 b

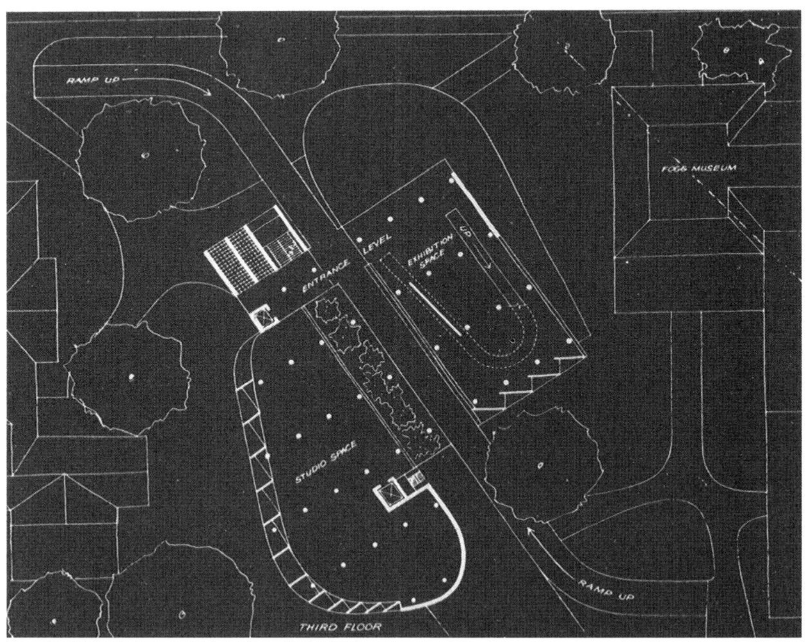

1b

在《吉他、玻璃杯和瓶子》和《小提琴与报纸》中，画面从中间裂开，被水平和竖直轴线划分为四个象限。

图形和形象拥挤在内部视域，激发了朝向交叉轴线的高强度活动，并压缩了中心空间。当注意力转移到画面边缘，这种压缩感就得到缓解。这就像把一块石头扔进水中——根据表面和深处的扰动观察，辐射力从石块落水点沿径向向外逐渐减弱。柯布西耶卡朋特艺术中心的平面以类似的方式设计，但有一个重要的不同——空间自由流动到边缘界限处，又出现了压缩的处理。柯布西耶沿长轴将形体组合分裂开，通过坡道、主入口和竖向一水平流线的设置，创造了一种高强度的中心形式。当人前行离开了必要的生物核心与器官，空间普遍地、不被打断地流动，直到它抵达了边缘。在边缘处，建筑师运用了曲墙，60°和 30°角的、风琴褶般的深遮阳百叶和竖窗框的水平切分等形式，这再一次激活了空间。外围紧张感的处理，得益于新造型主义的贡献。

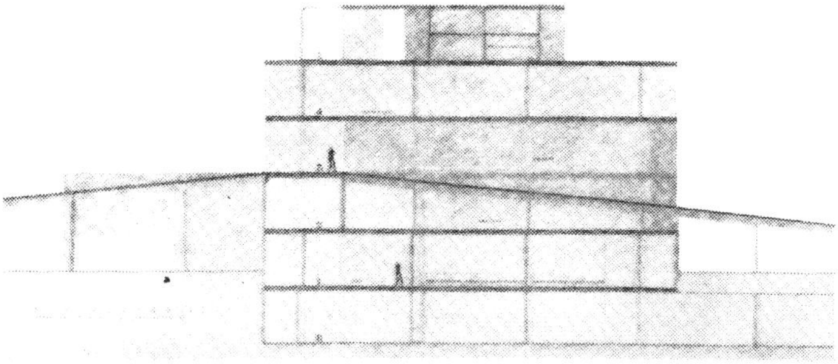

1c

而这种往中心推回的力量确立了空间波动。

平面就是剖面——当把剖面放到一起就形成了空间。如果说柯布西耶对平面中的扁平面现象感兴趣，那么可以进一步认为，他在垂直剖面上的操作也遵循了同样的方式。而仔细观察，情况确实如此。柯布西耶在坐标系中进行空间组织。如同在平面上一样，剖面的中心也聚集了众多元素。坡道穿过瘦长的缝隙，而缝隙锁住了两个曲线体量。→1 c 这两个体量作剪切运动，沿相反的方向朝外围进行侧面拉伸。而上下楼层挤压这两个曲线体量，像三明治一样把它们夹在中间，为中心空间施加了额外的压力。同一发生器同时作用于平面和剖面。通过所有的主要平面和剖面，人们可以看到，立体的建筑组织都运动了起来，形成了空间场域的有机整体。

不断节奏性调整的网格成为了稳定性框架，而对位法上演于其中。这是基本主题和支撑结构。画家和建筑师被迫认可网格交错的秩序和原则。在其专横的坚持要求下，物体以各种方式与之发生联系。它们可在其外部、内部或上部——网格自身具有无限的变化和可能。

在格里斯的《吉他、玻璃杯和瓶子》中，对网格的运用最为显著。两个主要的网格系统结合在一起，一个是画面上的直角网格，另一个则是扭转45°的网格。两种网格的交织产生了形象解读的无数种组合方式。此外，画中还暗含了第三种网格，扭转 60°~30°的网格。

通过细微调节曲线和弯曲形的明暗、形状等特性，艺术家创造了必要的强度变化。这让最初较小的网格爆炸为更大的、更居中的方形和菱形。通过强加曲线形象并改变强度，较小的次要空间网格简单地扩张为更大的主要网格。由此，人们将要接近无限的领域。柯布西耶没有放弃建筑空间的三维属性，但他也坚持为观者带来这种视觉游戏的几何规则。必须为将要发生的总

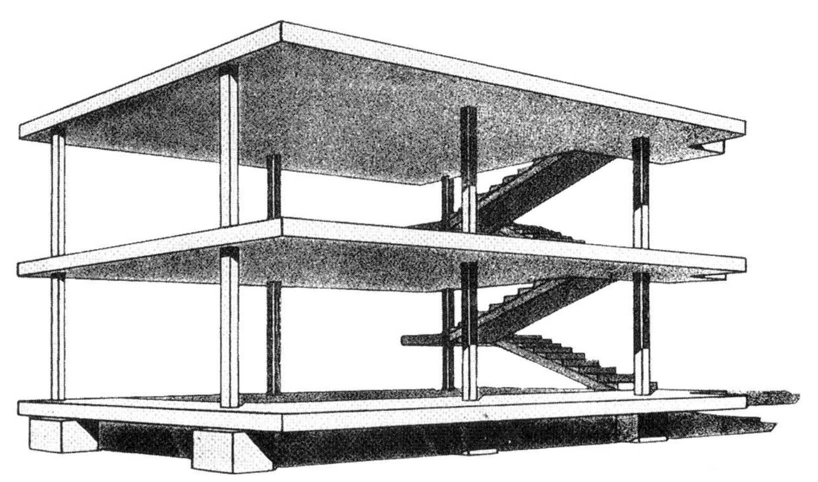
6

体效果创造“视觉—头脑”的原理。这方面，可以衡量设计意图的有效性。结构框架扮演了检察官的角色。艺术中心的“柱子—楼板”结构体系呈现了1914 年多米诺住宅设计图→6 中的纯粹性。

从那时起，柯布西耶一直记得并使用这项原则。在其大多数“展亭—阁楼”结构中，建筑空间总是不确定的。平板面围绕空间，而线性元素扩大空间；平板面强化空间，而线性元素消解空间。在前面提到的卡朋特艺术中心中，结构开间具有方向性，但人们仍可以发现正方形开间的存在。每三个横向空间上柱子与其对面的三根柱子，就构成了一个正方形。柯布西耶希望结构开间具有双重属性。结构开间主要带来纵向解读，形成主导方向，但其中存在的正方形解读带来了第二层级的微妙的中心性秩序。胡安·格里斯绘画中的形式秩序再一次出现在建筑中——以一种更邪恶的方式出现，因为它在三维场域中散漫地运转。

结构柱的截面是圆形的，这表明了一种离心力和多方向的旋转。从剖面上看，柱子时而被楼板截住，时而避开楼板连续伸至二层高。它们就像柱状活塞，或延伸或被压缩。柱子不仅在高度上有调整，其直径也有变化；如果观者绕着柱子走相同的 360°路线，他将感受到动态和静态的千变万化的关系。平行于柱子的 90°视图带来了秩序化的静态空间系统——除了之前提到的外围的互动效果。这时观者可以开始沿弧线行走，继而停在 60°的点，停在 45°的点，最终回到 90°的点。在这些确定的几何点与线之间的空间视图中，充满了柱子间张力的起伏变化。首先，当人观察万花筒时，他看见的是一个秩序的系统。当摇晃盒子时，内部元素形成动态关系，然后渐渐固定为一种新的秩序。每一次摇晃盒子，就会形成新的空间形象。而外墙则是额外的礼物，它如风箱般，压缩或扩张线性的形态表达。尽管身处迷宫，观者却总能意识到艺术中心设计还具有中心化的特性。

难以置信有人能构想出所有这些层次的空间感知。更让人难以接受的是，这些空间意识又非被确实地构想。上述讨论已经尝试解释了一个大师在几何形象操作、空间处理技巧上的成就。在某种程度上，柯布西耶并没有让自己离开立体主义的传统；对人的视觉也无法有更多期待。我们的遗产已呈现出来，而未来只能期待。需要用来强化理论观点的技艺能力和精准完成是无懈可击的。当人漫步穿过艺术中心，他有安逸闲适之感，仿佛踏在魔毯上一般。这让人感到一切皆有可能。柯布西耶将中心流线处理得清晰明确，这种做法十分古典。

过往设计图中未完成的誓言萦绕在艺术中心的大厅中。苏维埃宫（Palace of the Soviets, 1931）设计中的大量空间和里约热内卢政府大楼项目（Rio de Janeiro ministry project, 1936）中的大楼梯都以更加谦逊的方式出现在艺术中心里。色彩的装饰性使用只会暗淡色彩结构的纯粹性。人们可以放心，所有其他的诺言都保留了下来。

当然，在艺术中心的设计过程中，有关杜伊斯堡（Van Doesburg）和蒙德里安之间异同的教条式旧论断被再一次揭示出来。可以想象，如果杜伊斯堡来到艺术中心，他会兴高采烈、兴奋激动；而换作蒙德里安，他或许会对该作品印象深刻、抱有兴趣并感到疑惑。正是处理画面中斜线的方式不同，导致了两位风格派艺术家关系的破裂。蒙德里安处理斜线的方式是保持画面中的直角关系，但让整体发生倾斜。所以当被吸引进入艺术中心，观者就能感受这种形式处理，体会到其带来的某种奇怪的不安。被扭曲、被旋转是一种新的建筑感受。推拉产生的张力和压力或许有助于缓解驯服不安感；但问题依然存在——在什么情况下，和谐的波动会被打破，从而导致空间有机体的消解与失败？

蒙德里安对于“空间的一建筑的”两难困境的忧虑是有预见性的。绘画可以是纯粹的抽象表达。在绘画中，平面能完全决定画布，而现实建立在有限的画布空间中。而雕塑和建筑则由体量构成，体量自然就有表情。然而当被看作众多平面的结合体时，雕塑和建筑就能是一种抽象的显现。当围绕一座方形的建筑或一个方形的物体，或走进它们内部，可以把它们看作是二维的，因为我们的时间已经放弃了过去静止的视觉。当四处游走时，众多二维印象纷至沓来，一种紧接一种。结构、形式和平面色彩的各个表情有一种连续的相互关系，这就产生了整体的真实意象。该事实也说明了绘画、雕塑和建筑的内在一致性。

运动视点的观念最早出现在早期立体主义绘画中。在那种潮流中，已经可以感到某种需要，即追求更真实更具体表达的需要。但这种立体主义想要表达体积。本质上说，它依然是自然主义的。抽象艺术则试图摧毁有关体积的具体表达，而成为现实普遍面相的反映。

怀疑主义能导致观念的牺牲；而探究能带来观念的解放。文明的记忆或许好于野蛮的感情。如果一般凡人以这种复杂的方式来努力创作建筑，那么这个世界上的建筑会少很多——另一方面，或许可以想象更好的建筑。

看来就纯粹主义的通谕而言，变革性的裁决已放松了其严格的法则，而主张更宽容地接受空间视图。当法则不被强调，形式也难以实现。完美的作品不仅不可能实现，甚至也不合需要。当中断了对理想的追求，也就中断了有机整体的血脉——在有机整体中流通着法则化空间的基因。当任何事情都得到允许，限制就岌岌可危——那时物体就进入了虚无不实的境地。

回忆事物的欢愉已经过去。费尔南德・莱热已经回归，开始绘制包含所有新空间探索原则的形象。布拉克也已回归描绘花朵。与此类似，柯布西耶也回归其早年的一些成就，并更加深刻地献身于扩展空间。如果哈佛大学视觉艺术中心比加歇别墅早出现，那所有的不切实际的历史学家都可以无动于衷地休息了，因为“这不是事情发展的自然规律”？尽管加歇别墅预示了一些事情一定会发生，艺术中心却拖延了它们。尽管加歇别墅吸引正派的精英，哈佛艺术中心则吸引不合礼仪的普通人；坦率地说，它让人“皆大欢喜”。有些人不会，有些则会。

11 Giuseppe Vasi's Rome:

Lasting Impressions from the Age of the Grand Tour

James T. Tice + James G. Harper

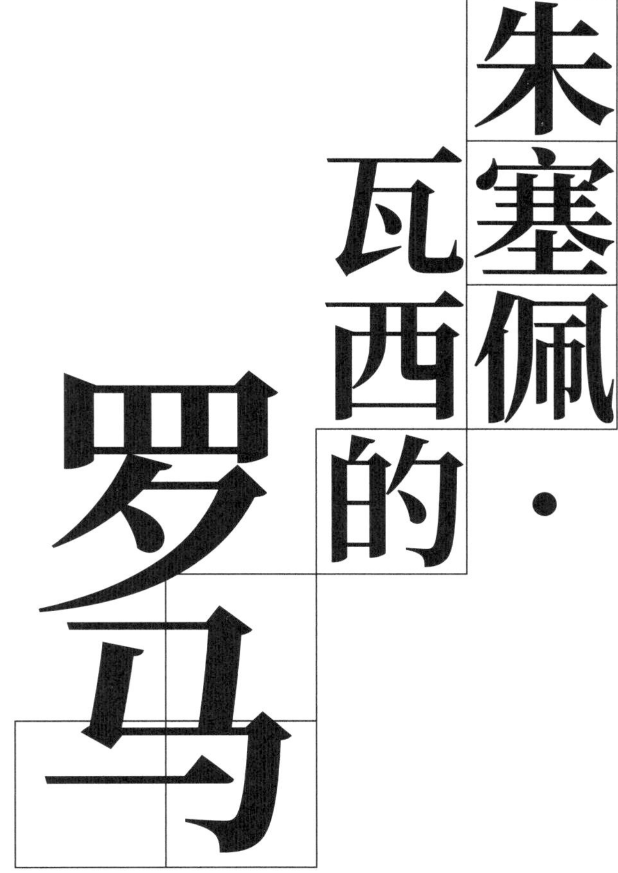

——“大旅行”时期的深远影响

詹姆斯·泰斯+詹姆斯·哈珀
（孙　陈译）

朱塞佩·瓦西（1710—1782）是18世纪罗马最多产的版画家之一。相比于同期的其他艺术家，他的作品更加全面、更加丰富地记录了罗马城以及他所在的时代。瓦西出生于科莱奥内（西西里），后在罗马成长、工作。与他同期的著名的景观画师还有乔瓦尼·保罗·帕尼尼（Giovanni Paolo Panini, 1691—1765）、乔瓦尼·巴蒂斯塔·皮拉内西（Giovanni Battista Piranesi, 1720—1788），以及伟大的制图师乔瓦尼·巴蒂斯塔·诺利（Giovanni Battista Nolli, 1701—1756）。他们所了解的罗马是一座文化首都。只要是和智慧性的、古文物类的以及艺术相关的重要项目，教皇法庭都会支持。躬逢其时，面对新的竞争对手，一项古老的议程再次被提出：修复教皇之城（罗马城）里古代、中世纪和文艺复兴时期的建筑，重新干预罗马城中的建筑和城市规划，以此来积极支持罗马成为世界中心的需求。瓦西对罗马城建筑的描绘非常系统且面面俱到。他的许多绘画描写了不同的罗马——朝生暮死的罗马和永恒的罗马，其中最为人知晓的可能就是他的十卷系列《古今罗马的瑰丽》（*Delle Magnificenze di Roma antica e moderna*, 1747—1761，后文简称《瑰丽》），以及他对整座罗马城市面貌的巨幅描绘《罗马城灵魂的风景》（*Prospetto dell'alma citta di Roma*, 1765，后文简称《风景》）。这些代表作以及瓦西其他的作品，清晰精确地展示了罗马城的全貌、罗马城的生命、罗马城的一切。瓦西的作品可以说再现了罗马城，是"大旅行"（Grand Tour）时期罗马的三维地图。

这次展览以瓦西为专题，这在历史上是第一次，印刷的展览手册也是第一本关于瓦西的英文书册。但是本册并不是关于瓦西的专题论文，而是对瓦西进行更加主题式、情境式的描写。把瓦西的作品放入一系列互相关联的情境中，将他的作品和相关艺术家的作品放在一起比较，这次展览和手册给大家提出了一系列的问题——关于瓦西的想象过程、用画记录罗马的过程、他的目标观众、实际观众，以及他对所在社会的反思。展品和手册分别从两个角度（制图的传统、艺术的传统）记录了瓦西绘图编年史的出现，并且探究了瓦西作品的深远影响——将城市作为一件艺术品来欣赏和解读。展览中的作品可分为四个主题（有重叠的部分）：制图、城市风景图、城市的朝生暮死或节日生活，以及瓦西的社交网和观众。瓦西的《瑰丽》系列作品和以上每一个主题都有关联，是整个展览的主线。在乔丹·施耐泽艺术博物馆（Jordan Schnitzer Museum of Art）首展之后又去了普林斯顿大学艺术博物馆（Princeton University Art Museum），两地的展览都选取了《瑰丽》系列中的代表性作品，并且和四个主题中的相关作品进行对比。

制　图

瓦西所绘的城市风景图无疑是一幅城市地图。在其生命末期，瓦西确实也给罗马创作了一幅地图——《罗马风景的新地图》（*Nuova Pianta di*

Roma in Prospettiva，1781，后文简称《新地图》）。不禁让人将其所有的风景画以及《新地图》和同期的制图相比。诺利是瓦西的朋友，也曾是瓦西的合作者，他在这个领域的重要程度超过其他所有同期的制图师。诺利是米兰的建筑师和制图师，他住在罗马，将其黄金时间献给了记录罗马城的建筑和城市结构。他的成果——《罗马大地图》（*La Pianta Grande di Roma*，1748，后文简称《大地图》）——是迄今为止最精美、最清晰、最有影响力的城市规划图纸之一。它是第一份准确的罗马地图，记录了文化和艺术成就最高时期的罗马。在所有同期作品中，1748 年诺利的绘图最接近瓦西对罗马的观察。虽然诺利的地图是平面图，而瓦西的风景图（甚至他的《新地图》）是透视图，但是他们都关心是否完整记录了罗马城，他们的地图不仅展示了罗马伟大的纪念性建筑，还揭示了这座教皇之城的日常生活。瓦西的风景图和诺利的地图各有优势，这种互补让看图的人能够进入 18 世纪的罗马城，仔细研究它的细节，包括城市中经常被忽略的角落。不管是先看诺利的平面图还是先看瓦西的透视图，对于那些已经面目全非甚至消失的地方，我们都能通过看图进行重建。同时研究两位大师的作品给我们提供了生动的罗马印象，且富有教育意义，让我们了解罗马的建筑和城市遗产，这些珍贵的遗产让 18 世纪的参观者陶醉，也刺激着 21 世纪的观察者们的想象力。

这个部分的展品中还有乔瓦尼·巴蒂斯塔·法尔达（Giovanni Battista Falda，1640/43—1678）的作品——1696 年的《罗马城立面新地图》（*Nuova Pianta et alzata della citta di Roma*），这是一幅插图式地图，也是瓦西的《新地图》的原型。展览还将瓦西和他以前的学生（皮拉内西）的作品放在一起展出，皮拉内西的制图方法和诺利的方式如出一辙。皮拉内西的作品——《古今罗马与战神广场平面图》（*Pianta di Roma e del Campo Marzio*），结合了对现代城市的观察和对隐藏在现代城市背后的古代罗马城的重建，复制了诺利的《新罗马地形图》（*Nuova Pianta Topografica della Citta di Roma*，后文简称《地形图》）。皮拉内西是《地形图》的合作者。瓦西满足于展示罗马本身的面貌；和瓦西不同，皮拉内西通晓罗马的历史，他将自己的知识用于想象和重建古罗马的辉煌。

城市风景图

另外一个了解瓦西的重要背景是其他景观图师所画的风景图。具体来说，风景图就是真实的城市景观视野，起源于 15 世纪的罗马。和其他所有朝圣之地一样，总有对这座城市（罗马人称罗马城为“Urbs”，源于拉丁文）影像的需求。16 世纪时，罗马的风景画传统从旅居或定居在罗马的荷兰画师那里吸收灵感，引入北方的“描绘艺术”（art of describing）。17 世纪的两位北方艺术家——来自法国的访者伊斯雷尔·西尔维斯特（Israel Silverstre，

1621—1691）和来自荷兰的画家加斯帕尔·凡·维特尔（Gaspar van Wittel，1652/3—1736）的作品也在本次展览之中。后者定居在罗马，并给自己取了一个意大利式的名字——加斯帕尔·凡维特利（Gaspare Vanvitelli）。他的作品有特别重要的意义，影响了瓦西构图类型和方式的发展。瓦西的前辈之中，法尔达给瓦西的作品提供了最可靠的先例。和瓦西一样，法尔达根据各种主题将城市空间归类，大量的画作来展示现实建筑风貌和城市景观。

除了这些前辈的作品以外，本次展览还提供了和瓦西同期的景观图师的作品，供大家进行比较。包括：罗马画师乔瓦尼·保罗·帕尼尼，出生于威尼斯的罗马天主教徒乔瓦尼·巴蒂斯塔·皮拉内西，以及非常重要的乔瓦尼·安东尼奥·卡纳尔（Giovanni Antonio Canal，1697—1768），人称威尼斯的卡纳莱托（Canaletto）。将这些人的作品和瓦西的风景画相比较，展览让参观者有意识地辨别每一个艺术家所做的决定——在主题的选择、构图和解读方面的决定。举个例子，皮拉内西的主要兴趣点在罗马宏伟的建筑废墟和主要的纪念性建筑物上；瓦西则系统完整地记录了整座罗马城中所有类型的建筑，《瑰丽》中的十卷每一卷都有一个具体的专门的分类。帕尼尼有时沉溺于“即兴狂想曲式的视角”，即一时兴起，将各种风格杂糅在一起；瓦西致力于记录事情原本的样子，虽然时常也会稍作修改使得他能够记录下更多的信息。瓦西有个特点：当他处理建筑物的时候，他不会将自己的视野局限在孤零零的建筑物本身，而是将它们放在整个城市的大背景下（包含毗邻的结构、街道和广场等），赋予建筑特殊的意义。其准确度令人惊叹，我们能够从如今依然保存完好的建筑物断定其准确度，可以通过建筑物的照片、现代的调查研究，或者通过和诺利的图纸进行仔细的对比测量，来确定瓦西绘画的精确。展览的这一主题所展示的一系列对比，使得瓦西的绘画方法脱颖而出，它结合了科学的透视法，并且通过精细设计改变某些比例，从而向参观者传达了一种既引人注目又易于了解的视角。可能有人认为，其他艺术家（如皮拉内西）的视角更加引人入胜、富丽堂皇，如戏剧一般将所表达内容呈献给观众。但是从纪实的角度看，瓦西版画中的 18 世纪罗马更加真实、更加全面。

18 世纪罗马朝生暮死的狂欢生活

瓦西作品中很大一部分记录了罗马的公共节日和奢华盛会。18 世纪时，教皇法庭、外交势力和贵族阶级赞助的加冕礼、狂欢节、葬礼以及烟火节，这些都标志了仪式性的时刻，提供公共娱乐的同时代表了政治的议程。为了确保举办的事项所传达的信息能够打破时间和空间的限制，他们雇佣版画家（如瓦西）来记录下所有的事情。瓦西刻画了“进贡节”（Chinea）三十多年，这个节日每年举办一次，是旧时统治西西里和那不勒斯的君王通过使节向教皇进贡的节日。最让人兴奋的就是瓦西生动刻画了大量精美的甚至是不可思议的建筑物。这些了不起的建筑，有的是木制的，有的原料为石膏，还有的原料是帆布，都在欢庆的高潮时刻被烟花付之一炬。它们只存在于瓦西的版刻之中，印刷出来后分发到社会地位较高的人手上供观赏，或是用于外交用途，供外国人欣赏。本次展览中展出的这些版画提醒我们，瓦西不仅仅记录下了罗马的建筑纹理，还保存了罗马的瞬间。瓦西为长方形教堂所画的大幅版画其中之一就刻画了教皇沿着圣彼得大教堂的侧面游行，强调了如何将 18 世纪罗马的纪念性建筑物和地点包裹在仪式典礼中，这种做法的重要性不输于建筑物本身的重大意义。

瓦西致力于真实记录罗马的生活，还体现在他仔细描画了城市空间中的周围环境。正如他在《瑰丽》系列中颂扬所有主要和次要的建筑物一样，他也展现了街道和广场上的穷人和富人。村夫赶的牛车和侍从赶的贵族马车同时在街道上行走，窃贼和娼妓存在于象征罗马神权政体的建筑物之中。瓦西刻画狂欢生活的版画中存在的人物以及他画的风景都是经过近距离的研究观察，因为这些描绘通常是罗马生活的生动插画，甚至带有幽默的韵味。这些版画告诉我们当时生活在罗马的人是如何获得供给，如何穿梭于城市之中，在街上如何互相问候，如何购物，以及如何穿着。瓦西偶尔会有一些冷幽默，学者们经常忽略这点，他们更加重视瓦西同时代画家的幽默元素，如皮埃尔・勒奥涅・盖茨（Pier Leone Ghezzi）、加斯帕勒・特拉维斯（Gaspare Traversi）和威廉・贺加斯（William Hogarth）。

瓦西的观众

瓦西在其职业生涯中，非常留意培养他的观众群，包括当时罗马受过良好教育的人，以及在“大旅行”时期涌入罗马的外国人。此次展览的最后一个主题描述并呈现瓦西的观众群。多梅尼科・科维（Domenico Corvi）为约克公爵绘制过奢华肖像。《瑰丽》系列第六卷就是奉献给约克公爵的，可见瓦西的作品都是高品质、高层次的。旧时统治西西里和那不勒斯的查尔斯国王，在罗马甚至全世界都很有影响力。瓦西一直都寻求查尔斯国王的庇护，也一直回报以忠诚，他的很多作品都是献给查尔斯国王的。这位国王是第七位统治那不勒斯也是第三位统治西西里的查尔斯（1759 年又加封进爵统治西班牙成为查尔斯三世），本文直接称之为西西里和那不勒斯的查尔斯。在他自己的宫殿里他就是这么称呼自己的，而且瓦西将自己的作品献给国王时也使用的是这个名字。瓦西将《风景》和《瑰丽》各卷献给查尔斯，以及查尔斯的妻子、母亲和兄弟，正是因为有了国王的允许，瓦西才能在那个朝代住在法尔内塞宫（Palazzo Farnese）并且经营他的工作室。

瓦西的版画在平民中间也很受欢迎，罗马人和外国人都很喜欢，流通甚广。这次展览让人们想起这些版画的国际化客户群，重现了“大旅行”时期的场景。“大旅行”是北欧（在一定程度上也是美洲）上层阶级在教育和社会层面的一次标志性大事件。在瓦西生活的时代，“大旅行”达到了高潮，是一种时尚。罗马积极地重新打造自身，作为一个文化之都来迎接游客，这些游客来罗马享受这座城市带给他们富有教育意义和娱乐性质的旅途。《风景》的各卷是理想的纪念品，延长了短暂的游学经历，其功能就好似当今的相册。瓦西意识到“大旅行”时期潜在的商机，设计了交叉营销策略来提高版画的销售额。他编著了一本旅行指南——《八天轻松游遍瑰丽罗马的古今》（*Itinerario istruttivo diviso in otto giornate per ritrovare con facilita tutte le antiche e modern Magnificenze*），这本指南包括瓦西《风景》的缩小版，将城市的风景划分成八天的观光计划，适合游客们的旅游路线。通篇指南，瓦西都确保提醒读者在他的商店里能够看到大多数的景点。同样，瓦西将他最壮观的作品——《风景》和《瑰丽》系列，通过标注索引和旅行指南相联系。

展览的这一主题中的其他展品，作为意大利的纪念品，即使规格和材质不一样，它们和瓦西的版画性质是一样的。庞培奥・巴托尼（Pompeo Batoni）所画的一对大型肖像表现了黑德福特的子爵（Viscount of Headfort）和其夫人优雅的姿态——意大利式布景以及最时尚的意大利风格。桌上摆放着由里盖蒂（Righetti）、左佛利（Zoffoli）和福吉尼（Foggini）设计的青铜器，模仿了著名的经典古董雕塑，使得参观者能够通过贵族壁炉画一窥罗马博物馆的内容。古代和现代作品的石膏浮雕像，好似一个迷你的博物馆，记录下这些物品，记录下文明进步的标志。这些物品的集中收藏，再加之瓦西、皮拉内西和诺利的一系列版画以及地图，使得“大旅行”时期的游客们能够“拥有”罗马、研究罗马、梦回罗马。

展览的数字化元素

本次展览中配合安装了多媒体，包括影像化技术以及数字界面设计，从展览方案形成初期，这些科技的使用就是我们考虑的重要方面。这些多媒体元素由 2007 年保罗・盖蒂基金会（J. Paul Getty Foundation）提供的资金支持建造，也促成建立了专门的网站（vasi.uoregon.edu），内容是关于“大旅行”时期瓦西的罗马城市印象，这个网站进而成为展览中多媒体播放展示以及展览手册中提到的制图的基础。这个数据库包含了瓦西《瑰丽》系列的所有 238 个景点，所有的景点都根据其在诺利地图上的地理位置编号（地理位置非常精确），这是贯穿本次展览的数字信息。俄勒冈大学的诺利地图，2005 年经过数字化手段重建，已经是联系瓦西所画的景点和城市空间网络的主要媒介，和卫星成像、当代的摄影术一起，给大家提供了一个框架来了解罗马的地理空间，以及自 18 世纪以来罗马是如何发展的。我们的宗旨就是：一个升级版的罗马城市印象网站将涵盖展览手册新增的内容——瓦西旅游指南的第一版英文译本（阿德里安娜·汉密尔顿 [Adrianne Hamilton] 翻译），以及关于瓦西所画的“进贡节”的完整评注（约翰·摩尔 [John Moore] 著，用文森特·布诺纳诺 [Vincent J. Buonanno] 的收藏品中的版画来举例阐述）。

展览手册贡献人

九位评论家提供了关于瓦西、其作品及其背景的不同观点：

詹姆斯·哈珀（James G. Harper）是本次展览的合作策展人，也是俄勒冈大学文艺复兴和巴洛克艺术的副教授，他关注瓦西在那个时代如何处理社会和政治之间的关系网。通过他的研究，我们了解到一位成功的 18 世纪罗马艺术家所处的赞助情况是怎样的，还能够知晓瓦西从西西里搬到罗马，建立事业的概述传记。瓦西和学者、大主教以及国王之间的关系值得研究，其他值得研究的还有：他是阿卡迪亚学会（Accademia degli Arcadi）的成员、他的爵士爵位以及他被埋葬在一座为贵族设计的墓穴里。

詹姆斯·T. 泰斯（James T. Tice），本次展览的合作策展人，俄勒冈大学建筑系教授，罗马城市研究中心（Studium Urbis）的研究员，他研究的主题是瓦西通过广泛的角度来描绘罗马城。泰斯认为瓦西独特的诗歌性视角非常多样化，但都未超越严格的视觉传统结构框架，相比于科学建构的角度以及现代的摄影术，瓦西的创新使得他的作品能够更加有效地重建罗马的许多地方。泰斯描写瓦西如何操控各种场景，并且推测瓦西这么做的原因，他主张罗马建筑的精髓（正如大家所了解的以及建筑本身所经历的）是建筑群和其围合空间之间的亲密关系。他总结道：瓦西的视觉化、形象化手法使得瓦西能够有效地具体表达这一精髓原则。

马里奥·贝维拉夸（Mario Bevilacqua）是佛罗伦萨大学建筑系的教授。他是 2004 年在版画国家学会（Istituto Nazionale per la Grafica）展出的关于瓦西、诺利和皮拉内西作品展览的策展人。手册中他的文章是关于这三位 18 世纪罗马核心版画家的联系和相似性。每一位版画家都汲取其他两位的灵感，但是每一位又都形成了自己独特的视角。通过研究这三位版画家，贝维拉夸让我们更进一步理解瓦西，也让我们深层了解中世纪罗马的温床效应。

文森特·布诺纳诺，美国首位收藏瓦西作品的收藏家，给本册提供了一些关于收藏的自身经验思考。他确认了瓦西记录 18 世纪罗马的抱负是无可比拟的。

艾伦·策恩（Allan Ceen），罗马城市研究中心主任，宾夕法尼亚州立大学罗马项目中建筑史和城市规划的助理教授，关于诺利以及罗马的地图制作他有非常广泛的著作。他著有《罗马之景：瓦西和诺利》（*Una Roma Visuale: Vasi and Nolli*），他评论道，诺利的伟大地图——《罗马大地图》（*Nuova Pianta di Roma*）是平面的二维地图，而瓦西的杰作——《瑰丽》十卷，从三维空间展现了城市的风景，二者互补。建立这一共识后，策恩阐明了制图师和艺术家之间的分歧，分析了他们复杂的、零星的工作关系和方法。

约翰·摩尔，史密斯学院的艺术史教授，罗马美国学院的研究员，罗马“进贡节”的主要专家之一。他研究瓦西的版画活动，和进贡节相联系，揭示了版画如何在当时作为外交手段使用。公共表达系统通常的用途就是确保西西里和那不勒斯王国以及科隆纳贵族家族（这项一年一度仪式的代表）各项议事顺利进行。摩尔编纂了文档目录，让人印象深刻，文档目录阐明了瓦西和科隆纳家族有长久的关系，在俄勒冈瓦西网站上将会有关于这些文档的资料。

约翰·品托（John Pinto），普林斯顿大学艺术和考古专业教授，最近被授予约翰·西蒙·古根海姆纪念奖（John Simon Guggenheim Memorial Fellowship）。他著有《朱塞佩·瓦西，18世纪罗马建筑的诠释者》（*Guiseppe Vasi as Interpreter of Eighteenth-Century Architecture in Rome*），他研究瓦西对同期建筑创作的回应，和对古典古董、文艺复兴和17世纪建筑的回应截然不同。建筑师，如福加（Fuga）、伽利略（Galilei）、米盖蒂（Michetti）、拉古姿尼（Raguzzini）和斯佩奇（Specchi），都是瓦西的同期，都在《瑰丽》系列里有重要地位，根据各位建筑师的作品和他们贡献的城市透视图来分门别类讨论。要了解品托在这一领域的贡献，确实有必要在普林斯顿大学艺术博物馆再举办一次展览。

阿德里安娜·汉密尔顿给瓦西的旅游指南提供了一个综述，经过仔细的阅读之后，她指出了旅游指南中的一些特点。汉密尔顿拥有双硕士学位，毕业于俄勒冈大学的历史系和意大利语系，她目前是耶鲁大学历史系的博士。她致力于翻译瓦西的旅游指南，希望译著完成后能够出现在俄勒冈大学的瓦西网站上。

里德·麦克法丁（Read McFaddin）创新使用统计方法来研究瓦西，他还是俄勒冈大学研究生的时候，就参与关于瓦西的研究会，那时他就开始使用统计方法。通过用统计方法分析，他认为瓦西是最会让观众感兴趣的艺术家和主题，麦克法丁在其文章中将瓦西的旅游指南作为一个品味历史的记录文件呈现给读者。麦克法丁拥有俄勒冈大学艺术史硕士学位，现在是哈佛大学艺术和建筑史系的研究生。

本展览手册还包括本次俄勒冈大学展览的主要作品清单和图片，以及馆长和他们的研究生以及艾伦·策恩对作品的评论。手册的最后有精选的参考目录。

本册的出版以及本次举办的展览宗旨就是鼓励大家紧紧联系18世纪罗马的艺术和政治环境，重新评价和定位瓦西的作品。当然，瓦西的作品不仅给我们提供了新的方法来审视18世纪的罗马以及罗马辉煌的过去，还提供机会让我们反思如何将城市形象化、视觉化，同时让我们用崭新的视角来观察我们自己所在的城镇，将它们看成连续的城市规划过程中的一部分。我们能从瓦西和罗马身上学到的东西，确实能够启发我们观察得更加仔细，思考得更加深刻：关于我们的艺术环境、历史表达以及可持续性，以及如何能够最好地珍惜我们的过去，展望我们能够建设的未来。

对话

12

Peter Märkli: The Education of the Eye

Interviewed by Zhao Yue

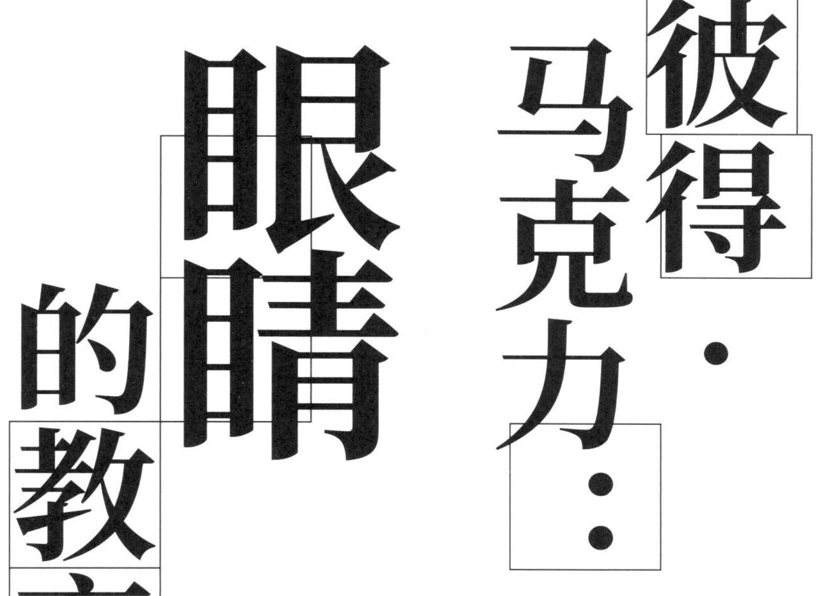

访谈：赵　越

“简化（Reduction），这里（瑞士）各种各样趋势中的关键概念，对于马克力来说有着不同的意义，因为它并非加尔文式（calvinistisch）禁欲的表现，而是一种尝试，在完全迷茫的文化前设中对抗形式的煽动，捍卫视觉的真实和愉悦。”

——马塞尔·迈利（Marcel Meili）[1]

彼得·马克力，1953 年出生于苏黎世，1972—1977 年在苏黎世联邦理工学院（ETH）学习建筑，1978 年成立个人建筑事务所，2002—2015 年执教于苏黎世联邦理工学院。尽管也曾在“激情洋溢”的 20 世纪 70 年代受教于 ETH，马克力却似乎与他的同代人相去甚远。当其他人仍处在 1968

〔1〕 M. Meili. Die Arbeit der Augen [J]. *Du*, 1992(5): 74-75.

年运动的宿醉之中，着迷于意大利理性主义者所带来的有关建筑的社会—政治方面的思考并不假思索地接受其形式意象时，他却在缓慢地寻找自己的道路——建筑师鲁道夫·奥加提（Rudolf Olgiati）[2]、雕塑家汉斯·约瑟夫松（Hans Josephsohn）[3] 和 ETH 共同塑造了他的方向：他始终在思考某种情绪是如何起作用的，什么样的语言能够表达它，而这种语言的要素又是什么；思考美和我们认为某种事物美的原因，以及为何某种事物在不同文化和时代反复被认为是美的。[4] 他对本质的讨论，对美的执着，对普遍性的追求仿佛显得时代错乱。这些问题是如此古典，在今天由“图像的图像，拼贴的拼贴，隐喻的隐喻”[5] 主导的建筑现象和讨论中显得格格不入。这些问题又是如此当下，因为它们直接和人相关，因为它们在不断消费化、符号化、虚拟化的社会中仍试图与人交流。马克力认为，“观看”作为跨越时间和空间的交流方式是我们职业的基础。从原始艺术到塞尚（Paul Cézanne）或马蒂斯（Henri Matisse）的绘画，从最基本的古希腊神庙到勒·柯布西耶（Le Corbusier）的建筑，我们必须训练眼睛才能逐步理解形式，进而操作形式回应当下的问题，为未来提供可能性。本篇访谈就此展开了详细的讨论。→1

一、为什么要学习观看？

赵越（以下简称 ZY）：无论是在实践还是教学中，您都时常强调，人们必须学习观看（Sehen Lernen）。对我来说，这个问题实际上分为两个层面：作为观者，人们需要培养一种敏感，以感受形式（Gestalt）的作用；作为建筑师，人们却需要进一步理解其中的机制，探索形式是如何作用于眼睛的。今天我想就“学习观看”这个问题和您谈谈您的自学和教学经验。

让我们从一个简单的问题开始。您在看房子的时候有没有一个习惯的路径？比如从外到内，从大到小，或者只根据随机的吸引？

彼得·马克力（以下简称 **PM**）：您的问题很复杂。首先，“观看”并不是天生的，而是人类为了交流而发明的语言。今天人们认为，语言就是说话。学习说话是一件自然而美妙的事情，如何学习说话则是一种非常了不起的行为。这使我们和其他生物完全不同，因为我们只有通过交流才能生存。说话的语言，书写的语言，作为语言来说是普遍被认同的。我们处在一个需要对不言自明的事物进行解释的时代。千百年来如何训练眼睛对于人类来说都是绝

[2] 鲁道夫·奥加提，1910—1995，瑞士建筑师，马克力的恩师及好友，建筑师瓦勒里奥·奥加提（Valerio Olgiati）的父亲。

[3] 汉斯·约瑟夫松，1920—2012，瑞士雕塑家，马克力的良师益友。

[4] 参见 2015 年 4 月马克力与劳伦特·斯塔尔德（Laurent Stalder）的对话，见：Chantal Imoberdorf. Märkli: Professur für Architektur an der ETH Zürich. Themen/Semesterarbeiten 2002－2015 [M]. Zürich: gta Verlag，2016.

[5] T. Joanelly. Im Spiegelkabinett [J]. Werk, Bauen + Wohnen, 2014, 4: 16-23.

对明了的，然而今天这个感觉器官却不再用来交流。但这很重要，不是吗？我认为，今天眼睛最大的作用就是购物。在这个消费社会里，眼睛的交流作用已经完全丢失了，尤其对我们的职业而言。

观看是普遍的。您不能只看一个房子，而不考虑图像、街道空间、汽车，不考虑绘画、雕塑。至少对我来说，这是不可想象的。观看是普遍的，人们只是对它作出反应。人们也会对声音，对音乐做出反应。我不知道在您的国家如何，在瑞士，学校虽然有音乐课，但作为学生，从小到大都没有人带我去过博物馆，没有一个人——我没有接受任何观看的教育。这就是事实。

ZY 也没有绘图课（Zeichnungsunterricht）吗？

PM 虽然有，但在不理解的情况下画是很难的。康德（Immanuel Kant）曾说过，没有概念的观看是盲目的（Die Anschauung ohne Begriff ist blind）。观看是感官经验，而没有观看的概念是空洞的（der Begriff ohne Anschauung ist leer）。[6]这意味着，当您说“重”这个词时，您为什么说它是“重”呢？您无法通过感官经验做到，如果学校不教的话，您必须运气好，知道好的解释“重”的书籍，或者认识有经验的可以教导你的人。您学语法学了多长时间？

ZY 您是说德语还是中文？

PM 我是指您的语言。或者，您什么时候上的小学？五岁或六岁？

ZY 嗯，差不多。

PM 到什么时候？

ZY 到 11 岁小学毕业，然后三年初中，三年高中。

PM 那和瑞士差不多，到高中毕业一共大概 12 年，那时差不多 18、19 岁。这意味着如果您像训练说话和书写的语言那样训练眼睛的话，您就差不多 30 岁了。不然，为什么训练眼睛需要的时间就比训练说话和书写的语言要短？这是我的一些思考。当您进入大学，没有选择物理或者数学这样的专业，而选择了事先并没有经过训练的职业，那么您就必须像小学生一样开始。

ZY 我十分赞同这样的想法。但一般来说人们总是认为，观看是十分自然的，难道不是每个人都可以看么？

PM 不。我认为，这完全是今天的误解。您可以想象，一个人年轻的时候爱上了什么东西——他会因此爱上某个人、某个人的作

〔6〕 出自康德《纯粹理性批判》，见：I. Kant. Kritik der reinen Vernunft [M]. Riga: Verlag Johann Friedrich Hartknoch，1781：75.

品，因为他通过情感上的理解力（die emotionale Intelligenz）感受到了什么——然后不知道什么时候又会出现别的东西。但人总是被影响的。且首先是通过情感上的理解力，而非教育或者智力。当您在家学习说话时，许多小孩子学会的第一个词都是“妈妈”。但如果他吃了很多甜食，也许学会的第一个词就是“甜点”，比“妈妈”还早——我女儿就是这样，因为我总是和她一起吃冰激凌。这就是教育，人们几乎意识不到。我们去上学的时候已经会说话了，但还不会写字。我们还不懂语法。这当然也很了不起。我们从学习语法，到写出一个简单的句子，到高中写出一篇能够表达感觉和情形的文章用了 12 年。而在过去的时代里，青少年们大概 10 岁、12 岁就进入了大师工作室，不管是画家、雕塑家还是建筑师工作室。父母首先需要付钱——为什么他们要付钱呢？

ZY 因为他们的孩子是去学习的。

PM 可是您刚刚才说了，人们自然就能看见。

ZY 但眼睛需要被引导，才能看见特定的东西。

PM 正是如此，眼睛需要被教育。我能听见鸟鸣、琴声，但这离我可以理解作曲还十分遥远。这意味着：当年轻人——我们假设是文艺复兴时期——来到工作室时，他们有大师，真正的大师（在身边）。他们在那里混合颜料，制作颜料，帮忙做一些事情，但却需要为此付钱。慢慢地他们获得了一些东西。当一个绘画委托到来时，委托人要求大师必须画面部——这是一个条件——而工作室里的其他人，有的擅长画风景，有的擅长画衣物或者动物（他们会完成其他部分）。

如果他 12 岁就来到了工作室，到 22 岁就已经十年了，而您 22 岁的时候对于这个职业还一无所知。所以我经常告诉我的学生，他们至今还没有用这个器官（眼睛）做过什么。我现在必须给他们时间。人们没办法简单地“看”。我经常用这个例子，如果我在一个真正的工作室成长了十年，您会知道我在那里学了些什么。当我来到 ETH 求学时，我深刻地感到，我没有语言。您明白吗？深刻地。我有感觉，但我不能以我的职业（语言）说出来。

ZY 相似的感觉我直到研究生阶段学习中国建筑史时才深刻意识到。我也许知道了一座建筑的历史背景、构造元素，甚至设计原则，但是事实上我却没有理解。换句话说，除了读到的、听到的，我自己什么也没“看到”。

PM 是的，是的，这也是自然的，我十分明白这种感受。那时我也常去听一些课。任何一个讲密斯（Ludwig Mies van de Rohr）或者柯布的课我都没有听懂过。我从来也没理解天光意味着什么。极端地说，我什么也不知道。尽管十分困难，我也只能从零开始。所以我花了很长时间，才能理解刚才您所描述的（中国建筑），或者柯布的住宅——他的城市设计我从没觉得有多好——或一些绘画、雕塑，或一些其他的建筑作品，如对我来说很陌生的哥特建筑。最开始我只能看懂一座简单的建筑，或者更准确地说，我能感受到一些情绪（Stimmung）[7]。然后我说，我想要建造这样的情绪。并不是说我想建造这扇窗户，而是我想建造这样的情绪，因为这样我可以和人产生联系，正是这些人创造了某些情绪或排除了另一些，这让我感到很美妙——这是第一个选择。要实现这些情绪，我必须学习手艺（das Handwerk）。而在手艺中最重要的不是如何造，是如何看。那是更高等的手艺。您在您的传统建筑中体验到的并不是情感上的内容，而是物质整体。但奇怪的是，我们有一种直觉，能在整体中感受到什么，尽管并不认识它。而认识就是训练，是能够分析。

ZY 所以首先是感受情绪，然后分析，是哪些要素引起了这样的情绪？每个要素是怎样起作用的？

PM 是的，完全正确。并且这是可能的：当您识别了一种情绪，然后通过训练，能够分析它。反过来，先学会分析而不去感受情绪则是十分困难的。在设计中领会到这一点几乎是一种天赋。我在评图的时候观察到，一些非常聪明的客座评委，人们可以看见他们在脑子里思考加工自己将要说什么，最后他们说，移动一下窗户也许会更好。但会用眼睛看的人，他会说，移一下，啊，这样比较好。只需要一秒。当然，能将这两种过程联系起来是最理想的，但事实上人们需要很多时间（来训练）。

二、普遍的和特殊的看

ZY 您之前提到了观看是普遍的，无论人们看的是绘画、雕塑还是建筑。但是对您来说，存在着一种或是几种观看的原型吗？如同许多艺术史家论述的那样，它们或许可以由不同的艺术门类所代表：比如绘画代表着一个整体的表面，浮雕代表着很多层或者面，建筑代表着体量和空白。当然人们可以用同一种方式看待所有事物。

[7] 尽管情绪（die Stimmung）和氛围（die Atmosphäre）在美学上的引申意是相同的，而且学术界目前也没有明确的区分，但情绪（die Stimmung）的本意为一瞬间特定的心情，而氛围（die Atmosphäre）的本意是地球的大气层，笔者以为一个偏向主体，一个偏向客体，所以在此以“情绪”和“氛围”作了区分。

PM 啊，这个问题。（长停顿）我最近对艺术史家的经验是，他们阐明（feststellen），但并不创造。他们只分析，我们却要建造（herstellen），这就是他们和我们的职业最根本的区别。有些人可以无限深入地探究某种事物。而能够探索事物的基本前提对我来说是不变的，不管是从绘画、建筑还是其他角度。有一个瑞士艺术史家，奥斯卡·贝切曼（Oskar Bärtschmann）[8]，他写了一部名为《展览艺术家》的书，关于作品从挂在墙上到行为艺术的发展过程。[9]展览在此不再是一个中立的艺术呈现媒介，而是艺术家策略和事业的工具。贝切曼还写了一本有关艺术史注释学的书，很值得推荐。[10]最近阅读的书我记得的还有巴克桑德尔（Michael Baxandall）[11]的……

ZY 难道是《意图的模式》？

PM 德语名字叫作《图像的理由》。其中有一篇关于 15 世纪，另一篇从一座桥开始讲起，很了不起的一座桥。书里还写了毕加索的一幅肖像以及夏尔丹（Chardin）的一幅画。[12]我非常欣赏这本书。

ZY **那一定是《意图的模式》了。我也很喜欢这本书，特别是有关夏尔丹和当时的视觉理论的那篇。**

PM 是的，有关当时的科学是如何理解视觉的，夏尔丹试图将这种视觉（在他的画中反映出来）。这些都是好书，不是吗？然后我还有一些其他体验。因为我女儿在苏黎世大学跟一位教授学习（艺术史）并且十分兴奋地向我描述了一些课程。我那时又停止了在 ETH 的教学工作，而且有时也希望能重新回到教室听讲。我去了一次，看是否真有她说的那么好——结果真有那么好。那位教授在演讲中也在思考。他讲了塞尚的画和索绪尔（Saussure）

〔8〕 奥斯卡·贝切曼，1943— ，瑞士艺术史家，伯尔尼大学退休教授。除马克力提到的两部著作外，他的研究重点还包括阿尔伯蒂、小荷尔拜因（Hans Holbein d.J.）、普桑（Nicolas Poussin）和霍德勒（Ferdinand Hodler）等。

〔9〕 O. Bärtschmann. Ausstellungskünstler: Kult und Karriere im modernen Kunstsystem [M]. Köln: DuMont，1997.

〔10〕 O. Bärtschmann. Einführung in die kunstgeschichtliche Hermeneutik [M]. Tübingen: WBG, 2001.

〔11〕 迈克尔·巴克森德尔，1933—2008，英国艺术史家，曾任教于加州伯克利大学及伦敦大学瓦尔堡研究院。主要研究重点为意大利文艺复兴，其 1972 年出版的著作《15 世纪意大利的绘画与经验：图画风格的社会史入门》被视为艺术社会史的代表作之一。

〔12〕 M. Baxandall. Patterns of Intention: On the Historical Explanation of Pictures [M]. New Haven: Yale University Press, 1987. 德语版为：M. Baxandall. Ursache der Bilder: Über das historische Erklären [M]. Dietrich: Reimer, 1990. 贝切曼作序，莱因哈特·凯泽（Reinhard Kaiser）翻译。中文版为：迈克尔·巴克森德尔 . 意图的模式 [M]. 曹意强，等译 . 杭州：中国美术学院出版社，1997. 里面主要包括四篇论文，分别讨论皮耶罗·德拉·弗朗西斯科的《基督受洗》、本雅明·贝克的福斯桥、毕加索的《卡恩韦勒肖像》，以及夏尔丹的《喝茶的贵妇》。

的语言学。描述过程中他在某个时刻停下了，说道：作为艺术史家他无法再进一步了，他不是画家，所以他只能讲到这里。对于年轻人来说这（划分界限）当然很棒。

回到您的问题：观看是否在某种程度上能被特殊化？我认为，观看是普遍的，但不同职业的影响当然也存在。因为我总是和画家、雕塑家交往，所以我知道一个故事。约瑟夫松做了一个躺着的形体，很大，有它的形式，那么简单。然后因为里面是空的，有次出现了一个洞。他没将洞封上，因为他认为所有东西自身都是正确的。这里是故事的关键：他已经看到了形式，所以从没将这个洞封闭。然后有个同年纪的画家朋友来了并开始谈论这个洞。您知道为什么吗？这个故事很简单，不是吗？人们必须像画家一样思考——画家在那里看见了黑色。

ZY Hmhm！（恍然大悟）

PM 正是这个“Hmhm”，这就是知识。约瑟夫松只看见了形式，而画家在那里看见了黑色，这使他不安。（笑）这个故事很棒，不是吗？

ZY 这是个很美的故事。

PM 事情就是这么运转的。这是为了回应您的问题，职业在多大程度上会影响一个人（的观看方式）。我总是和年纪大的人在一起，时常观察着（他们的讨论），有时也觉得，可能是这样，可能不是这样，我也不知道。但人就是这么成长的，开始的时候会受到很大的影响，然后随着时间流逝才能解放自己。所有和我密切交谈的人，鲁道夫・奥加提，约瑟夫松，以及其他我认识的人，事实上都不是“专家”。他们谈论政治、文学、电影，谈论电影中的节奏，也谈论建筑。他们总是谈论所有的东西。

奥加提不太喜欢某些雕塑作品。有一次他对我说：彼得，你的房子很美，且塑像摆放的位置十分正确。作为一个年轻人我便懂了，塑像不是他的世界。不然他会说：太美了，这个塑像！房子也很美！可是他没有。他说的是房子很美，塑像摆放的位置正确。（笑）这意味着，他感觉到了，但那不是他的世界。

我也给约瑟夫松看了奥加提的房子——但我从未想过要将两位老朋友约到一起——约瑟夫松做出了一个很好的批评。他说，所有房子都让人印象深刻，但尺度大一些的时候就有些手法（Manieriert）。他也看过我的平面，表示无法解读。很正常，约瑟夫松要的是高度抽象。所以我告诉他，他只需要从图形（Graphisch）的角度评价，因为每个平面对我来说也有图形意义。

就像那里的线条（马克力工作室墙上贴着的草图），小模型或精确的立面图，关于张力或别的东西，他总能给我最好的评论。他会说，这里的墙面或者实体有一点太多了。

ZY 这就是您之前说的基于眼睛做出的评价。

PM 是的，基于眼睛，而且就是关于张力。空（die Leere）的张力，而不是物质中的。比如柱子，虽然它们也很美，但首先是它们之间的空形成了张力，就像我们熟悉的空气通过体量获得了情绪。这很了不起，不是吗？空间、街道都是这个空。而张力首先来自体量，然后是材料的使用方式。

关于眼睛我无法再说更多。我所理解的是普遍的艺术行为。我相信它们有共同的基础，就像科学一样。这是我偶然知道的。因为我妻子从事音乐相关的职业，有一次她给我看了一部纪录片，里面的人弹奏着什么乐器并且评论各种东西。他的评论是那么普遍却又涉及基本原则，这对于当时的我来说完全是新的。如房子中的节奏、文本中的节奏、音乐中的节奏、电影中的节奏……所有的节奏，但这不仅仅限于节奏，不是吗？当然，我说的并不是音乐演奏家，而是会创作的作曲家。我说的并不是那种有天赋的、能够将窗外的景色完全正确描摹下来的人，这是我永远也做不到的。事实上我说的并不是能力（das Können）。

ZY 那么是意志力（das Willen）吗？[13]

PM 或许吧，就是使艺术之为艺术的东西。艺术和能力毫不相关。

三、看的辅助工具

ZY 接下来我们也许可以探讨一下看的辅助工具。对您而言最重要的自然是绘图（Zeichnung）。您在别的地方也曾提及，您一直用绘图的方式处理从书本或其他来源获得的视觉材料，以此来理解形式（Gestalt）——因为您只画那些最根本的东西。

PM 是的，无论如何（都是这样）。

〔13〕尽管艺术能力（Kunstkönnen）和艺术意志（Kunstwollen）这对概念在如今的艺术理论和实践讨论中并不多见，但在 19 世纪末 20 世纪初关于什么是艺术之根本的讨论中，这对概念曾占主导地位：一部分人认为艺术和意志无关，只和能力有关，这种观点以森佩尔主义（Semperism）为代表；另一部分认为艺术和能力无关，只和意志有关，这种观点以里格尔（Alois Riegl）为代表。

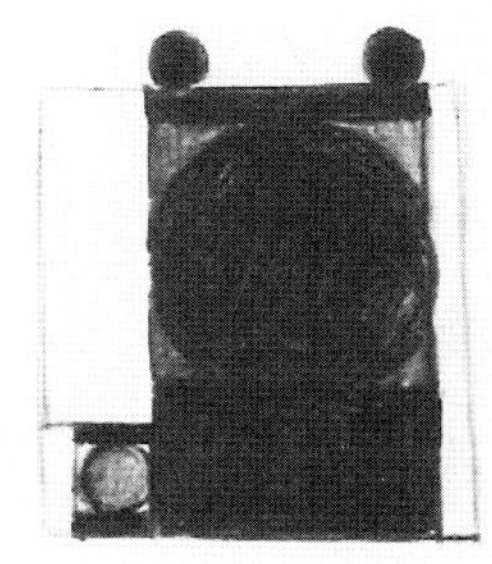

2

ZY 我读了您的绘图集，[14]那些（画）对我来说仿佛许多包含不同要素、母题和想法的实验。我的问题是，在绘图中您是否真如做实验一样：在开始就有明确的问题，而后使用一定的方式推进？如（精确的）比例是否已经在您的绘图中扮演重要的角色？（PM 摇头）或者说，您在画那些图时是否已经想着如 1∶2、1∶3（这些确定的比例），还是简单地跟随感觉——如“也许这里左边或右边一点更好”？➔2（PM 点头）

PM （您所提到的）是这些小（画幅）的绘图。它们全部都是关于一个问题，即我能如何处理一个建筑的样子。（此时）我还没有建筑。您看，它们就是如此，几乎像一些科学研究。它们不是关于建筑体（本身）的。因此它们幅面很小，并非巨细靡遗，材料等一切细节都可以保持开放的状态。一切都可以被再次阐述。但我们在这些过程中会获得一些感觉，一些可能性，会发现那些在三千年建造艺术的历史中未被发现的东西。因为这样的过程根本就是人的一种美好的天性。我该如何解释呢……某人发现了些东西，他并不清楚那是什么，只是对它有所感触，并不了解它。然而，当他对其一再追问，锲而不舍地持续追问时，他会变得自由，而忽然间，他会揭示出一些事情。而且，当得到一个具体方案的时候，我希望自己是有所准备的。我不可能直接那样草率地处理形式，而是希望拥有语言。（它们）在不同的时刻——过了三十年、三十五年或四十年——总是会有些许不同。书里的那些绘图，不是三维的，从不是。它们只会是二维的，带着三维的思考。而就具体的方案，我会画不一样的图。➔3

ZY 为什么呢？我注意到，您的方案草图几乎总是轴测。当然我也觉得绘图和草图是不同的东西。

PM 当然。因为对这些图而言在此（纸张）之外没有别的。但在三维图中我们已经开始纳入一些语境且创造体量，且它也拥有自己现实和确定的环境。而绘图是寻找语言。

ZY 但为何使用轴测作为方案草图呢？

PM 因为我想看建筑在空间上可以如何，它们与景观和城市（的关系），等等。但在开始阶段这些草图也很小。小意味着我们还有许多未知的东西。当它太大的时候，我们则必须进一步知道（更

[14] Fabio Don, Claudia Mion. Peter Märkli: Zeichnungen/ Drawings [M]. Zürich: Quart, 2015.

多东西），而我还不知道一个房子的细节。这是有等级秩序的过程。开始时这些草图很小，因为我们想把握那些首要的东西。这几乎就像设计一个或三个小说形象，我们可以简单地在一张 A4 纸上（做到），而之后才有了故事情节，人物形象也开始变得独立。作家自己并不全然了解那些形象，必须随着故事的进行赋予他们性格特征。但那些草稿中首要的东西必须到最后也在那里，那些最根本的东西。因此它们（这些草图）很小，我的模型也都很小。它们只和空间有关。

人们思考一个内部空间结构，并且必须使其与给定语境产生联系。我认为建筑师和画家最大的区别在于——这也和看有关——画幅和画框。画家使用一个画框或者选择一个画幅，这就是他的宇宙。如果一个建筑师给自己的项目设定一个框，那他就是最差的建筑师。建筑总是有周边的。我们总是对周边负有责任。而画家（只需考虑画框中的世界）。板画（Tafelmalerei）就是这样的。那些金色的边框起了很大作用，它们事实上不再是金色自身。有了它们，人们可以将不同的、在某种程度上也不能相互协调的画挂在一起。对我来说，当街边的某些房子这么自我的时候，会发生很糟的后果，因为它们影响到了周边，因为它们不再可能。

ZY 让我们回到绘图和草图的区别。您在旅行中也画画吗？（PM：当然）我的意思是，是否还有作为记录的画，既不是绘图也不是草图。

PM 那又是别的东西了，而且很难看懂，不是吗？当我在博物馆试图通过笔来认识一幅画时，我必须将人物空掉。我喜欢那里的线条，但我从来也不能从内向外地画出这样的浮雕（马克力工作室墙上挂着的约瑟夫松的作品），画出它的内在本质。我只能制作它的外观。我也只能这样画一个人。有些人能够用透视再现风景或建筑。虽然我也能捕捉一点风景，主要是捕捉其中的情绪，却只能以一种笨拙的方式。能力是另一个问题。总体来说，我可以画。有一次在法国我试着画（透视），我必须先想象平面。在我成功之前，我先在纸上画了平面，然后（透视）就容易了一点。但没有平面我无法完成。

我总是画得很快。画图是十分经济的，因为您可以很快地把握所有东西。有时我和学生在郊外，在山里。大部分学生都拍了一系列照片，但我记得某个人却开始做山体的模型。一周后他来找我，提出了一些问题。我虽然也给出了回答，但不知为何从一开始我就知道，他失败了。不过认识失败是非常重要的。这样人才能学习。虽然我可以很早就告诉他，这个角是不是这样并不重要，重要的是通过一些线条记住大的形态。然后人们才能制作精确的模型，并且在这种情境下思考房子。人们必须总是记住最主要的。塑模的细节对我来说完全不重要，重要的是要反映空间形态。然后人们才能说，这个房子在这些空间里必须这样处理。这才是模型中最重要的。

ZY 之前在您的绘图中，约瑟夫松的浮雕，站立或横躺的形体常常是作为很重要的元素出现的。对您来说，这些形象的元素在几何的绘图里起了怎样的作用呢？→4 5

4

5

PM 是的。只是因为我认识约瑟夫松，容易看到和得到他的作品。我也有贾科梅蒂（Giacometti）的草图，但那就太贵了……不过主要还是因为这些雕塑的情绪。我看到过很多形式主义的建筑，竖直向的壁柱就这样立在水平向的板上。在我很年轻的时候，总是在那放置一个约瑟夫松的浮雕，使其对眼睛产生吸引力。这样可以为整体创造一种丰富性，同时对于表达竖直和水平的过渡也是必要的。

我和奥加提讨论了很久柱头的位置。他从自己对建造艺术的所有经验出发，认为我们今天能使用的手段无他，仅剩下那些阴影，那些黑色。他没有像后现代那样在那里随便放个什么，这很了不起。他只是说：我能使用的只有深色，而且深色是正确的。这是高等的艺术。我们对这个问题讨论了那么久。但我年轻时说过，我认为这是个悲剧，尽管我十分钦佩他。我想在那里（柱头的位置）有点什么。这就是一个人年轻的时候，不是吗？并不是这样做不好，而是因为我已是另一代人。之后我一直致力于这个问题。当我拥有那些浮雕时，我可以简单地这样做（在柱头的位置使用浮雕）。而今天我变得更加自由了。→6

6 作者自摄

6

ZY 是的，我也注意到从某一个时间点起，您（在绘图中）就不再使用这些浮雕了。

PM 正是如此，我获得了更多的材料（Stoffe）。当业主不想要或者没有钱时，我有很多其他可能性来产生视觉效果。它们都藏在这些绘图中，在此我渐渐地获得了我的材料。人们并不能一天就为一个具体项目创造出这些来。

四、关于历史和判断力

ZY 现在让我们从个人历史转向关于历史的问题。您相信，历史是当下的基础，从您的实践和教学中，历史的重要性都显而易见。在此我关心的是习得历史的过程，准确地说是学习什么和怎么学。

PM 所有写下的东西都会在历史中被重复引用。但不写作的人，那些造房子、画画、做雕塑的人（的创作），则需要人们自己去破译。出于时代的需要以自己的方式解释历史而不引用任何一个书面记录的艺术史家是十分伟大的。不然人们总是依赖文字。我最近读到一位匈牙利艺术史家的文章，[15] 有关丢勒（Albrecht Dürer）[16] 第二次造访威尼斯。那时乔尔乔内（Giorgione）已经画了（《雷雨》）。[17] 这位艺术史家说，没有任何事实可以证明丢勒遇到了乔尔乔内，这段历史从未被记录。但他认为这是很有可能的。这是（对艺术史写作的）批判：当没有事实支撑时便对可能的事件保持沉默。他甚至认为丢勒造访了乔尔乔内的画室——我记得是在德国商馆（Fondaco dei Tedeschi），里亚尔托桥旁的仓库——从乔尔乔内的画中，丢勒才明白了什么是"忧郁"。

维也纳艺术博物馆的一位女士认为，乔尔乔内完全否定了阿尔伯蒂关于构图所写的那些，他十分自由甚至杂乱地组织事物，一切通过空而不是任何透视构图原理被联系起来。这是如此真实，我觉得不被任何东西束缚的乔尔乔内是一个很好的例子。我的房子从前时而会在 ETH 的课堂上受到批评。[18] 有人说它们受到了帕拉第奥的影响，但熟知我历史的人都知道，那时我对帕拉第奥还不熟悉。还有人说它们属于后现代。（在他们看来）不幸的

〔15〕F. Földényi. Imagination einer Begegnung [J]. NZZ, 2016(1).

〔16〕阿尔布雷特·丢勒，1471—1528，德国文艺复兴画家。

〔17〕乔尔乔内，1478—1510，意大利文艺复兴画家。《雷雨》（*Das Gewitter*）是其代表作之一，完成于 1507/1508。

〔18〕特指位于圣加伦特吕巴赫 - 阿兹莫斯（Trübbach-Azmoos）的两座住宅。

7

是有根柱子立在了中间，而不是一个空的敞开。这就是学院派的理解，世界比这丰富百倍。当赫尔佐格和德梅隆（Herzog & de Meuron）建造利口乐工厂（Ricolagebäude）[19] 并以那些印刷品覆盖时，我立刻想起了一个讲座上的例子，一个从下到上都被画满了的恩加丁住宅（Engadinhaus）。我并不是说利口乐工厂不好，而是说，对他们来说这是一个新发现吗？他们是第一个这么做的吗？艺术和第一次发明无关。艺术建立在过去的成果之上，并且需要通过我们当下的问题转译到未来，因此它必然总是新的。因为我们今天的问题和过去不同，和二战后存在主义，电影、雕塑、绘画都在研究的问题不同。→7

当然几何对我来说是普遍的。可能最开始一座传统中国建筑的某根梁会使我迷惑，我是说它的装饰而非结构，年轻的时候我完全没有机会看懂。但今天我可以闭上眼睛大概想象它完整的样

〔19〕赫尔佐格 & 德梅隆为利口乐（Ricola）公司设计过数栋建筑，这里指的是 1993 年米卢斯（Mulhouse）的生产和储藏厂房。立面和天花都印满了希腊银叶蓍草的叶子——卡尔·布洛斯菲尔特（Karl Blossfeldt）1928 年照片的复制品。

子，建立它的基本构架。你会发现全世界的建筑都建立在共同的基础上，然后才有各自独特的历史——人们对这些陌生历史的好感时多时少。但只有当人年纪大一些的时候才能说出，我对它没什么感觉但它有很高的品质——今天我可以这样说。但开始的时候我总是说“这个不好”“那个不好”“这个也不好”——人们必须这样做——而十年后才能说出“啊，这也很美，这个哥特式（教堂）”。但最开始我会说“只是这个”——这样我才不会迷茫。有一些我觉得好的东西，然后（通过它们）世界在我面前展开。尽管最后也可能有一些其他有品质的东西，但它们不符合我的秉性。

ZY　这也是这个时代的问题，我们仿佛在某种程度上失去了判断力。人们不再谈论好坏、对错、美丑，而总是谈论可能性和复杂性。人们不做判断——因为它和意识形态相关——而总是选择在不同视角、不同网络之间跳跃。

PM　正是如此。您认识克莱斯特（Heinrich von Kleist）[20]吗，一位德国作家？（ZY 摇头）您不认识？真可惜。他写过一篇小说，讲述一个人在政治上受到了不公正待遇，然后他不能忍受，据理力争，世界便开始燃烧。我能理解，但作为一个年轻人我感叹道：“哇，这真是……”[21]他还写过一个短篇《论木偶戏》。[22]如果我没记错的话，他说，对最好和最差的东西的批评是很容易进行的，但对平均水平的东西，人们则必须说出哪里好，哪里不好。这就是批评的艺术。

人必须区分他的秉性和他所看到的东西，这样人们才有可能看见什么。之后人们会说，它不符合我的秉性，但它有很高的品质。不过在工作中我尤其不会这样，我会直接做……在博物馆里我也只看好的东西，然后才会稍微看一点别的。人们总是会看见新的东西。而在现实中如果对比不同的人，相比于绝对的，我更欣赏相对的成就。如果一个人极有天赋却不尽其用，我会感到遗憾。有些人运用他们与生俱来的能力做出了好的东西，但大部分时候那只会在他们对自己有正确认识的时候才能成功。如果一个人来到这个世界上，只是简单地、好好地建造，对我来说是十分值得尊重的。但有些人自己想要一些特别的东西而做了一些蠢事，这是我最鄙视的。这些都是人们用眼睛就能感受到的。

〔20〕海因里希·冯·克莱斯特，1777—1811，德国诗人，作家。

〔21〕见：Heinrich von Kleist. Michael Kohlhaas [M] // ders. Erz hlungen. Berlin: Bd.1, 1810：1-215.

〔22〕Heinrich von Kleist. Über das Marionettentheater [J]. Berliner Abendblätter, 1810, 12, 15. Dezember.

五、几何作为建筑语言的基础

ZY 您在每个设计课程开始的时候都会讲《建筑的语法》，从五个历史建筑类型（希腊神庙、罗马风教堂、清真寺、洗礼堂和郎香教堂）出发阐明艺术中造型手段的普遍性，并以您自己的项目说明其在今天的可能性。而您刚刚也提到了几何是您跨越时间和空间理解建筑的基础。在此您能展开一下吗？就像您在别的地方曾描述过奥加提向您解释圆的意义的故事那样。

PM 有一次我必须去日本，那是我第一次去日本。我首先造访的不是房子也不是别的什么，而是博物馆。我很好奇自己是否能看懂那些水墨画。虽然我没有接受过任何相关教育，但我了解绘画和所有类似的东西，我立刻就知道自己觉得哪些最美。它们对我来说不是陌生的事物——也许内容是陌生的，但整体上最根本的却不是。这就是看的重点，与习俗礼仪毫无关系，它是更深层的东西。所以在完全陌生的文化中人们也能发现什么。

ZY 我也认为这正是我们能在这里学习建筑的原因：看的根本是相同的。竖直和水平同样能使我们产生感觉，尽管有着不同的联想。

PM 是的。而几何是我在和鲁道夫・奥加提的谈话中才首次意识到它和我的职业是密切相关的。那是除了情绪外我在建筑艺术中最初认识的东西。ETH 课上出现的总是建筑的完成图，奥加提却给我讲了要素，通用的语法要素。几何是世界性的，它是那样普遍，它是事物的基础。而装饰、仪式及其他东西则不同，它们是地域性的。他对我说：你知道吗，圆有一个中心，边缘的每个点到中心的距离都是相同的。（PM 开始画图）因此它是非常极端的形体。它可以是一根柱子，也可以是一个空间，如果它们必须如此绝对的话。当马里奥・博塔（Mario Botta）为私人住宅选择了圆形空间时，我对他的学生还有别人说，这是错的。我不会这样做，因为人们不应选择这个形式做私人住宅，这样没有任何意义。它应该为其他项目留着。当升起到三维上（Im Aufriss），圆可以是一个圆柱体。但卷杀（die Entasis）在空间中创造了一个雕塑般的形体。一系列圆柱永远也没有这种力量。我在早期住宅中反过来做（柱子下小上大），因为我不想有明确的基座，而想强调房子的中心——所以我设计了这些柱子。这样我可以不再重复基座、柱子这些古典样式。这就是这个房子新的地方，为此我放弃了很多古典的东西，只使用了组织体量的手段。这样的事情是无尽的，不是吗？

当我停止教学工作的时候，我去听了另一位教授的课。有一节课他讲了杜尚（Marcel Duchamp），讲了《大玻璃》（*Das Grosses Glas*），此外他还展示了两三个现成品（Readymade），其中有一个打字机。[23] 在课上我忽然理解了一件很了不起的事——我一直都知道，几何由少量基本要素构成。（PM 开始画图）人们可以将圆挤压成椭圆，八角形或别的什么，然后有方形和三角，人们也可以将其拉伸变形。相较于书写的语言这似乎很贫乏——但一个打字机也就这么大，上面有一些标点符号和约 28 个字母。就是这么一个打字机，这么简单的字母，填满了所有书架，所有图书馆。这是一个奇迹！人们只用了很少的东西就创作了数公里长的书，成千上万页——所有东西都是这样生产的。

重要的是我在和奥加提的谈话中认识到了非常小的东西。有一次我看到他的一座使用圆柱的住宅，之前在这个职业中找不到坚实基础的我忽然获得了确定的内容。他引导我理解了一些他的东西，然后我可以自己继续思考。说起来，这至少已经是 40 年前了。而我仍然这样做着，收集，扩大或补充。40 年前他对我说了什么，从那时起我便有了坚实的基础，在此之上我才能一步步通过知性（das Verstand）建立（自己的认识）。这些和观看无关，和语法和写作也无关，人们必须先这样做。重要的是，所有成为建筑师的人都要知道，什么是什么，这是可以学习的。

六、文字的和建造的语言

ZY　知道什么是什么的确很重要。在《建筑的语法》中除了几何之外，您也讨论了基本建筑要素的意义，比如板、柱、墙、屋顶。刚刚您提到了一个圆可以是一个空间，也可以是一根柱子，在此意义上您能再讲讲抽象的几何和物质的要素之间的关系吗？

PM　这涉及一些名称。（PM 开始画图）这是一堵墙（双线）。在我眼里这是一堵墙而那是一座建筑（双线画的矩形）。我叫它“墙”（Mauer）而非“墙面”（Wand）。这样的双线还可以是街道，很大的街道或小巷子。您知道吗？抽象中有着无尽的可能性。当我这么看的时候（目光垂直于墙面），我总是说“墙面”，二维的。而当我这么看的时候（双线），对我来说它就是墙。只有平面我才会叫它“墙面”。圆在三维上是圆柱（Säuler），方是方柱（Pfeiler），

〔23〕应指杜尚的《旅行折叠物》（*Traveler's Folding Item*），1916，实为安德伍德牌打字机外罩。

矩形也是方柱。而点，或者说工程师造的这样小的点是支柱（Stütze）。在此建筑师除了工程品质外也对体量负责，因此很多人无法放弃体量。但他其实可以做得更多——密斯・凡・德・罗的十字柱就是对竖向要素的绝对消解，还有为了视觉而做的反光。事实上这是竖向要素最小的表现了。反光当然是附加的，为了眼睛的视觉消解。如果您想要一个立体的东西，强烈的立体感，不要做反光。

ZY 您总是寻找精确的词来描述一些东西。您认为，建筑中是否有一些无法用文字表达的？比如之前提到的张力，它有那么多微妙的变化，就像颜色、气味或者别的东西一样。

PM 正是如此，这就是我们的语言的本质。那些无法描述的也是我们最终想做的。原则上来说您也不能描述一幅画。因为再好的描述也不再是这幅画本身，您只能感受。所以我们有这么多不同的语言。如果一部文学作品可以让您精确地获知作者完整的想法，这就是部差的作品。作者会做一些变形。我们也一样。一旦人们能读懂时，就会感受到这个人对未来的喜悦。这是无法描述的，人们只能试图不断接近、对比。

但您可以想象——我已经想了很久了——对于城市设计（Städtebau）我们有一个词，它基于一种艺术语言。而对于风景（Landschaft）我们却没有相应的词。所以我们必须说，“风景城市设计”，加上引号。因为风景并不一开始就是几何的，但它也有形态。还有另一个词“空”（die Leere）我也觉得不够美好。这是一个“空”瓶子，和两个竖向要素之间或街道空间的“空”是不同的。建筑师脑子里一开始只有“空”，没有一个带着建筑的广场空间或者街道空间，建筑是次要的。他会画出一片场地，然后说，这是“空”。这很棒，不是吗？然后建筑才会参与进来，并随着历史的发展有一些改变，添加……这都是“空”。但我们却没有准确的词语。然后还有张力，“好闻的”，或者“带电的”“被电气化的”，这都是人们试图描述外面的空气或者“空”的一些形容词。而形体之间，开口之间的是另一种张力，总之不再是外面的空气。但您只能试图去描述它们。

ZY 这是为什么您相较于写作更喜欢对谈吗？这样人们总是在尝试描述或捕捉某些东西的过程中。

PM 是，因为我必须组织一切。也不是，真正的原因是您问我的问题，因为我的职业是视觉的。当我有一个这样的主题时，语言提前设定了最高的准则，我必须将我所想的依次表达出来，依次。但我所做的一切都是同时的。这意味着，当我必须写点什么时，就会遇到巨大的障碍。因为所有的想法，所有的词语、句子都同时冲向一个洞，就像小老鼠一样。所以我会遇到障碍。但当我看一幅画或一个房子时，当我有一个想象时，所有东西都会在一瞬间出现然后互相交织渗透。我个人不太习惯这个“依次”的过程。所以写一页我都需要大量的工作。这也意味着，如果我偶然去听一个音乐会，在乐曲的末尾我无法再想起来它的开头，就也无法将开头与结尾联系起来。相比之下将电影结尾和电影开头联系起来就没有问题，因为那是一些图片。吃东西的时候我知道但也忘得很快。这些感官有着完全不同的结构。

（长停顿）

我做讲座时也从来不会写下来，我会直接讲。这样当你讲的时候，你就不止看着一张幻灯片，而有一整个图像世界在你脑海里，你可以讨论从那里产生的图像，然后你就会发现某些意义。我知道一本很老的小册子，关于许多人拜访一个匈牙利哲学家，格奥尔格·卢卡奇（Georg Lukács），[24]他们和他进行了对谈。这本小册子的序言很长，不要误会，它是由职业作家写的。里面写到了没有这些人在面前，将这些对谈转化成文本花了作者无数精力。这就是重点。当你听人讲话的时候，你可以明白很多，那里面包含着那么多东西。然后所有东西就消失了，您必须将它们写下来。失去的如何补偿？那就是他们努力做的。

七、顿悟和推导

ZY 我想起了您为您的第二本作品集所选择的题目：一切虚构都是真实。[25]为了理解它，我看了福楼拜（Gustave Flaubert）这封信的原文，很受触动。在一个夜里，福楼拜忽然看见了和他十年前写下的故事一模一样的场景。所以他说道：“一切虚构都是真实……诗歌是像几何一样精确的……我可怜的

〔24〕格奥尔格·卢卡奇，1885—1971，匈牙利哲学家，文学评论家。此处马克力指的应该是这本书：Theo Pinkus. Gespräche mit Georg Lukács: Hans Heinz Holz, Leo Kofler, Wolfgang Abendroth [M]. Berlin: Rowohlt, 1967.

〔25〕Pamela Johnston. Peter Märkli – Everything one invents is true [M]. Zürich: Quart, 2017. 第一本为：Mohsen Mostafavi. Approximations: The Architecture of Peter Märkli [M]. London: AA publications, 2002. “一切虚构都是真实”来自福楼拜写给鲁伊斯·高莱的一封信，参见：Letter 14 August 1853, in: Francis Steegmuller. The Letters of Gustave Flaubert [M]. Cambridge, MA: Harvard University Press, 1982.

包法利夫人，无疑，此刻正在法国的二十个村庄里煎熬和哭泣。”我觉得，也许您对您的绘图也有同样的感觉。

PM （笑）我们可以保持开放。但无论如何这对他来说都是一个美妙的证明。在我的职业生涯中有两个重要事件，都让我相当兴奋。一个是福楼拜写给一位女士的信，信中写到他在希腊爬卫城——关于帕提农他什么也没提——他写到爬上去的过程中路过了一面墙，一面光秃秃的墙。这面墙深深地感动了他。然后他说，他想要这样写作。您明白吗？关于帕提农连只字片语也没有，他看着一面光秃秃的墙，它所有的物质存在是如此地打动他，所以他在信中写道：“我想要这样写作。”[26] 这意味着，他在那里看见了令他惊讶的东西。这当然是伟大的。

歌德（Johann Wolfgang von Goethe）在意大利旅行时写了一本日记[27] ——他看的东西和我总是不同——但我读到了一段描述，关于这个不知何时出现的惊人母题。人们希望建造一座普通的住宅，但不想简单地用墙围合一片区域，不知为何他们想到了用柱子包围它。因其不是一个礼拜场所，而是私密行为发生的地方，且气候边界也不可忽略，所以人们又必须用一堵墙将柱子封起来。因人们还想与外界产生联系，所以又必须在这堵墙上开洞。歌德写道，这个惊人的矛盾是如此根本，多么伟大啊，帕拉第奥如此做！这意味着，矛盾可以非常有益。歌德只用了三四句话就让我明白了这一点。这对我来说就像顿悟一样。这些都是十分重要的故事。

如果您忽然理解或认识到什么，您就可以推导了。这和数学中的推导一样，直到人们获得一个公式。如果一个人知道公式，他会说，我不用推导，因为我知道公式了，在布尔乔亚（Bürgertum）看来这就是知识。不知道公式而知道推导的路径，是了不起的。这样人们就会一直推导，一直推导，一直推导，成千上万次之后他忽然迈出了一步说道，嘿！不是这样的。

我就是这样。（PM 开始画图）假设您有一个竖向要素，如果古典地来看，这是一个柱式。然后这又有一个柱式，又有一个柱式（三层柱式，就像阿尔伯蒂的鲁切拉宫一样）。数百年来人们都这样层层叠加。在许多绘图里我忽然把一层看作了一个整体，

〔26〕参见：Correspondance de Gustave Flaubert, George Sand [M]. Paris: La Part Commune, 1981: 530.

〔27〕约翰·沃尔夫冈·冯·歌德，1749—1832，德国诗人，作家，自然科学家。这里提到的是歌德 1786/88 的意大利旅行日记，1816/17 出版。参见：Johann Wolfgang Goethe. Italienische Reise [M]. Grünwald: Stiebner Verlag, 2017.

那么眼睛的重点就在横竖相交的地方了。最后我彻底地用一个要素将下层柱式的柱头和上层柱式的柱础合并了。这个我们已经建出来了。但这只有当一个人画过上千次才能做出来。我们的任务只是，当理解了什么的时候，就试图去掌握它。不是凭借自己有限的幻想、意志和愿望，而是以必需的东西去交流。所有软弱的人都说不，这样他们就被限制了，但事实上却是因为他们没什么可以讲述的。这真是一种流行的误解。最高程度的宽容对我来说是不可能的。每种关系在政治上也有所对应，我们总是生活在集体之中的。这正是让人兴奋的地方，如果人们可以对此做点什么并且简单地表达出来。但我们不能像蛋糕店一样简单地将这个那个摆在一起，或者像蛋糕一样一层层叠加。所以我觉得，提出问题是最重要的事。→ 8~10

8

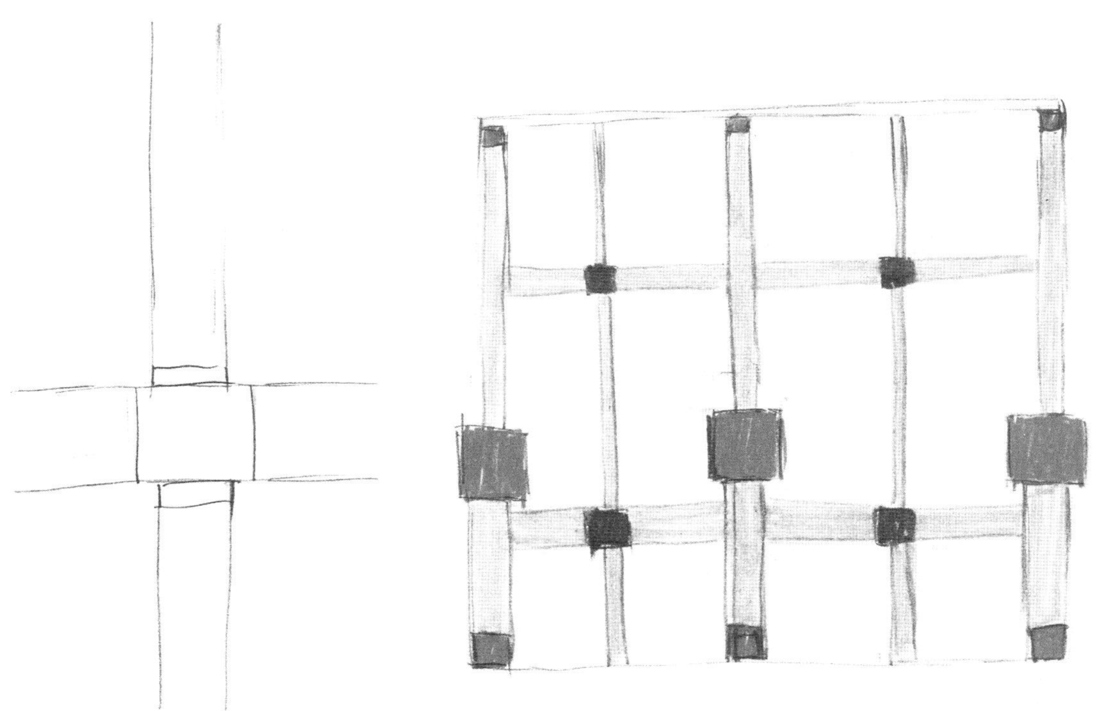

9

10

我们的职业中有绝对去物质化的东西。我们花了无数精力去隐藏荷载传递，而这个问题在建造中却总是无法回避。在此最重要的绝对不是荷载。如人们在某些重量传递的位置放了一个完全不承重的薄片，或使用阴影、纹理等，这样会使上面感觉轻一些。奥加提在那里只用了深色，因为其他的他都不能做——在这样的事情上我们花了那么多设计能量和金钱——所以他仍然是传统的，因为他试图将这个本来就很柔弱的部分更加视觉地消解掉。我们始终和物质性相连但却不想展示荷载。

ZY 这让我想到了约瑟夫松在其纪录片里说过的话："雕塑的难处在于将整个世界的丰富仅通过形式变得可见。"[28]

PM 这句话很美妙。仅通过形式，没有色彩也没有别的任何东西，他必须将我们感受到的整个感官的丰富转译。

〔28〕Jürg Hassler. Josephsohn: Stein des Anstosses [Documentary Film]. 1977.

图片来源

1　东园“玩”水——吴彬《结夏》图中的瀑布、双池与冰山

图1:何传馨．状奇怪非人间——吴彬的绘画世界[M]．台北:国立故宫博物院出版社,2012:128．
图2、图6:作者自绘。
图3～图5,图8～图9,图13:图1局部。
图7:作者自绘(以图1为底图)。
图10:文徵明东园图卷[EB/OL]．[2022-09-09]．https://www.dpm.org.cn/collection/paint/234368l.html．
图11～图12:图10局部。
图14:俞宗建．吴彬画集[M]．杭州:中国美术学院出版社,2015:124-125．

2　一半西园——吴彬的《秋千》与南京明代园林

图1:何传馨．状奇怪非人间——吴彬的绘画世界[M]．台北:国立故宫博物院出版社,2012:108．
图2:俞宗建．吴彬画集[M]．杭州:中国美术学院出版社,2015:207．
图3、图5、图10、图12、图13、图16、图17、图18(左图)、图20:图1局部。
图4、图28:作者自绘(以图1为底图)。
图6:作者自绘,底图出自:胡阿祥,范毅军,陈刚．南京古旧地图集[M]．南京:凤凰出版社,2017:191、250．
图7:左图出自:金陵四十景图像诗咏[M]．南京:南京出版社,2012:24;右图出自:金陵四十景图[M]．南京:南京出版社,2012:29．
图8:吕晓．图写兴亡[M]．北京:文化艺术出版社,2012:84．
图9:作者自绘,底图出自:南京古旧地图集:250．
图11:作者自绘,底图为南京古旧地图集:248．
图14:出自:状奇怪非人间——吴彬的绘画世界:154、128、108．
图15:左图为图7局部;中图为图8局部;右图出自:清代|樊圻《山水册页》(十六开)欣赏[EB/OL]．[2022-09-09]．https://www.sohu.com/a/622370998_121124809．
图18(右图):郑振铎．古代木刻画史略[M]．上海:上海书店出版社,2006:142．
图19:作者自绘,底图出自:南京古旧地图集:244．
图21～图27:作者自绘。

3　15世纪末的三幅“理想城市”木板画

图1:Paolo Dal Poggetto. Gide to the Galleria Nazional delle Marche[M]. Roma: Gebart Srl, 2007:44-45．
图2:Federico Zeri. Italian Paintings in the Walter Art Gallery vol.I[M]. Baltimore: Walters Art Gallery, 1976: plate 72．
图3:Richard Krautheimer. The Panels in Urbino, Baltimore and Berlin Reconsidered, The Renaissance from Brunelleschi to Michelangelo: the representation of architecture[M]. New York: Rizzoli, 1994: 242-243．
图4:作者自绘(以图1为底图)。
图5:作者自绘(以图2为底图)。
图6:作者自绘(以图3为底图)。
图7:Paolo Dal Poggetto. Gide to the Galleria Nazional delle Marche[M]. Roma: Gebart Srl, 2007:36．
图8:科尔．意大利文艺复兴时期的宫廷艺术[M]．北京:中国建筑工业出版社,2009:66．
图9:图1局部。
图10～图11:图2局部。
图12～图13:图3局部。
图14:Paolo Dal Poggetto. Gide to the Galleria Nazional delle Marche. Roma: Gebart Srl[M]. 2007:32．
图15:Richard Krautheimer. The Panels in Urbino, Baltimore and Berlin Reconsidered, The Renaissance from Brunelleschi to Michelangelo: the representation of architecture[M]. New York: Rizzoli, 1994: 250-251．
图16:The Birth of the Virgin[EB/OL]. [2022-09-09]．https://www.jstor.org/stable/community. 18662591．
图17:夏娃．弗朗切斯科·迪·乔其奥·马尔蒂尼的建筑图解[J]．建筑师,2012(03):83-88．
图18:夏娃．弗朗切斯科·迪·乔其奥·马尔蒂尼的建筑图解[J]．建筑师,2012(03):83-88．

4　佩鲁齐绘图理念的形成

图1:Ann C. Huppert, Becoming an Architect in Renaissance Italy: Art, Science, and the Career of Baldassarre Peruzzi[M]. New Haven: Yale University Press, 2013: 63．
图2:同上:70-72．
图3:同上:63．
图4:同上:63．
图5:同上:70-72．
图6:Honorary inscription of the temple of Terracina[EB/OL]. [2022-09-09]．https://www.uffizi.it/en/artworks/peruzzi-terracina-inscription.
图7:Dedication of the temple of Terracina[EB/OL]. [2022-09-09]．https://www.uffizi.it/en/artworks/dedication-temple-terracina.
图8:Ann C. Huppert: 64-65．
图9:同上:52-54．
图10:同上:54．
图11:同上:52．
图12:同上:54．
图13:同上:76-77．
图14:Richard Krautheimer. The Panels in Urbino, Baltimore and Berlin Reconsidered, The Renaissance from Brunelleschi to Michelangelo: the representation of architecture[M]. New York: Rizzoli, 1994: 242-243．
图15:塞巴斯蒂亚诺·塞利奥．塞利奥建筑五书[M]．北京:中国建筑工业出版社,2014:112、114．
图16:William Winthrop Kent. The Life and Works of Baldassarre Peruzzi of Siena[M]. New York: Architectur-al Book Publishing Co., Inc., 1925．
图17:同上。
图18:Capturing eyes and moving souls: Peruzzi's perspective set for La Calandria and the performative agency of architectural bodies[EB/OL]. [2022-09-09]．https://onlinelibrary.wiley.com/doi/10.1111/rest.12249．
图19:Ann C. Huppert: 108-109．
图20:同上:102-103．
图21:同上:132．
图22:同上:114．
图23:同上:114．
图24:同上:132、116．
图25:同上:100、106．
图26:左图出自:Loewen, Andrea Buchidid. Pulchritudo and ornamentum, naked beauty and ornamental beau-ty: the legacy of Leon Battista Alberti[J]. Editorial do Departamento de Arquitetura, 2021(6): 124;中、右图出自:Ann C. Huppert: 125、161．
图27:Ann C. Huppert: 22、106．
图28:同上:59、154．
图29:左图出自:霍恩斯塔特．莱奥纳多·达·芬奇[M]．北京:北京美术摄影出版社,2015:49;右图出自:Capturing eyes and moving souls: Peruzzi's perspective set for La Calandria and the performative agency of architectural bodies[EB/OL]. [2022-09-09]．https://onlinelibrary.wiley.com/doi/10.1111/rest.12249．
图30:Ann C. Huppert: 118、120．
图31:左图出自:Arnaldo Bruschi. Bramante[M]. London: Thames and Hudson, 1977: 126;右图出自:Millon, H.A, V. M. Lampugnani. The Renaissance from Brunelleschi to Michelangelo: The representation of ar-chitecture[M]. New York: Rizzoli, 1997: 100．
图32:热斯塔兹(Bertrand Jestaz)．文艺复兴的建筑[M]．上海:汉语大词典出版社,2003:39．

图33：Ann C. Huppert: 116.
图34：Millon, H.A, V. M. Lampugnani: 280.
图35：Ann C. Huppert: 112.
图36：Giulio Carlo Argan, Bruno Contardi. Michelangelo Architecture[M]. New York: A Times Mirror Company, 1993: 298、299、302、343.
图37：Ann C. Huppert: 140.
图38：Ann C. Huppert: 128、130、131、138.
图39：左三图出自：Ann C. Huppert: 163、92；右三图出自：塞利奥建筑五书：132、188-189.图40：Restauratio and Reuse: The Afterlife of Roman Ruins[EB/OL]. [2022-09-09]. https://placesjournal.org/assets/legacy/pdfs/restauratio-and-reuse-the-afterlife-of-roman-ruins.pdf.
图41：Da Ottavio Bertotti Scamozzi. Le Terme del Romani Disegnate da Andrea Palladio[M]. Vicenza: Da Tommaso Parise, 1810.
图42：上图出自：Da Ottavio Bertotti Scamozzi. Le Terme del Romani Disegnate da Andrea Palladio[M]. Vi-cenza: Da Tommaso Parise, 1810；下图出自：Ann C. Huppert: 132.

5　瓦萨里与米开朗琪罗——《围困佛罗伦萨》中的战争、城市、艺术家

图1：Ross King. Florence: The Paintings & Frescoes, 1250-1743[M]. Black Dog & Leventhal Publishers, 2015: 485.
图2、图4～图6、图11：图1局部。
图3：上图出自：Fiorenza Scalia. Palazzo Vecchio [M]. Saverio Becocci editore in Firenze al Canto de' Nelli, 1979: 39；下图出自：Giovanni Fanelli, Michele Fanelli. Brunelleschi's Cupola[M]. Mandragora s.r.l, 2004: 42-43.
图7：Abbazia di san miniato al monte in florence[EB/OL]. [2022-09-09]. https://www.freepik.com/premium-photo/abbazia-di-san-miniato-al-monte-florence-aerial-view_16296233.htm.
图8：Thomas Popper. Michelangelo -The Graphic Work[M]. Taschen, 2017: 626-627.
图9：左图：图1局部；右图出自：Thomas Popper: 613.
图10：左图出自：圣罗马诺之战[EB/OL]. [2022-09-09]. https://baike.baidu.com/item/圣罗马诺之战/6288950；中图出自：安吉里之战[EB/OL]. [2022-09-09]. https://baike.baidu.com/item/安吉里之战/550159?fr=aladdin；右图及篇名页二图出自：米开朗基罗与达芬奇的世纪大战，谁才是最后的赢者？[EB/OL]. [2022-09-09]. https://www.sohu.com/a/353779453_120431506.
图12：作者自绘（以图1为底图）。
图13：左图出自：https://www.google.com/maps/@43.7817215,11.2487437,654m/data=!3m1!1e3；右图出自：石小雷. 佛罗伦萨建筑艺术：第2卷[M]. 重庆：重庆出版社，2000：45.
图14：Fiorenza Scalia. Palazzo Vecchio[M]. Saverio Becocci editore in Firenze al Canto de' Nelli, 1979: 35.

6　海杜克的画

图1：John Hejduk. Mask of Medusa: Works 1947-1983[M]. New York: Rizzoli International Publications, 1985: 171.
图2：同上：191.
图3：同上：223.
图4：同上：240, 248.
图5：同上：249.
图6：同上：301.
图7：同上：255.
图8：同上：351.
图9：同上：336.
图10：同上：386.
图11：同上：408.
图12：同上：447.
图13：同上：195.
图14：John Hejduk. Bovisa[M]. New York: Rizzoli International Publications, 1987.
图15：同上。
图16：同上。
图17：同上。
图18：John Hejduk. Riga,Vladivostok, Lake Baikal: A Work[M]. New York: Rizzoli International Publications, 1989: 83.
图19：同上：173.
图20：John Hejduk. Soundings: a work[M]. New York: Rizzoli International Publications, 1993: 120-121.
图21：Bovisa.
图22：John Hejduk. Adjusting Foundations[M]. New York: The Monacelli Press, 1995: 199.
图23：John Hejduk. Pewter Wings, Golden Horns, Stone Veils: Wedding in a Dark Plum Room[M]. New York: The Monacelli Press, 1997: 144.
图24：John Hejduk. Architecture in Love[M]. New York: Rizzoli International Publications, 1995.
图25：同上。
图26：Mask of Medusa: Works 1947-1983: 233.
图27：Soundings: a work: 221.
图28：同上: 116.
图29：Michael Hays. Sanctuaries: The Last Works of John Hejduk[M]. New York: Whitney Museum of Ameri-can Art, 2003.
图30：同上。

7　中国建筑1962——从风格到构图及其他

图1：吕俊华. 小区建筑群空间构图 [J]. 建筑学报，1962（11）：3（图 12）.
图2：侯幼彬. 传统建筑的空间扩大感[J]. 建筑学报，1963（12）：10（图1）.
图3：齐康，黄伟康. 建筑群的观赏[J]. 建筑学报，1963（06）：22（图6）.
图4：南京工学院建筑系建筑史教研组. 江南园林图录：庭院[M]. 南京工学院建筑系，1979：57.
图5：清华大学土建系民用建筑设计教研组. 民用建筑设计原理（初稿插图）[M]. 北京：清华大学印刷厂发行组，1963：102（V-66, V-67）.
图6：HAMLIN, Talbot. Forms and Functions of Twentieth-Century Architecture. Volume 1[M]. New York: Columbia University Press, 1952.

8　《作品》

图1～图26：Jean-Marie P D M. Étienne-Louis Boullée (1728-1799): theoretician of revolutionary architec-ture[M]. London: Thames and Hudson, 1974.

9　阿尔多·罗西的绘画

图1～图9：Paolo Portoghesi. Aldo Rossi The Sketchbooks[M]. London: Thames and Hudson, 2000: 6-21.

10　摆脱时间，融入空间

图1～图6：John Hejduk. Mask of Medusa: Works 1947-1983[M]. New York: Rizzoli International Publications, 1985: 71-77.

12　彼得·马克力：眼睛的教育

图1：卡塔林·迪尔（Katalin Deer）拍摄，马克力工作室提供。
图2：马克力工作室网站首页[EB/OL]. [2022-09-22]. http://www.studiomaerkli.com/.
图3、图8～图10：JOHNSTON P. Peter Märkli – Everything one invents is true[M]. Zürich: Quart, 2017: 132, 126/131, 154-155, 229.
图4：约格·哈斯勒（Jürg Hassler）拍摄，马克力工作室提供。
图5：DON F, MION C(hrsg.). Peter Märkli, Zeichnungen/Drawings [M]. Zürich: Quart, 2015: 15.
图6：作者自摄。
图7：海因里希·赫尔芬斯坦（Heinrich Helfenstein）拍摄，出自：MOSTAFAVI M. Approximations: The Architecture of Peter Märkli [M]. London: AA publications, 2002: 65.

SAC 往期目录

《建筑文化研究》集刊是一项跨学科合作的研究计划。它以建筑与城市研究为主轴，将其他学科（历史、社会学、哲学、文学、艺术史）的相关研究吸纳进来，合并为一张新的研究版图。在这个新版图中，建筑研究将获得文化研究的身份，进入到人类学的范畴——建筑研究不再是专业者的喃喃自语，它面对的是社会的普遍价值与人类的精神领域，简而言之，它将成为一项无界的基础研究。

投稿信箱：huhengss@163.com

图书在版编目（CIP）数据

建筑文化研究. 第11辑, 图像思考 / 胡恒编著. --上海：同济大学出版社, 2023.9

ISBN 978-7-5765-0876-5

Ⅰ. ①建… Ⅱ. ①胡… Ⅲ. ①建筑 - 文化 - 文集 Ⅳ. ①TU-8

中国国家版本馆CIP数据核字(2023)第142382号

建筑文化研究

第11辑

图像思考

编著 胡 恒

出版人 金英伟
责任编辑 李 争
责任校对 徐逢乔
书籍设计 吕 旻 / 敬人设计工作室

版 次 2023年9月第1版
印 次 2023年9月第1次印刷
印 刷 上海安枫印务有限公司
开 本 787mm×1092mm 1/16
印 张 17
字 数 424 000
书 号 ISBN 978-7-5765-0876-5
定 价 138.00元

出版发行 同济大学出版社
地 址 上海市杨浦区四平路1239号
邮政编码 200092
网 址 http://www.tongjipress.com.cn
经 销 全国各地新华书店

Studies of Architecture & Culture Volume 11:

The Epistemic Image

ISBN 978-7-5765-0876-5

Editted by: Hu Heng
Produced by: Jin Yingwei (publisher),
Li Zheng (editing), Xu Fengqiao (proofreading),
Lyu Min (graphic design)

Published in September 2023, by Tongji University
Press,1239, Siping Road, Shanghai, China, 200092.
www.tongjipress.com.cn

luminocity.cn

光 明 城

LUMINOCITY

“光明城”是同济大学出版社城市、建筑、设计专业出版品牌，致力以更新的出版理念、更敏锐的视角、更积极的态度，回应今天中国城市、建筑与设计领域的问题。